U0317251

网络化联合仿真的时间同步

王鹏 著

电子工业出版社·

Publishing House of Electronics Industry

北京·BEIJING

内 容 简 介

本书针对联合模拟训练等多个应用领域的网络化联合仿真系统建设应用需求，结合作者在分布式仿真系统设计与研发工作中积累的经验，提出了一套较为完备的时间同步技术体系。本书内容涵盖大规模分布式仿真节点的逻辑时间协同推进、支持虚实结合的仿真节点机器时钟对齐、网络资源受限情形下的网络延迟补偿、联合实时仿真运行等多个方面的内容，能够有效满足网络化联合仿真系统的多样化时间同步应用需求。

本书是作者近年来研究成果的总结和提炼，得到了中国科协青年人才托举工程、国家自然科学基金（62103425）、湖南省自然科学基金（No.2022JJ40559）、国防科技大学高层次创新人才培养计划，以及包括国家科技协同创新重大示范工程在内的多项科研项目的资助和支持。

本书可供分布式仿真方面的专业技术人员学习参考，也可作为军事仿真领域研究生和高年级本科生"建模与仿真"相关课程的教学或参考用书。

图书在版编目（CIP）数据

网络化联合仿真的时间同步 / 王鹏著. -- 北京：电子工业出版社，2024. 7. -- ISBN 978-7-121-48483-4

Ⅰ. TP303

中国国家版本馆 CIP 数据核字第 2024EC4955 号

责任编辑：刘小琳　　特约编辑：张思博
印　　刷：天津千鹤文化传播有限公司
装　　订：天津千鹤文化传播有限公司
出版发行：电子工业出版社
　　　　　北京市海淀区万寿路 173 信箱　　邮编：100036
开　　本：720×1 000　1/16　印张：16.75　字数：320 千字
版　　次：2024 年 7 月第 1 版
印　　次：2024 年 7 月第 1 次印刷
定　　价：88.00 元

凡所购买电子工业出版社图书有缺损问题，请向购买书店调换。若书店售缺，请与本社发行部联系，联系及邮购电话：（010）88254888，88258888。

质量投诉请发邮件至 zlts@phei.com.cn，盗版侵权举报请发邮件至 dbqq@phei.com.cn。

本书咨询联系方式：liuxl@phei.com.cn，（010）88254538。

序

当前，以人工智能、大数据、云计算、新一代通信等为代表的新兴科学技术飞速发展，催生新型作战理论、作战样式和武器装备快速革新，使战争形态不断变化。随着战争形态的不断演变，以联为纲、信息主导的体系化试验训练逐渐成为模拟训练和装备试验的新模式。这种模式要求实现试训资源和业务应用的体系融合、一体联动，把各军兵种部队、作战要素和作战单元融合在一起，实现各类试训系统的互联互通互操作，构建近似实战、立体多维、虚实一体的联合战场环境。

在分布式仿真技术近 40 年的发展历程中，其在装备试验和模拟训练的应用越来越广泛，同时仿真架构、云计算、人工智能、人机交互等技术的快速发展与融入，也催生了基于分布式仿真的装备试验及模拟训练技术和形态的快速变化。在这种背景下，网络化联合仿真技术逐渐成为装备试验和模拟训练领域的公共支撑技术，同时也是分布式仿真技术发展的新阶段。

为了构建"物理上分布、逻辑上统一、时空上一致"的联合战场空间，保证所有仿真要素的逻辑因果关系正确性，以及虚实仿真要素的运行实时性，必须解决包括逻辑时间同步和物理时钟同步在内的时间同步问题。时间同步是分布式仿真技术不同于其他分布式计算、网络通信等技术最鲜明的特征。

在分布式仿真技术的实际应用中，时间同步方法曾长期停滞在基于空消息策略的保守时间同步算法阶段，这源自该算法对于局域网内小规模仿真阶段时间同步的有效支撑。然而，分布式仿真应用进入体系化、服务化、智能化的网络化联合仿真发展新阶段，相应地产生了远程异地同步、虚实协同交互、大规模节点同步、海量数据分发等亟待解决的问题，迫切需要对传统时间同步方法进行改进与创新，以便适应新的技术条件和场景需求。

本书是作者多年来实践经验的总结提炼，其中多项技术在国家级重大工程项目中得到成功检验，取得了良好的应用效果。本书作者在分布式仿真领域有着丰富的学习、研究和实践经验，在国防科技大学先后获得仿真工程专业学士学位、系统仿真方向硕士学位和博士学位，有着坚实的建模和仿真理论基础，毕业后留校任教，继续从事仿真理论研究和应用实践工作，先后负责多个分布式仿真应用系统和仿真支撑平台的设计与研发，取得了一系列创新成果。

  本书专门针对仿真领域内时间同步方法展开论述，围绕网络化联合仿真时间同步技术框架展开，内容涵盖时间同步问题分析、仿真网络通信、逻辑时间同步、物理时间同步、虚实协同交互、时间同步软件实现等关键问题。本书对于从事分布式仿真系统设计的研发人员而言，具有重要的理论价值和实践意义。

  是为序。

前　言

随着网络通信技术的广泛普及应用，网络化联合仿真（Networked Co-Simulation，NCS）系统的建设逐渐成为仿真领域各类用户关注的重点。基于网络运行的仿真系统如雨后春笋般大量涌现，但是由于不同系统的运行模式、技术特点、应用场景等各不相同，并没有一个统一的技术规范来指导用户如何进行网络化联合仿真系统的建设与运行。这就导致了很多系统只是打通了数据链路、消除了数据壁垒，并没有真正实现仿真节点之间的并发运行和分布协同，其中亟须解决的问题就是网络化联合仿真的时间同步问题。

针对这一问题，作者结合多年来的重大工程实践和多个分布式仿真系统的建设与应用经验，提出了一套较为完备且实用的网络化联合仿真的时间同步技术体系，重点解决了逻辑时间推进、机器时钟同步、网络延迟补偿、实时仿真运行、虚实协同交互等方面的技术问题，相关技术与方法均在工程应用实践中得到了检验，具有较强的实用价值。

本书共包括 5 章，第 1 章介绍了 NCS 的相关概念；第 2 章讨论了 NCS 网络通信技术，给出了网络通信设计方法和大规模通信关键技术，最后给出了多种解决网络延迟的关键方法；第 3 章给出了 NCS 内部所有仿真节点的逻辑时间协同推进方法；第 4 章给出了面向虚实结合的机器时钟对齐方法，同时重点讲解了网络化联合仿真的实时运行和虚实协同交互技术；第 5 章给出了 NCS 时间同步的软件实现技术。

国防科技大学黄柯棣教授、刘忠教授和李革教授对本书进行了审阅并提出了许多宝贵的修改意见。此外，感谢我的妻子刘东玲和女儿王芯蕊在工作和生活中对我的支持和鼓励，你们的爱是我不断努力奋斗的动力，祝你们永远健康快乐。感恩我的母亲梁立平和父亲王振江对我的教育培养。

由于作者水平有限，书中疏漏和不足之处在所难免，恳请读者批评指正。

作　者
2024 年 3 月

目　录

第 1 章

仿真与时间同步

1.1 NCS 基本概念

1.1.1 分布式仿真

1. 概念定义

分布式仿真是指多个仿真模型或应用在一个公共的合成环境中分布式执行，这些仿真模型或应用通常位于通过网络连接的多台计算机上，并且常常在地理上是分散部署的。这些分布式仿真模型或应用的联合运行效果与它们被集成在同一台计算机上一样。

广义上，任何由多台计算机节点（以下简称"节点"）组成并共同完成特定仿真任务的仿真系统，都可以被认为是分布式仿真系统。一个分布式仿真系统可以描述为由一组基本上自治的仿真节点组成，仿真节点之间通过通信网络进行数据交互，并且具有如下特征。

（1）没有共同的物理时钟。这一特征为系统带来"分布"的元素，并为仿真节点之间带来固有的异步特性。

（2）没有共享内存。这一特征要求系统只能通过消息传递的方式实现通信，也隐含着没有共同的物理时钟。

（3）地理分散。仿真节点在地理上的分布越分散，分布式仿真系统的代表性就越强。

（4）自治与异构。这些仿真节点是松散耦合的，它们具有不同的速度且每个节点都可能运行在不同的操作系统上。通常它们不是一个专用系统的组成部分，而是通过相互合作的方式提供服务或者共同解决一个问题的系统。

2. 技术本质

分布式仿真通过重用仿真资源降低了仿真成本，通过实现仿真模型或应用间的数据交互提高了仿真灵活性，通过重用经过验证的仿真模型或应用提供了仿真结果的可信性，并且具备减少仿真运行时间、支持硬件或人在回路的仿真、支持地理上分散部署的仿真资源之间的互操作等诸多优点。

仿真系统的运行主要依赖计算机（主要是处理器），而分布式仿真技术就是利用网络将多台原本独立运行的计算机联合起来，通过消息传递机制来实现多台计算机上的多个逻辑进程的并发执行与协同交互。

3. 应用需求

模拟训练是仿真技术应用的重要领域，这里我们以模拟训练应用为例，说明分布式仿真技术的一个应用需求。各种类型的训练模拟器是最经典的训练仿真应用，可以很好地满足单兵技能训练。随着军事训练逐渐向着联合训练的方向发展，迫切需要满足协同、分队战术训练等高级应用需求。单兵技能训练水平很好的成员组成一个相互协同的分队，该分队的整体战斗力可能不尽如人意。为此，仿真研究人员开始推动各类模拟器等模拟仿真资源从独立运行模式向联网交互协同运行模式发展，先后出现了 SIMNET、DIS、HLA、TENA 等多个分布式仿真技术方案。总结起来，使用分布式仿真的动机来自以下需求。

（1）固有的分布式计算。很多仿真应用程序有时需要使地理上相距遥远的各方取得一致意见，这些计算都具有内在的分布性。

（2）资源共享。一些资源如外设、数据库中的完成数据集、专用的代码库以及其他数据（变量或文件）不太可能在所有的地点被完全复制，因为这既不可行也不经济。另外，它们也不能被放在唯一的地点，否则会造成访问上的瓶颈。因此，这些资源会被分布于系统各处。

（3）获取或使用远程数据和资源。在许多情况下，数据不能复制到所有参与分布式执行的地点。这是因为数据可能太大或者太敏感不宜复制。因此，这些数据被保存到一个中央服务器上，其他仿真节点可以进行远程访问。类似地，一些特殊的资源（如超级计算机）只能放在特定的地方，用户只能通过网络通信的方式访问这些资源。

（4）更高的可靠性。分布式系统具有提高可靠性的优势，因为资源和执行可以被复制，同时在地理上分布的资源也不太可能在正常环境下同时出现故障。

（5）更高的性价比。通过资源共享及远程访问数据资源，可以提高性价比。虽然更高的性价比没有必要成为一个分布式仿真系统的主要目标，任何任务都可以划分到分布式仿真系统的多台计算机上为仿真带来益处。与专用的并行计算机相比，这种配置性价比更高。

（6）可伸缩性。由于处理器通常通过网络连接，所以增加更多的处理器不会直接在通信网络中造成访问上的瓶颈。

（7）模块化以及可扩展性。异构的仿真节点运行相同的中间件算法，就可以很容易地加入仿真系统，而不影响性能。类似地，现有的仿真节点很容易被其他处理器替换。

1.1.2　LVC 仿真

根据使用仿真系统的用户和被仿真对象的虚实状态,可以将仿真分为真实仿真、虚拟仿真和构造仿真,合称为 LVC 仿真(Live Simulation, Virtual Simulation, Constructive Simulation)。自 20 世纪 70 年代起,美军开始着力发展计算机仿真模拟训练技术,针对各军兵种研发了大量的模拟训练软硬件资源,极大地推动了分布式仿真技术的发展,先后经历了 DIS、ALSP、HLA 等分布式仿真技术发展阶段。

随着技术和资源的不断积累,训练、试验等仿真应用与实际作战脱节的缺陷逐渐暴露出来。因此,美军尝试将各类训练模拟器与真实武器装备及各类作战分析软件互联互通,达到既能发挥仿真模拟训练经济性好的优势,又能提供贴近实战的训练环境的目的,由此形成了 LVC 仿真训练的概念。

1. 真实仿真

真实仿真(Live Simulation)是指真实的人操作真实系统的仿真,该类仿真试图尽可能接近系统的实际应用,通常包含真实装备或系统。在通常情况下,真实仿真的目的是增强受训者的真实体验,达到近似真实的训练效果。例如,在部队模拟训练中,实兵实装在约定的情境下进行真实仿真,实际装备的开火及毁伤效应通过仪器代替。

真实仿真的特点包括:尽可能地接近真实使用场景;经常包含真实装备或系统;仪器仪表可能代替实际武器系统的开火或碰撞;首要目标是有益的经历,等等。

接入 LVC 仿真系统的实兵实装是指真实兵力和装备,接入实兵实装的积极意义体现在以下三个方面。

一是缓解人类复杂行为难以描述的问题。无论是真实的兵力还是人操作下的武器装备,都是以人为核心驱动的。目前的建模水平还无法建立能够描述这种人为不确定性的机理模型,无法准确描述人员的战斗经验、技战术水平、行为决策、士气状态等人为因素。联合模拟训练重点解决的就是人、装备的协同,构建复杂作战场景,在现有建模水平下,通过接入真实武器装备和作战兵力,来体现人为因素对作战行动的影响,提高联合模拟训练的效果和逼真性。

二是缓解复杂战场环境模型难构建的问题。信息化装备的大量应用,使得战场环境尤其是电磁环境变得异常复杂,现有建模水平难以建立有效描述复杂战场环境的机理模型。此外,战场环境的诸多要素(包括气象、地形、电磁等)对作战行动的影响程度不断增加。在缺乏有效战场仿真模型的情况下,通过接入真实武器装备来复现环境效应，保证联合模拟训练的真实性和可信性。

三是体现感知能力的主观性和局限性。无论是情报处理系统、信息传输系统还是传感器装备，都存在自身性能的限制，并且人的信息处理和判断也存在主观性和局限性，因此，需要接入实兵实装来体现这些因素对真实过程的影响。

例如，在空军军事训练演习中经常使用空战机动仪器系统（Air Combat Maneuvering Instrumentation，ACMI），可以将飞机的诸如位置、速度、加速度、方向及武器状态等信息传输到分布式仿真网络中，供其他设备或人员使用，最典型的应用包括：判断飞行员操纵飞机的能力、导弹的使用情况，以及空战结果评判。

2. 虚拟仿真

虚拟仿真（Virtual Simulation）是指真实的人操作虚拟系统的仿真，这些虚拟系统通常是真实系统的模拟器或仿真系统，旨在为用户提供如同真实环境的体验。虚拟仿真以在回路的人为核心角色，使之训练控制技能（如驾驶飞机、坦克等）、决策技能（如控制活动资源动作等）、通信技能（如C4I小组的成员）等。除了真实的人操作虚拟环境的人在回路的仿真系统，还可把真实硬件在回路、软件在回路的仿真系统也归类为虚拟仿真。

虚拟仿真的特点包括：系统使用模拟器重建；系统由参与人员操作；系统设计成将用户沉浸在一种有效逼真的虚拟环境中；主要目标是有益的经历，等等。

虚拟仿真通过引入物理效应设备解决数学仿真模型建模困难、可信度不易得到有效保证的问题。其局限在于，引入物理效应设备通常费用较高、建设周期长、使用维护难度大。

典型的虚拟仿真系统是飞行训练模拟器，它使用真实的驾驶员座舱，并配备计算机仿真模型来生成飞行动力学数据、视景显示，以及大气和各种环境的变化，重在训练飞行员的驾驶能力及执行任务的能力。

3. 构造仿真

构造仿真（Constructive Simulation）是指仿真的人操作仿真系统的仿真。真实的人激励（提供输入）仿真的运行，但不参与决定仿真结果的过程。构造仿真通常表现为由运行和分析工具支持的数学模型的组合在不受外界干预的情况下运行并输出结果，如基于预设剧情的作战分析仿真。

构造仿真的特点包括：没有虚拟的环境或模拟器；系统的操作不需要真实的参与者；主要目标是有益的结果，等等。

从理论研究的角度出发，将仿真分类为真实的、虚拟的、构造的是有问题的，因为这些分类之间没有明确的界限。人参与仿真的程度是不确定的，装备的逼真度也是如此。这种分类方法还排除了仿真的人操作真实装备的情况，如智能车等。但是从实际应用的角度出发，仿真的这种分类方法对整个并行分布式仿真来说具有普遍意义。

4. LVC 联合仿真

LVC 联合仿真通常是指以联合作战任务为背景，集成分布在不同地点的实装、实兵、仪器仪表、模拟器、半实物仿真系统、数字仿真系统等不同类型的LVC 仿真资源，利用网络将这些仿真资源加以连接，构造一致共享的分布式虚拟仿真环境，在统一的仿真管理与控制下进行作战、训练或装备试验的仿真。LVC 联合仿真的核心特点是仿真资源作为仿真节点通过网络进行互联，运行过程中多个仿真资源基于网络进行通信。

LVC 联合仿真是分布式的功能仿真系统，它们通过支持异构集成和互联互通互操作来实现 LVC 仿真资源的协同工作和按需集成。

1.1.3　网络化联合仿真（NCS）

1. 概念定义

网络化联合仿真（Networked Co-Simulation，NCS）以网络通信技术与并行分布式仿真技术为基础，通过构建"物理上分布、逻辑上统一、时空上一致"的分布式虚拟环境，实现异地部署的各类 LVC 仿真资源的数据共享与协同推进，满足联合模拟训练、装备试验鉴定、作战推演评估等多样化分布式仿真应用需求。

NCS 有以下三个基本特性。

（1）一致性。一致性是 NCS 的重要特点和要求，所有的仿真节点能够看到状态一致的虚拟世界，不一致的虚拟世界会导致仿真交互出现各种问题。

（2）交互性。交互性是 NCS 的重要特征，NCS 的各类仿真节点之间通过虚拟环境进行交互，并有所反馈。

（3）实时性。由于实兵实装类的仿真节点对时间有要求，过长的反馈会影响真实感，虚拟空间中的相互作用和反馈需要在较短的时间内完成。

NCS 由仿真节点构成，经过精心定义的各个任务是由仿真节点执行的。仿真节点是 NCS 系统最重要的抽象，是连接到网络的逻辑实体，负责为进程（process）和线程（thread）分配资源、进行调度。仿真节点（一个节点可以承载一个或多个组件）是自成一体的软/硬件单元，只通过报文交换实现与环境之间的交互。

2. NCS 实现途径

为了实现具有实际应用价值的 NCS 系统，其解决方案通常包含以下三个方面的内容。

（1）一个公共的体系结构。由于体系结构是一套指导如何建立系统的指南，因此能够互操作的 NCS 系统必须具有一个公共的体系结构。一个好的体系结构不需要包罗万象，只需要说明为实现它的目的所需要的最少数量的要素。TENA 就是这样的一个体系结构，它只说明了特定的关键特征，将开发一个应用或系统的大多数方面留给开发人员。

（2）可进行有意义的通信。包括两个基本的部分：一是有一种公共的语言来支持不同的系统传达单一含义的各种信息，或将这些信息项组合成复杂含义的句子、陈述或概念。在现代信息技术中，公共语言通常是使用一种公共对象模型实现的。二是有一个公共的通信机制作为互换信息的一种方式。一种基于能使用多种潜在通信介质的特定公共框架的公共软件基础设施是实现这种特性最合适的方法。

（3）一种公共的上下文。包括三个重要方面：一是对环境的共同理解，如系统在哪里运行、运行环境的特征是什么等问题；二是对时间的共同理解，如它用什么来描述时间、时间是如何流逝的、任何给定系统需要何时完成哪些事情等；三是一个公共的技术过程，两个系统只有在理解（至少是在某种基本层次上理解）它们赖以发挥作用的整个过程时才能互操作，至少它们必须知道何时初始化、何时接收来自其他系统的信息、如果需要它们该如何从其他系统得到信息、何时与其他系统同步、何时停止运行等。

3. NCS 与互操作

1）互操作的含义

互操作性是指两个及以上的系统或要素交换信息和使用已交换的信息的能力，它体现了系统之间协同工作的程度。NCS 中的互操作意味着各自独立开发的 NCS 组件、应用或系统能作为某个事务过程的一部分一起工作，以实现用户所定义的 NCS 仿真目标。

通常我们所说的互联互通互操作其实包含两个方面的含义，一个是"互联互通"，另一个是"互操作"。互联互通是互操作的基础。简单地说，互联互通指的是基于通信网络的物理互联和信息互通，其目的是消除信息孤岛，其包含两个方面的内容，分别是全要素互联和高质量互通。其中，全要素互联指的是构建交互网络，实现信息全面互联，包括虚实要素连接、虚虚要素连接和实实要素连接；高质量互通指的是建立通信机制，实现信息互通，包括实时通信、可靠通信和安全通信等要求。

2）互操作的层级

一个聚焦互操作的体系结构允许用户运用大量不同的系统构成一个语义统一的由系统组成的系统（SoS）。但是，任何软件元素集合所需要的互操作的程度是可以连续变化的，这就是互操作层级的概念，如图1-1所示。从底到顶，每个层级描述了两个或多个元素之间的关系，它们之间的互操作程度不断增加。从底（最小互操作）到顶（最大互操作）的层次依次如下。

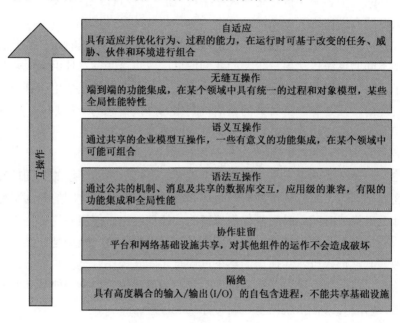

图 1-1　互操作层级

（1）隔绝：软件是功能自包含的，且相互隔离的元素不能共享公共计算资源（如网络）。

（2）协作驻留：为了软件元素联合存在而使用特定的公共基础设施服务，当它们同时运行时，使用那些共享的资源彼此之间不会冲突。

（3）语法互操作：软件元素在该层通过消息或数据库进行数据互换实现交互。因为可互换信息，该层需要一个公共的数据模式。

（4）语义互操作：元素共享一个公共对象模型和一套公共服务，这样就充分定义了彼此"交谈"的领域。在这种情况下，系统和应用之间可能存在功能重复。

（5）无缝互操作：元素实现了集成的功能，因为它们有一个针对某个给定领域充分说明的对象和技术过程。对于一套运行在该层次的软件元素而言，各个组件的功能之间没有重叠，从而产生高效的端到端的功能和过程集成。

（6）自适应：元素在运行期间为响应条件、资源、威胁等的改变而自我组织，它们功能的执行是根据它们当前所处的环境的状况而定的。

目前，大多数 NCS 应用真正实现的互操作层次是语法层的互操作，但其功能非常有限。上一层互操作（语义）意味着组件和应用之间互换的信息在合适的上下文内可以被充分理解，具有更高的技术难度。

4. NCS 与资源重用

可重用是指在某种不同于某个给定的组件、应用或系统原始设计的应用场景中继续使用它的能力，因此，其关注焦点在于某单个 NCS 仿真元素的多次使用。仿真资源通常以软件的形式存在，往往需要花费大量的人力和物力才能开发完成，因此，仿真资源重用具有非常重要的意义。

资源的可重用通常与可组合密切相关。NCS 中的可组合意味着挑选集中备用的各种可重用、互操作的 NCS 元素（如模型组件或应用），实现"搭积木"式的快速组合、按需集成，形成一个 NCS 系统。

1）异构系统

异构系统指的是地域上分散、由不同的制造厂商开发、系统的硬件和软件环境各不相同、数据表示方法与精度有差异的软硬件资源，包括实兵实装、模拟器、虚兵系统、态势显示，以及导调评估等业务系统。

通常而言，系统的异构性主要体现在以下 4 个方面。

（1）硬件平台的异构性。系统基于的硬件平台、体系结构千差万别，数据的格式、字节顺序、存取模型与性能等都不一样，与外部输入输出设备的接口也不一致。

（2）通信网络的异构性。当今通信技术非常发达，不仅通信媒介不同，网络的拓扑结构也纷繁复杂，如星形、环形、总线形、树形等；通信方式也非常多样化，多种通信协议并存。这些都阻碍了数据包在目的端口的正确解析。

（3）应用软件的差异性。各类仿真应用软件都是基于特定编程语言和开发环境研发的，其设计和实现与特定人员和环境紧密相关，并且软件的全生命周期都是与特定的操作系统和计算机运行环境紧密耦合的。不同的仿真应用领域的软件通常没有进行统一设计，由于编程思想、编程语言等的不同，在不同信息系统内完成相同任务的执行程序之间也存在巨大的差异性。

（4）数据信息的异构性。NCS 通常涉及不同地域分布的多个单位之间的协同，内部传输的数据信息量很大，这些数据信息由于缺乏统一设计，所以在语法、语义、语用等方面都存在差异性。这种差异性体现在数据的命名、格式、结构等多个方面。

2）基于 NCS 的异构集成

异构系统难互联、多源数据难共享的问题，一直是制约试验训练质效提升的瓶颈，NCS 可以通过支持异构系统集成实现资源重用。基于 NCS 的异构集成可以将分散在不同地域、从事不同专业、实现不同用途的异构系统集成适配与联合运行，实现信息交互、资源共享、时空同步和协同推进等功能，支撑虚实一体 NCS 联合仿真环境的有序运转。各个异构系统可以作为一个仿真节点（或客户端）接入 NCS 系统。

3）资源重用的层次

如图 1-2 所示，NCS 系统中的资源重用通常包含以下几个层次。

图 1-2　资源重用的等级划分

（1）编程语言级。无论是面向对象仿真中的对象类，还是面向过程仿真中的子程序/函数，都是使用 Eclips、NetBeans、Visual Studio 等集成开发环境相关库得到的。由于编程语言的多样性（如 C、C#、C++、Java 等）、底层操作系统的差异性（如 Unix、Windows 等）、硬件平台的多样性（如 Intel、GPU、FPGA 等），所以这一层级的重用非常困难。例如，在 Unix 操作系统上使用 Java 开发的仿真程序，难以直接在 Windows 操作系统上使用 C++开发的仿真应用中重用。

（2）编程框架级。依据底层设计模式的不同，仿真中的编程框架可以分为面向对象式（OOP）、面向过程式（Procedural Paradigm，PP）、面向功能式（Functional Paradigm，FP）等。在面向过程式的仿真应用开发中，还可以细分为不同的编程框架，包括事件调度（ES）、活动扫描（AS）、进程交互（PI）等。不同编程框架开发出的仿真应用难以直接进行组合与重用。

（3）仿真设计级。如果在仿真资源的开发阶段采用了相同的设计模式，仿真重用将变得非常容易。例如，面向对象模式设计（OOD）的仿真应用很容易重用采用面向对象式（OOP）开发的仿真资源。UML（Unified Modeling Language）是描述 OOD 的国际通用标准，能够帮助仿真开发者理解和重用已经存在的基于 OOD 的仿真资源。但是从仿真应用现状来看，在应用设计级的重用也是非常困难的，因为它需要不同仿真资源之间采用相同的设计模式。例如，包含差分仿真的连续系统仿真模型难以直接集成进 OOP 组件中。不同的仿真模型采用了不同的设计模式，很难用一种设计模式涵盖所有模型。

（4）仿真组件级。仿真组件级重用支持仿真模型的组合，一个组件可以对应一个子模型或模型组。这一级的重用可以节省开发时间和成本。但是这一级的重用也受不同组件的开发语言、操作系统和硬件环境的制约。

（5）仿真工具级。Arena、JMASE 等仿真工具能够有效支撑其开发的不同仿真组件的重用。用户可以方便地在某种仿真工具上实现其仿真模型资源的重用，但是不同仿真工具开发的仿真组件之间的重用仍然非常困难。

（6）仿真应用级。如果需要重用的仿真应用恰好可以满足当前的仿真应用需求，重用是自然而然的，很多已有的仿真应用系统还可以用来满足新的仿真需求。一些仿真应用是不同的人员独立进行测试认证的，一些仿真应用没有配套的说明材料，还有一些仿真应用只有可执行程序，即使提供了源码，理解并改造源码也是一个复杂的过程，这些因素都使得仿真应用级的重用同样存在挑战。此外，已有仿真应用的重用还依赖其运行环境的兼容性。

（7）以网络为中心的仿真应用级。该层级的重用涉及基于网络实现仿真组件或仿真应用之间的互操作，通常与仿真应用的物理分布有关。HLA 等分布式仿真标准是典型代表，如果一个仿真模型与 HLA 标准是兼容的，那么该模型可以通过 HLA 与其他仿真模型互联，进而实现重用。

（8）仿真概念模型级。这一层级的重用是最高层次的重用，其实现难度最大，要求通过理解已有仿真资源的概念模型开始，进而掌握相关仿真资源的应用场景和使用模式，其效果等同于针对特定的应用需求重新设计一个仿真系统或应用。

5. NCS 的过程表示方法

一个 NCS 系统中的节点可以用一个仿真状态序列描述，如图 1-3（a）所示，仿真状态可以随着时间变化，既可以是离散的，也可以是连续的，能够在事件到来的时候产生改变。如图 1-3（b）所示，事件可以是用户输入、定时信息，也可以是来自其他仿真节点的消息。此外，如图 1-3（c）所示，每个 NCS 仿真节点也可以向其他节点发送消息。

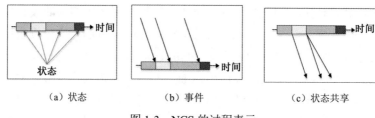

（a）状态　　　　　　　（b）事件　　　　　　　（c）状态共享

图 1-3　NCS 的过程表示

以包含两个仿真节点的 NCS 应用为例进行说明，如图 1-4 所示，为两个选手的乒乓球游戏仿真过程。仿真状态是球拍和球的位置，并且可以由它们各自的速度确定，事件指的是用户输入的动作（如移动球拍）。

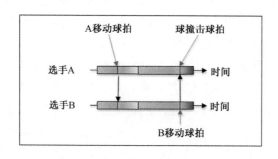

图 1-4　两个选手的乒乓球游戏仿真过程

6. NCS 与 SoS 的关系

新功能的不断加入，仿真系统的复杂性越来越高，以致难以在单一背景下进行控制。解决该问题最有前景的技术是把大型的单一系统分解成一组几乎自主的组分系统，各个组分系统通过精心定义的报文接口进行连接。只要这些报文接口上的可靠属性满足用户的意图，那么修改组分系统的内部结构，对全局系统级服务没有任何不利影响。为此人们提出了系统的系统这个概念。

系统的系统也称体系，指的是为实现一个共同目标而相互合作的一组几乎自主的组分系统所形成的系统。其本质上是由组分系统构成的大型单一系统。然而，有的单一系统是由子系统构成的，所有子系统依据总体规划而设计，并且在一个开发组织的控制范围之内，把这样的单一系统称为子系统的系统（System of Subsystems）。如果相互合作的各个系统处于不同开发组织的控制范围内，那么由这样的系统所构成的单一系统为 SoS。由此可以看出，SoS 与子系统的系统的区别在于组分系统的自主程度。在 SoS 中，组分系统的自主性高；在子系统的系统中，子系统的自主性低。

从上述定义可知，NCS 系统应该属于 SoS，而不是子系统的系统。其原因在于 NCS 的各个组分系统被称为仿真节点，每个仿真节点通常由不同组织负责开发，具有较高的自主性，仿真节点会受到其他节点的影响，但不会被控制。

1.2　NCS 中的时间

1.2.1　三种时间概念辨析

时间是所有仿真系统的核心概念，NCS 中至少存在三种时间，分别是自然时间、机器时间和仿真时间。

1. 自然时间

自然时间指的是现实世界中客观存在的真实物理时间，是真实系统或对象状态演进的度量，常用格林尼治标准时间计量。自然时间是真实且独立存在的，不是通过设备或工具人工生成的，是不能准确得到也不能控制的，具有唯一性。

2. 机器时间

机器时间，又称墙钟时间，通常是指仿真系统根据其所在计算机的晶体振荡器等时钟发生装置产生的滴答数所换算的时间，是仿真执行过程中的参考时间，通常来自一个硬件时钟，如 2022 年 10 月 31 日下午 1 点 30 分。

机器时间通常具有以下两个方面的特性。

（1）可测但不可控。由于机器时间是基于时钟发生装置折算过来的时间，所以可以通过统计脉冲计数进行测量，但是不能期望通过对真实物理装置的控制来控制机器时间。

（2）可解释性。虽然机器时间不可控，但是将其引入 NCS 系统，可以根据需要对其赋予相应的语义，也就是系统的设计开发人员拥有对其含义的解释权。

本地时钟就好像手表，仿真进程通过本地时钟获取机器时间。但正如手表可能不准一样，本地时间也可能"不准"，但"不准"是相对某个走得准的标准时钟而言的，这个标准时钟称为全局时钟。全局时钟的读数被称为全局时间。虽然机器时间不可控，但是其具有可解释性和可测性，在 NCS 系统中对应着一个数值，我们可以对其进行部分校正。

虽然全局时钟不是真实的物理存在，仿真进程也无法直接读取其读数，但引入全局时间这个概念有助于我们进行算法分析。例如，有两个本身并没有逻

辑先后顺序的事件 e_1 和事件 e_2，如果需要区分两者的先后顺序，就需要引入一个观察者，以这个观察者的视角来判断这两个事件的先后顺序，这个观察者就是全局时钟。一个 NCS 系统只需要一个全局时钟，所有事件的全局时间都取自这个全局时钟的读数。

3. 仿真时间

整个 NCS 系统对应一个时空一致的虚拟空间，因为纯的物理时钟（机器时间）同步难以实现，所以需要一个逻辑上的时间来模拟自然时间，支持事件先后关系的描述。这个时间就是仿真时间，又称虚拟时间或逻辑时间，是 NCS 中供系统或模型使用的时间。

仿真时间是 NCS 中的一个全局可比较的时间，用于标记仿真中各事件的先后关系，其最朴素的语义就是支持对事件的准确排序，也就是 NCS 系统中的每个仿真节点都能明确分辨出过去、现在和未来的事件。仿真时间支持因果排序，如果事件 A 的发生导致另一个事件 B 的发生，那么观察者应该先发现事件 A，后发现事件 B。如果一个仿真节点处于逻辑时间 T，则表明它已经完成所有 T 时间以前仿真事件的处理。

仿真时间是一个抽象的概念，它有确定的初值，是间断的，永远为正，有次序，但没有单位（取决于仿真系统的设计）。仿真时间通常是实数值，该值按小于（<）关系整体排序。仿真时间在 NCS 中各个仿真要素的控制下推进，是完全可以被控制的，NCS 也正是通过对仿真时间的控制来实现对虚拟时空一致性的控制。

4. 时间的双重作用

NCS 系统中发生的事件，可以从两种不同的时间角度进行观察：时间作为数据和时间作为控制。从时间作为数据的角度看，事件定义了仿真实体发生数值变化的时刻，这个时刻是以后进行该事件影响分析的重要输入。而从事件作为控制的角度看，事件可能要求仿真节点计算机立即行动，尽快对这一事件做出反应。

1.2.2 时间表示方法

1. 时间表示的需求

为了支持基于离散事件模式运行的虚拟仿真系统，时间还需要能够描述同时（Simultaneity）发生的事件。如果所有观察者看见两个事件发生在同一时刻，时间模型就要避免造成一个或部分观察者观察到两个事件不是同时发生的情况。

时间涉及三个域：物理域、数学域（建模对象的状态模型）、计算域（实现仿真模型）。NCS 中的主要问题之一就是不同仿真节点的不同域对应的时间模型之间存在差异，首先要解决的就是时间表示问题。

在虚拟空间中，很多仿真资源没有考虑时间这一因素，而在物理空间中，时间是核心要素。为了实现可预测、可控制的 NCS 联合仿真，我们需要给出时间的明确语义和表述形式，支持各类异构资源之间的协同交互。

2. 存在的问题

使用实数表示时间是比较常见的方法，因为这种方法能够均匀演进时间。在软件实现中，表示时间的实数用一个浮点数近似表示。对于 NCS 联合仿真而言，用实数表示的时间并不完全适用。最明显的原因就是计算机处理的不是实数。计算机程序通常使用浮点数近似实数，这会带来问题。因为实数是具有无限精度的，然而，浮点数的精度是有限的，这就会造成量化误差，而且量化误差可能会积累。实数可以判断是否相等，以此来确定同时发生的事件，但是浮点数通常不支持这种判断。事实上，许多软件编译工具还把浮点数的相等判断作为潜在的错误给出提示。

3. 时间表示的规则

时间分辨率（Time Resolution）是指两个时间戳之间取值的最小差别，如时间分辨率是 1ms，则时间的取值可以是 0.001s、0.002s、0.003s，但是这些时间值之间的值是无法表示的。

NCS 中的时间表示应该满足以下三点需求。

（1）时间分辨率是有限的且对所有观察者都是一致的。无限精度（如实数表示的时间)在计算机上是不适用的,且如果不同观察者之间的时间精度不同，那么将难以对同时发生的事件有一致的理解。

（2）时间分辨率应该与时间的绝对值无关，也就是说，时间起点（零时刻）的选择不影响时间的精度。

（3）时间是可组合的，即对于任意三个时间区间 t_1、t_2 和 t_3，有

$$(t_1 + t_2) + t_3 = t_1 + (t_2 + t_3) \tag{1-1}$$

由于舍入误差的存在，所以使用浮点数描述的时间无法满足需求（2）和（3）。如图 1-5 所示，其中的 C 语言代码描述了双精度浮点数的加法。

```
double r = 0.8;
double k = 0.7;
k = k+0.1;
printf("%f, %f, %d\n", r, k, r==k)
```

图 1-5　时间表示方法举例

输出的结果是 0.800000, 0.800000, 0。r 和 k 的取值都为 0.800000，但是由于舍入误差的存在，所以 r==k 的取值为 false。综上，浮点数不能用来表示仿真中的时间，因为它无法处理和识别同时发生的事件。

在 NCS 中，通常使用整数型来表示仿真时间。整数通常在计算机中用固定数量的比特位来表示。整数可以相加且不存在舍入误差，可以准确描述同时发生的事件。例如，NTP 协议中将时间用两个 32 位整数表示，一个表示秒数，另一个表示 1s 的分数（单位是 2^{-32}s）。

1.3　NCS 时间同步需求

在 NCS 中，仿真节点的分散独立，以及消息传输延迟、计算延迟、时钟不同步等因素的存在，导致 NCS 系统存在数据到达时序混乱、逻辑事件因果关系错乱等问题，最终导致 NCS 仿真过程与真实世界严重偏离，仿真结果不可信，甚至导致整个 NCS 系统的崩溃。

1.3.1　因果关系维护

1. 逻辑错乱与公平性

将地理上分散部署的 NCS 仿真节点同时联合起来，并且允许 NCS 仿真节点内部运行是自治的，同时需要对来自节点外部其他仿真节点或用户的操作指令和/或硬件输入进行实时响应，这本身就是一个相互冲突的需求。

如图 1-6（a）所示，从图中可知，由于没有服务端对交互进行控制，所以出现了逻辑错误，这是并行分布式仿真中常见的逻辑交互因果性问题。因此，如图 1-6（b）所示，重要的交互事件通常需要由服务端来进行一致性控制。

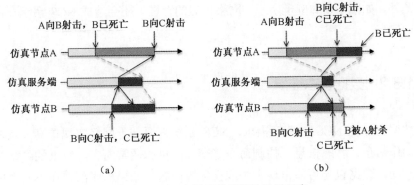

（a） （b）

图1-6 NCS中因果关系错乱场景示意

在图1-6（a）中，从A的视角看，A先是射击并杀掉了B，却随后又看到B向C进行了射击，这就导致了逻辑错误。在图1-6（b）中，通过将是否命中目标的裁决交由服务端处理，可以保证逻辑关系的正确性和一致性。但是从物理时间上看，确实是A先向B进行了射击，B被击杀的动作应该在其向C进行射击的动作之前。从公平性的角度看，对A是不公平的。

2. 影响效果

如果对消息时序不一致情况不加以有效控制，会对NCS系统造成期望违背（Expectation Violation）、因果颠倒（Causal Order Violation）和理解歧义（Divergence）三类严重不良影响。

（1）期望违背：以联合模拟训练为例，假设某个装甲车模型的运动状态数据被态势显示席接收并显示，如果状态数据不是按照时间顺序到达的，则可能会出现装甲车位置来回闪烁的情况。这与用户期望看到的结果产生背离，大大降低了仿真的可信度，使得受训人员的真实感和沉浸感大打折扣。

（2）因果颠倒：维护NCS系统中虚拟空间内事件先后因果关系的一致性和正确性，是NCS系统最核心的功能需求。以联合模拟训练为例，假设态势显示席对坦克开火攻击目标的过程进行监控，由于网络延迟等因素的存在，所以目标爆炸被毁的事件可能先于坦克开火事件到达态势显示席，则用户先看到的是目标爆炸，后看到的是坦克开火，造成因果错乱。

（3）理解歧义：NCS系统中各个组成要素的状态数据的演进都是与时间紧密相关的，对于需要在多个仿真节点之间共享的状态数据，仿真时间信息是明确数据含义、避免理解歧义的主要依据。网络延迟等因素的存在可能会导致在同一时刻不同仿真节点看到的同一对象的状态数据不一致，进而对当前仿真进程产生不一致的认知，从而导致仿真结果出现错误。

此外，如图 1-6 的例子所示，网络延迟的存在，还会造成 NCS 系统存在公平性问题。

1.3.2　数据状态维护

数据交互是 NCS 的关键需求，NCS 系统需要基于网络实现仿真节点之间传输动作信息、状态信息、控制命令等交互信息。通常而言，数据的网络传输需要时间，数据包还可能出现丢失或损坏等问题。如果程序部署在不同物理机上，连接不太稳定，需要处理好断线重连、断线期间的消息重发，以及断线后仿真节点之间状态不一致等问题。

1. 数据更新不及时

网络延迟（Network Latency）问题是导致多个节点之间共享的状态数据不一致的直接因素，如果不存在网络延迟，那么 NCS 的多个仿真节点都是同步的。例如，在同一场多人参与的基于 NCS 的联合模拟训练中，实兵 A 看到实兵 B 的状态，应该与实兵 B 自身看到自己的状态一致。但是从现有网络技术发展水平而言，网络延迟不可能消失，所以同一时刻 A 和 B 看到的状态难以一致。

在许多情形下，仿真应用需要满足实时交互的响应时间要求，常常等不到最新的数据更新就开始仿真计算。如果各个 NCS 仿真节点是通过延迟相对较大的网络进行互联的，就会存在数据一致性问题，也就是收到数据的时候数据已经过时了。

图 1-7 给出了由三个仿真节点构成的 NCS 系统，其中，Sim0 节点本地管理的状态空间是 $\{a, b, c\}$，并且通过网络复制了 Sim1 节点的状态变量 $\{i, j, k\}$。Sim2 节点管理自身的状态空间 $\{x, y, z\}$，并接收其他两个节点发送的状态数据。

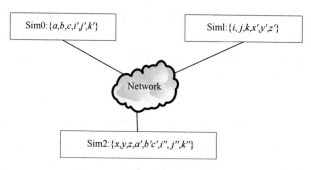

图 1-7　数据状态信息共享示意

由于仿真系统是实时运行且与机器时间同步的，复制得到的状态空间经常包含"过时"或旧的数据。例如，Sim0 节点通过网络得到的 Sim1 节点的状态数据，与 Sim1 节点本地维护的真实状态数据之间是不一致的，存在一定的时间滞后。因为仿真都是按照固定步长推进的，不可能停止或暂停来等待数据更新，所以不能保证数据一致性。Sim1 节点的本地状态产生了更新，需要花费一定的时间才能将更新传递给 Sim0 节点。

2. 网络延迟与丢包

如图 1-8（a）所示，在理想情况下，一个 NCS 仿真节点的状态更新应该立即传达给其他仿真节点，因此，在任意时刻，NCS 中的状态都是一致的。但是，如图 1-8（b）所示，网络延迟和丢包使得仿真状态不一致。此外，大规模 NCS 仿真资源的接入，消耗了更多的网络资源和 CPU 资源，同样也造成了 NCS 的运行困难。

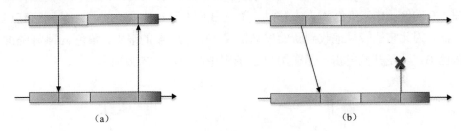

（a）　　　　　　　　　　　　　　（b）

图 1-8　网络延迟与丢包现象示意

通常而言，仿真节点之间自治且异步地运行，即每个仿真节点可以看成一个拥有自身状态空间的按步长独立推进的节点。仿真节点之间的交互可以通过状态空间信息的共享来完成。这种本地管理的状态空间之间的信息共享是以通过网络收发消息来实现的。

NCS 中的一个基本矛盾就是在仿真运行过程中，需要获得的不是本地管理的状态数据，同时需要对输入进行实时响应，并且产生正确的输出数据。问题的根源就在于网络延迟，网络延迟越大，传输过来的数据就越可能不一致或不是最新数据。

这里以联合模拟训练的应用领域为例进行说明，对于多人射击类的 NCS 应用而言，仿真中有多个用户节点加入，每个节点（对应一个角色）的位置、动作和属性都要同步给战场中的其他节点（角色）。射击类 NCS 应用对同步的要求很高，因为稍有网络延迟，用户（受训人员）就难以瞄准目标，或者莫名其妙地被打死。然而，网络通信不可避免地存在延迟和抖动的问题，如果没有处理好，就会极大地影响用户的训练体验。

不同类型的 NCS 训练应用对同步算法有着不同的权衡策略。射击类技能训练应用对精确度（如判定是否爆头）的要求很高，每次仿真运行中的节点数量可能很多，但是通常同屏角色数量较少。而对于战役、战略层级的指挥训练应用而言，同屏的单位数量虽然很多，但是每次仿真应用的用户节点数量并不多。

假设某射击类技能训练 NCS 应用采用客户端/服务端架构，当节点 A 产生移动指令后，会先向服务端发送操作指令，然后服务端计算角色 A 的新位置，再广播给所有节点。这种做法会产生瞬移、顿挫和打不中等问题。

如果服务端每隔 0.2s 计算一次位置，并将新坐标广播给客户端，客户端收到移动协议后，如果简单粗暴地直接设置角色坐标，用户节点会有明显的顿挫感。如果将同步频率提高到 24 帧/s，即每 0.04s 调用一次状态更新，利用人眼的残影现象，理论上会让顿挫感消除，直觉上就像播放电影画面一样。然而，提高同步频率不仅会给服务端带来性能压力，而且无法达到预期效果。

网络质量的差异使得同一时刻各个用户节点看到的画面不同。例如，在图 1-9 的例子中，角色 A 向右移动，角色 B 向左移动。由于节点 A 的网络延迟较低，因此它能较早地收到新的移动协议，在用户 A 的眼中，角色 A 刚好瞄准角色 B，于是开枪射击；但在用户 B 的眼中，自己并未被瞄准。

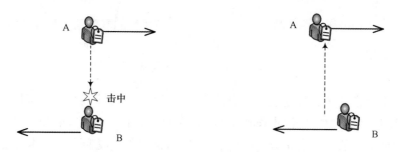

图 1-9　各个用户节点看到的不同画面示例

"顿挫感""打不中"这些问题都可以归结于网络延迟和抖动，就算服务端的性能再好、设置很高的同步频率，也无法解决该问题。网络抖动会影响数据的接收频率，使 NCS 的同步效果变差。

3. 数据乱序到达

如图 1-10 所示，在该系统架构下，维护仿真状态的一致性并不容易。问题的根源在于无法保证消息的接收顺序。消息的到达顺序不同，产生的仿真结果也不相同。

如图 1-11 所示，由于没有一个权威的仿真服务器来维护状态，所以仿真系统很容易产生不一致状态。原因就在于消息的到达顺序没有办法被保证。

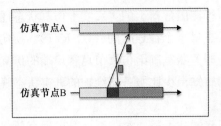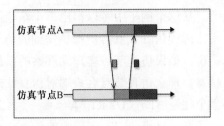

图 1-10 数据乱序到达现象示意

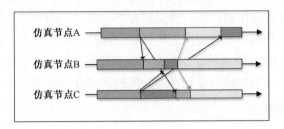

图 1-11 数据乱序到达的后果示意

1.3.3 实时运行与显示

1. 显示滞后现象

针对 C/S 架构的 NCS 系统，如云边端协同的分布仿真，当所有仿真计算都在中心服务器进行的时候，相对于边端部署的客户端而言，中心服务器可看作唯一拥有真实和正确仿真状态的主机。所有仿真计算和模型计算在中心服务器运行，这意味着一个客户端产生事件（动作）到这个客户端观察到该事件的真实仿真状态总有一些延迟。图 1-12 通过展示一个数据包的往返过程来说明这一点。

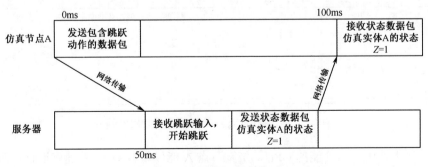

图 1-12 数据包的往返过程

从这个例子中可以得出一个结论：运行在服务器上的"真实"仿真状态通常比远程仿真节点客户端感知到的仿真状态早半个往返时间（1/2 RTT）。换句话说，如果仿真节点客户端观察的仅仅是服务器复制给仿真节点客户端的仿真状态，那么仿真节点客户端对仿真状态的感知至少比服务器维护的真实状态晚半个往返时间（1/2 RTT）。

通常这类 NCS 应用中的仿真节点客户端并不需要对仿真计算过程有任何了解，其唯一的任务就是发送输入、接收结果状态，并把它显示给用户。因为它们仅显示服务器发出的状态，所以绝对不会显示给用户错误的状态。尽管有些延迟，但是客户端显示给用户的所有状态都是在那个时间点附近绝对正确的状态。因为整个 NCS 系统的状态总是一致和正确的，所以这种网络传输方法被称为保守算法。以用户能感受到延迟为代价，保守算法至少是绝对正确的。

2. 渲染丢帧现象

除了能感觉到延迟，在这种模式下，客户端还存在另外一个问题。图 1-13 继续图 1-12 的仿真节点 A 跳跃的例子。

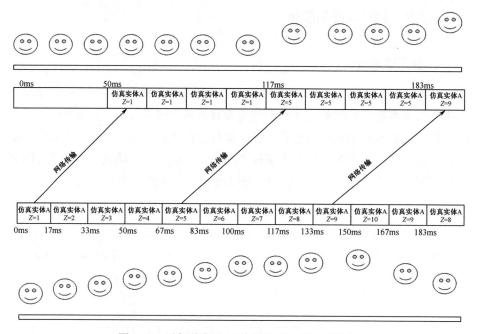

图 1-13 以每秒发送 15 个数据包处理跳跃输入

鉴于使用了高性能的 GPU，仿真节点 A 能以每秒 60 帧的速度运行。服务器也能以每秒 60 帧的速度运行。但是由于服务器和仿真节点 A 之间连接带宽的限制，所以服务器只能以每秒更新 15 次的频率发送状态。假设仿真实体 A

在开始跳跃时每秒向上移动 60 个单位，服务器以每帧 1 个单位的频率平滑地增加 *Z* 轴的位置，但是服务器每 4 帧给仿真节点发送一个状态。当仿真节点接收到这个状态时，更新仿真实体 A 虚拟人的 *Z* 轴位置，但是同一个 *Z* 轴位置必须被渲染 4 帧，直到有服务器传来新状态。这意味着仿真节点 A 在 4 帧内看到的是同一幅画面。即使仿真节点在 GPU 上花费了很多金钱使得渲染速度达到每秒 60 帧，但是由于网络的限制，它只能得到每秒 15 帧的体验。

抖动现象会限制数据同步的频率。如图 1-13 所示，双端使用 TCP 进行通信，服务端平稳地向仿真节点发送移动协议，但由于网络质量不佳，仿真节点收到移动协议的时序并不稳定。所以，单纯地提高同步频率，并不能解决帧挫感问题。

3. 虚实状态一致性问题

除了造成各一半的反应迟钝的感觉，网络延迟在第一人称射击类 NCS 应用中会导致很难瞄准目标。如果没有仿真节点客户端位置的最新信息，那么准确指出瞄准的位置就是一个挑战。想象一下，仿真节点客户端扣动扳机，由于敌人的位置是 100ms 之前的，所以没有击中。当构建客户端/服务器架构的 NCS 应用时，延迟的问题是不可避免的，但是可以降低延迟在仿真节点客户端仿真用户体验上的影响。

举例来说，设在物理时间某天上午 7 点 45 分 10 秒有 A、B 两个人，如图 1-14 所示，A 以 2m/s 的速度向右前进，B 以 1m/s 的速度向下前进，1s 后二人发生碰撞，这是自然界的真实现象。

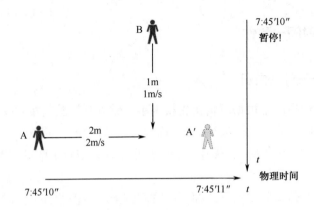

图 1-14　对时间的仿真

要对这个场景进行仿真，节点 A 仿真了对象 A 的运动，节点 B 仿真了对象 B 的运动，但是由于 B 节点的主机负载过大，忽然暂停了 0.1s，于是 7 点 45

分 11.1 秒的时候 B 才赶到相交的地点，但此时 A 已经到了新的位置 A′了，没有发生碰撞。

出现问题的关键就在于节点 A 要推进 1s 的时间，应该等待节点 B 完成同样时间的任务，这次时间推进才是有效的。时间的推进必须考虑消息的传递延迟和节点的处理时间，这是对时间进行仿真的关键。

4. 性能和可扩展性

为了提高 NCS 系统的性能和可扩展性，需要容忍一定程度的状态不一致。由于每个仿真节点能够独立运行并且对本地输入进行快速响应，无须等待状态一致数据的到达，因此系统性能得到了提高。由于降低了数据一致性要求，所以系统可扩展性得到了提高，即可以支持更多仿真资源接入 NCS 系统。

对状态数据不一致性的容忍程度需要结合建模与仿真的应用需求来确定。事实上，基于 DIS 构建的仿真应用始终需要容忍过时的数据。例如，一个运动中的实体的位置很少与真实位置信息一致。DIS 标准支持松耦合的交互，在300ms 以内接收到的实体位置更新都是可以容忍的。为了降低网络通信负载，DIS 标准还规定可以降低发送数据更新的频率，只有当数据误差超过一定的阈值时，才发送更新的数据。对数据不一致性的容忍程度，既依赖仿真的精度要求，又依赖仿真应用自身的业务需求。

NCS 本质上通过降低了数据一致性要求，来提高系统性能和可扩展性。之所以能够通过降低数据一致性来提高交互性能，是因为每个 NCS 节点是自治的，能够在运行过程中快速响应本地输入，不需要等待共享数据的更新。

1.3.4　时间一致性

1. 时间一致性的内涵

时间一致性指的是根据逻辑优先权为事件赋以时间戳，按时间戳递增的顺序执行事件来实现时间的因果性。一般而言，执行中的任何瞬时，不同的仿真节点可以有不同的逻辑时间。事件一致性是指事件在节点上的处理顺序一致性，时间同步是事件一致性的关键。

实际上，在仿真应用的下一帧更新时间到来之前仍然有一段时间，在这段时间中仿真应用可以将接收到的状态数据进行计算，得到下一帧的正确输出，我们称之为有效间隔。通过网络传输后的已经"过时"的数据，在有效间隔中依然是能保证仿真的一致性，我们称这种情况为时间一致性。

针对一组共享的状态数据 θ，如果它的产生时间 θ_{TS} 和它的有效时间区间 θ_{VI} 满足 $\theta_{TS}+\theta_{VI} \geqslant t$，其中 t 是当前时间，则称状态数据 θ 是时间一致的。

需要说明的是，在 NCS 仿真环境中，θ 可能被多个节点利用，此时情况变成了 θ 必须满足多个节点的时间一致性判定，即 $\theta_{TS}+\theta_{i,VI} \geqslant t$，$0 \leqslant i \leqslant n$，其中，$n$ 为分布节点的个数。

2. 时间绝对一致性

针对一组共享的状态数据 θ，如果对于任意 $i \leqslant n$，$j \leqslant n$，有 $\theta_i(t)=\theta_j(t)$，其中，n 是 NCS 中节点的个数，则称状态数据 θ 是时间绝对一致的。

我们说 NCS 是时间绝对一致的，是指当且仅当每个仿真节点中的状态数据在任何时刻都是最新的，也就是说，网络延迟没有影响，或者状态信息本身是个常量。显然这是一种理想的情况。

3. 时间相对一致性

NCS 中共享的状态数据构成集合 R 对应一个有效时间区间 R_{VI}，对于任意一个节点的状态数据 θ，当对于任意一个 $\theta_k \in R$，均有 $|t(\theta)-t(\theta_k)| \leqslant R_{VI}$ 时，称状态数据 θ 是相对一致的，其中，$t(\cdot)$ 表示状态数据的时间戳。

1.4 时间同步的问题根源

1.4.1 多个独立时钟并存

NCS 系统中包含多个相互独立的仿真节点，每个仿真节点拥有自己的本地时钟，时钟运行环境和频率也存在差异。因此，NCS 中的多个仿真节点的机器时间难以保持完全一致。例如，在仿真过程中的某个时刻发生了事件 E，由于节点 A 和节点 B 都有自己的机器时间，它们对事件 E 的观测是以各自的时钟为参考的，故它们认为事件 E 的发生时刻分别为 t_A 与 t_B。

NCS 中难以实现统一的全局物理时钟，且节点之间的传输存在抖动，因此为了保证各仿真节点的事件一致性、按因果顺序接收消息，需要让机器时间（或墙钟时间）同步。

导致 NCS 中机器时间不一致的主要因素包括：时钟的抖动与漂移、数据传输延迟、数据上行延迟与下行延迟存在不对称性，等等。其中，前两种因素可以通过时间同步算法来解决。

1.4.2　信息传输延迟

1. 信息传输延迟造成时间不一致

NCS 需要所有仿真节点共享一个虚拟空间，在真实世界中，原因事件一定发生在其产生的后果事件之前，这是自然世界中的固有特性。但是在虚拟空间中，事件的产生、传播和执行都是人为设计的，不同事件的产生与执行可能在不同的仿真节点中进行。NCS 仿真节点之间通过网络通信实现节点之间的信息传递，进而影响事件的判断与处理。网络延迟的存在可能使得对事件传输没有按照时间顺序进行，从全局来看就是虚拟空间中的时间不一致，从而出现时间先后关系扭曲的现象。

消息传输延迟的动态性使因果事件的自然先后关系在各个进程中失去了必然性，延迟不一致很有可能导致消息接收顺序异常。现今常规的做法是在传递仿真事件的同时附加事件产生时的机器时间或仿真时间，但是这种做法面临时间同步精度保持和数据传输与解析开销过高等问题。

2. 信息传输延迟使得数据过时

信息传输延迟的存在本身就使得系统和已经过时的数据交互。在 NCS 系统中，各个仿真节点通过网络通信达到实体状态信息共享和事件信息交互的目的。但是，NCS 系统中各个仿真节点是自治式地、异步地运行的，即每个分布式的仿真节点按照自己的仿真步长运行。

图 1-15 为信息传输延迟造成数据过时示意说明了 NCS 仿真节点之间的运行机理。在图 1-15 中，仿真节点 1 在本地产生 Data1，并接收仿真节点 2 发送的 Data2 和仿真节点 3 发送的 Data3，仿真节点 3 则只产生 Data3，并接收仿真节点 1 发送的 Data1。

通信时延往往是各仿真节点具有不同世界观的主要原因。由于通过网络建立的状态信息共享方式不可能消除通信时延，因此每个仿真节点接收到的状态信息往往是比真实的要滞后。例如，在图 1-15 中，仿真节点 2 和 3 接收到的 Data1 信息的时刻均是仿真节点 1 产生该状态信息后再加上网络时延后得出的时刻，而且这个时延是不可预知的。当该时延相对仿真步长而言不能忽略时，会导致 NCS 仿真节点不能及时响应外部输入数据并进行仿真计算，在输出仿真数据时可能超过了仿真步长规定的范围，由此使得 NCS 推进迟缓、数据时效性变差。

3. 信息传输延迟影响公平性和响应性

C/S 仿真架构的固有问题是降低了响应性，即需要等待服务端的回应，这对网络延迟长的仿真节点是不公平的，即存在公平性问题。这一点对对抗性的

NCS 尤为重要。

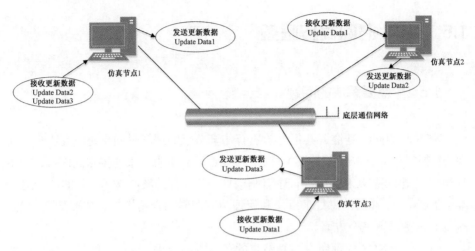

图 1-15　信息传输延迟造成数据过时示意

如图 1-16 所示，由于 RTT 的存在，C/S 仿真架构降低了整个 NCS 应用系统的响应性。对于仿真节点 B 而言，其相比仿真节点 A 则存在着固有的竞争劣势。

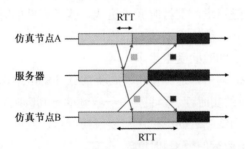

图 1-16　信息传输延迟对公平性影响的示意

如图 1-17 的例子所示，假设仿真节点 A 瞄准并射击了仿真节点 B，当节点 A 的消息到达服务器时，节点 B 已经离开了。解决的策略是仿真服务器估计自己和仿真节点 A 之间的时延 t，仿真服务器将时间回退到 t 之前。

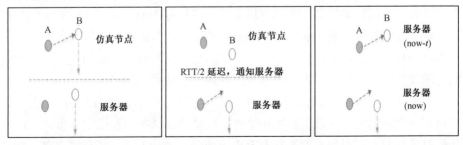

图 1-17　基于仿真服务器回退的解决策略

1.5 NCS 时间同步框架

1.5.1 需要解决的问题

NCS 时间同步是协调其包含的所有仿真节点的逻辑时间推进、机器时间同步（包括时钟对齐与偏差校正），以及网络延迟补偿的一系列技术的统称。NCS 时间同步是实现 NCS 系统"有序有制成体系"运行的核心技术，时间同步对于维护 NCS 中一致的消息处理顺序和保证仿真逻辑的合理性具有重要意义。其内涵主要包括以下三个方面。

（1）实现 NCS 内部所有仿真节点的逻辑时间推进，重点是维护事件因果关系。必须保证 NCS 系统内部所有仿真节点的时空一致性，仿真事件的接收节点保证已到达的诸多事件按照其产生顺序被处理，从而保证 NCS 系统的事件因果关系的正确性，因此，必然涉及所有仿真节点的逻辑时间同步。要求能够响应仿真节点的时间推进请求，支持时间步进式、基于事件的时间推进和乐观推进等多种时间推进方式，能够根据仿真节点应用需求支持可变仿真步长推进，并且满足不同仿真节点的时间受限要求。

（2）采取合适的网络延迟补偿手段，克服或缓解网络延迟的不利影响。针对网络延迟对 NCS 的实时性、因果性、一致性的不利影响，需要采用多种补偿手段，减轻或消除网络延迟的影响。需要解决网络、软硬件环境受限等问题，尽量保证 NCS 系统运行的效率和性能。

（3）提供仿真节点机器时间对齐功能，支持虚实结合仿真运行和实时仿真运行等运行模式。需要协同所有仿真节点的逻辑时间和机器时间的推进，进而支持 NCS 的实时仿真和虚实协同交互。其重点在于实现 NCS 所有仿真节点机器时间对齐，以及机器时间与自然时间的一致推进。能够提供统一的高精度仿真时钟信号，同时提供多种虚实同步算法，维护好虚拟仿真世界中的事件与真实物理事件的逻辑关系。此外，还要求 NCS 时间同步能够实现所有仿真节点对仿真时间有一致的认同，并且处理好虚拟时空和自然时空之间的关系，要恰当地处理虚拟仿真系统与真实物理系统之间的时空映射关系。

对于 NCS 而言，时间同步的效果主要体现在事件的接收与发送中，当仿真节点有下列活动之一时就需要发送事件：更新仿真状态、发送交互事件，以及其他对外部节点有影响或需要其他节点协同配合的行为。当仿真节点有下列行为之一时需要接收事件：反射属性值、接收交互事件和移除对象实例。

NCS 时间同步需要考虑同步的对象、同步的数据、同步的周期、网络延迟、网络带宽等多种因素。综合考虑 NCS 时间同步以上三个方面的内涵，本书从作者团队多年的工程应用实践经验出发，给出满足多样化应用需求的通用时间同步技术框架，提出一种内同步和外同步有机结合的时间同步方案，着力解决网络化条件下 NCS 仿真的协同运行问题。其中，内同步着重解决 NCS 系统内部所有节点之间的协同推进问题，外同步着重解决 NCS 系统中所有节点，以及外部时钟源之间的时钟对齐问题。此外，该框架中还给出了 NCS 仿真通信技术方案和网络延迟补偿技术方案。

1.5.2 技术要求

需要指出的是，NCS 时间同步不单指对消息逻辑时间的因果关系排序，还包含所有仿真节点的机器时间同步，通过机器时间建立仿真空间的逻辑时间与真实物理空间的自然时间之间的联系。同时，为了满足多样化的仿真业务需求，NCS 时间同步还需要处理网络延迟问题。NCS 时间同步技术需求的特殊性主要体现在以下几个方面。

（1）实时性。大部分 NCS 应用是对现实世界的模拟，特别是对于人在回路的联合模拟训练而言，更加注重受训人员的实时交互，NCS 仿真时间通常与机器时间按照定步长的方式同比例推进。在 NCS 运行过程中，每个仿真节点向外发送的数据除了包含事件本身，还附加了逻辑时间，数据接收节点只能依靠逻辑时间来维护数据逻辑关系顺序一致性。处理逻辑时间所消耗的传输和计算开销必须符合 NCS 的实时性要求。

（2）正确性。虽然绝大部分虚拟仿真系统都要求按照事件的逻辑先后关系处理事件，强调按逻辑时间顺序处理事件，但是 NCS 作为一种大型的分布式仿真类型，其包含的要素不单是虚拟仿真系统，还包括模拟器、实兵实装等其他类型的仿真资源。相当多的 NCS 应用并不需要实现所有仿真节点的严格时序一致和按序处理事件，这类应用的基本功能就是满足不同用户的多样化需求，不单是满足虚拟仿真系统的逻辑一致性需求。因此，NCS 时间同步在满足实时性要求的同时，需要维护的应是 NCS 参与用户或物理设备所能观测到的时间先后关系的正确性。

（3）可扩展性。NCS 与其他传统的分布式仿真应用的显著区别之一就是其系统运行依赖网络技术且系统规模更大。这就要求 NCS 时间同步在保持实时性、正确性的前提下，应具有良好的可维护性和动态可扩展性，支持大规模分布节点的协同运行与数据交互。

1.5.3 框架构成要素

如图 1-18 所示，本书给出的 NCS 时间同步框架包含内同步、外同步、延迟补偿、虚实结合与实时运行，以及高性能网络通信等 5 大模块。

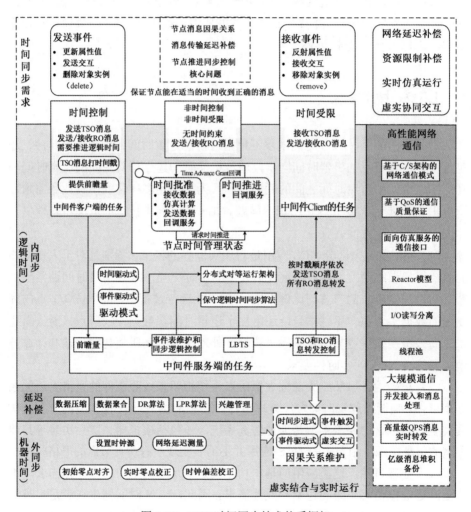

图 1-18 NCS 时间同步技术体系框架

1. 内同步

内同步重点解决 NCS 应用系统内部所有仿真节点之间逻辑时间的协同推进问题。其在 NCS 应用系统中的作用与 HLA 中的时间管理服务相当。其难点在于实兵实装、模拟器和虚拟仿真系统等不同类型仿真节点资源之间的数据交互与协同推进，需要维护好交互数据的逻辑时间顺序。

考虑到 NCS 仿真应用可能包含实兵实装、模拟器、业务应用软件等多种类型的资源，并且在军事类应用场景中还会经常传输"开火""射击"等对逻辑时间的一致性和响应性要求较高的数据，因此，本书采用保守机制来同步逻辑时间，以保证仿真事件发生和被处理过程的逻辑时序一致性。之所以没有采用乐观事件推进机制，主要是考虑到有人在回路或装备在回路时，乐观机制所依赖的回退无法实现。

为了实现异地分散部署的分布式 NCS 资源之间的协同运行，需要提供能够保证因果关系一致性的时间推进机制。研究内同步的根本目的，就是在保证逻辑时间同步的基础上，尽量提高 NCS 系统的并发度。当然，提高并发度不仅与时间推进策略相关，还与具体系统模型之间的交互和相互约束关系紧密相关。仿真时间的内同步比物理时钟同步更为严格，更能严格保证事件一致性、因果一致性的同步。

内同步本质上就是处理好仿真节点内部仿真时间推进，以及仿真节点之间的时间协调，其效果主要体现在不同仿真节点交互数据的逻辑关系维护和全局一致性处理上。需要指出的是，内同步其实不需要所有仿真节点物理时钟的绝对同步，如果两个仿真节点之间没有相互作用，它们的时钟无须同步，因为即使缺少同步也察觉不出来，不会产生什么问题。通常并不强制要求所有仿真节点在时间上完全一致，而是要求它们的逻辑时间顺序完全一致。

造成 NCS 不一致性的主要原因是网络延迟，因此，为了满足逻辑因果关系完全正确的应用需求，需要一种有效的完全同步机制。NCS 内同步的目标就是时刻保证 NCS 节点的时间一致和数据一致。目前，NCS 协同推进方法在仿真领域没有形成专门的理论，本书结合作者多年来 NCS 系统建设与应用经验，给出了一种通用性强的 NCS 内同步算法。

需要特别注意的是，内同步是所有 NCS 系统都必须拥有的功能，无论是实时运行还是非实时运行。所谓实时运行的 NCS 系统，其默认逻辑时间与机器时间一致，即将机器时间作为逻辑时间来使用。

2. 外同步

外同步是指整个 NCS 系统的全局时钟与外部真实系统的同步，并且基于全局时钟实现所有仿真节点机器时间一致。典型的场景是 NCS 的实时运行，这时需要与外部的北斗授时系统、GPS 授时系统等进行同步。外同步解决的是 NCS 的物理时钟同步问题，其作用包含两个方面，一是确定仿真进程中事件的发生时刻（时间戳机制），这需要用外部标准时钟源 S 同步各个仿真节点的本地时钟

C_i；二是度量不同节点上两个事件的间隔，以便确定事件的偏序关系。

为此，我们在自然时间 I 的一个间隔上定义如下两种外同步模式。

（1）与外部时钟源对准：对一个同步范围 $D>0$，$\forall t \in I$，满足 $|S(t)-C_i(t)|<D$，$i=1, 2, \cdots, N$。

（2）内部所有时钟对齐：对一个同步范围 $D>0$，$\forall t \in I$，满足 $|C_i(t)-C_j(t)|<D$，$i, j=1, 2, \cdots, N$。

外同步通常还需要为 NCS 的虚实结合逻辑关系维护、实时仿真运行等应用需求提供机器时间对齐功能。需要外同步的 NCS 系统通常都是需要实时运行的系统，因此，其焦点在于实现机器时间同步。

3. 延迟补偿

网络延迟受传输协议、数据包大小、网络状况等的综合影响，在 NCS 时间同步技术体系中，延迟补偿与底层网络基础环境紧密相关，包括资源限制的补偿和网络延迟的补偿两部分，其中，前者主要是为了克服硬件资源的条件限制，尽可能提高 NCS 系统运行效率；后者主要针对网络延迟问题，从应用角度出发，克服网络延迟对仿真业务的不良影响。

4. 虚实结合与实时运行

虚实结合与实时运行模块主要是将内同步和外同步进行融合，满足 NCS 实时仿真、虚实结合仿真的应用需求，其核心是在实时运行的条件下维护因果关系一致性。需要以外同步的机器时间同步为基础，实现与自然时间的同步推进、所有节点的机器时间对齐，同时还需要使用内同步的协同推进方法，保持 NCS 全局的逻辑时间同步和协同推进。其中的机器时间和逻辑时间是紧密相关的，通常将机器时间赋值给逻辑时间。

5. 高性能网络通信

NCS 中的网络通信模块建立在基础设施的硬件、网络、操作系统之上，对上层仿真服务和应用屏蔽了底层网络、操作系统及硬件的差异性，提供了统一的内存管理服务、时钟管理服务、异常处理服务、网络协议服务、系统接口服务、日志管理服务等基础服务，并且基于这些基础服务提供了统一的安全管理服务、会话管理服务、连接管理服务、消息路由服务、心跳服务、接入授权服务等。同时，提供消息编码服务、消息队列服务、消息持久化服务、命名服务等功能。

NCS 的支撑平台最核心的需求之一就是通信，网络通信模块成为最基础的架构之一，同时也是 NCS 时间同步实现的重要基础。随着 NCS 规模的不断扩大，可能面临成千上万个通信节点的数据交换问题。面向大规模 NCS 的网络通信，需要满足海量数据传输和异构网络协议适配等需求。为了支持 NCS 各类异构资源的集成，网络通信服务还需支持 TCP、UDP、反射内存等不同的网络协议，同时屏蔽不同操作系统、硬件环境的差异。

6. 客户端与服务端

本书给出了一种基于客户端/服务器端架构的时间同步技术体系。其中，客户端对应 NCS 中的每一个仿真节点，主要任务包括产生时间推进请求、处理仿真计算业务、提交来自其他节点的数据，以及更新该节点的状态数据。服务端最重要的任务是处理网络请求，包括处理时间推进请求、数据更新请求等，将数据分发给相应的接收节点。需要强调的是，该技术体系中的逻辑时间一致性维护（包括 LBTS 计算等）任务可以在每个仿真节点客户端进行，也可以在仿真服务端集中处理。

1.6 NCS 资源限制问题

NCS 应用主要面临着三大资源限制，分别是网络带宽、网络延迟和仿真节点处理网络传输业务的能力。这些资源限制体现的是底层网络的技术性能和物理限制，是 NCS 应用必须尽量克服并且在设计阶段必须考虑的要素。

仿真服务器的压力主要源于数据量，主要判断是数据量能够达到服务器网卡带宽的上限，和仿真节点客户端发送数据的频率没有直接关系。通常而言，仿真服务器的 CPU 处理能力能够处理较高频率发送来的数据。

总的来说，NCS 时间同步的优化是一个长期不断试错的过程，我们需要合理地利用计算机资源，把最重要的资源用在最重要的功能上面，减少重复的计算与流程，并需要配合一些经验和技巧来规避那些难以解决的技术问题。

NCS 中同步问题的关键在于综合考虑同步对象、同步数据、同步周期、网络延迟和网络带宽等多种因素。通常而言，支撑 NCS 的软硬件资源不可能是无限的，必须考虑如何最大限度地利用好这些资源。

1.6.1 基本原理

NCS 对资源的需求直接取决于每个仿真节点发送和接收的数据量，以及相关数据在网络上的传输速度和响应速度。因此，可以将 NCS 系统的资源需求用下式描述：

$$资源 = M \times H \times B \times T \times P \tag{1-2}$$

式中，M 表示传输的消息的数量，H 表示平均每条消息需要到达的目的节点的数量，B 表示平均每条消息到达一个目的节点时需要的网络带宽，T 表示消息到达每个目的节点的时延，P 表示接收和处理每条消息所需要的处理器周期数，其对应的是每条消息的计算量。

在资源需求确定的前提下，我们可以初步分析 NCS 的响应性和扩展性。NCS 系统设计人员可以依据式（1-2）来权衡 NCS 系统设计需求和资源限制。通常情况下，在给定资源的前提下，NCS 系统设计人员可以有多种方案来满足系统设计需求。

当我们加大对某种资源消耗的时候，我们必须以某种方式来补偿这种消耗，即式（1-2）中一个变量的增加，将引起其他变量的变化，否则将可能降低 NCS 的整体性能。在通常情况下，选择降低哪些变量，以及哪些变量用来做补偿，都是依据 NCS 的应用需求和资源瓶颈来确定的。例如，当仿真节点数量增加的时候，网络带宽（B）的需求也相应增加。每个新加入的仿真节点引入了与其他仿真节点的新的数据交互，因此需要占用其他仿真节点的计算资源，即 H 和 P 也需要同步增加。此时，如果我们想保持式（1-2）不变，只能选择减少消息数量（M）或允许引入更大的通信时延（T）。

在本节中，我们将提供多种补偿方法来降低网络资源需求，但是这些方法往往会增加计算处理的工作量。不同补偿方法的选择主要取决于一致性与响应性的平衡，以及计算和通信方面的可扩展性。

网络资源限制补偿的基本原理就是用计算来替代通信，我们如果需要降低通信负载，就需要通过增加计算负载来实现。例如，在 DR 算法中，我们进行模型预测并对状态数据加以修正；在兴趣管理中，我们进行数据过滤来选择向哪个仿真节点发送数据。

资源限制补偿技术需要考虑两个方面的问题，一个是一致性与响应性的平衡，另一个是应用的可扩展性。有时，在 NCS 中需要牺牲一定的一致性来保证系统具有更好的响应性。可扩展性涉及将资源在多个仿真节点间分配，需要确定 NCS 系统中的串行部分和并行部分，并且选择合适的网络通信架构来保证足够的通信支撑能力。

DR 算法提供了更高的响应性，但是也在一定程度上损失了一致性。兴趣管理技术提供了更好的可扩展性，但是对兴趣的计算处理降低了 NCS 系统的响应性，同时也在一定程度上降低了节点间的一致性。因此，补偿方法的选择需要结合 NCS 应用特点和需求来确定。

从式（1-2）中我们可以发现，资源补偿必须处理好两个方面的问题，一个是获得一致性和响应性之间的平衡，如怎样降低 T；另一个是如何扩展 NCS 应用的规模，如降低 H。

1. 一致性与响应性

1）一致性

一致性是指仿真节点所掌握的仿真状态信息与其他仿真节点是相近的，即所有仿真节点对 NCS 整体仿真状态的理解是一致的。

绝对的一致性意味着所有仿真节点对 NCS 整体仿真状态的理解是完全一致的。为了实现这一目标，需要我们在 NCS 系统推进仿真的过程中，等待所有仿真节点都收到来自其他仿真节点的状态更新事件和数据。

2）响应性

响应性描述了一个更新事件被仿真节点注册并执行所花费的时间。为了获得高响应性，我们需要在其他仿真节点收到该事件之前就推进仿真。

3）一致性与响应性的平衡

一致性对网络的指标要求是低延迟和高可靠性，而响应性对网络的指标要求是低抖动。一致性与响应性并不是相互独立的，例如，在数据库研究领域，往往需要在保持一致性的前提下提高响应性。由于一部分 NCS 应用中往往存在着实时交互需求，因此响应性变得非常重要，有时甚至可能需要牺牲掉一部分一致性。

4）如何保证一致性和响应性

为了获得更高的一致性，往往需要 NCS 系统中的仿真节点之间的运行逻辑是紧密耦合的，需要彼此频繁交互数据，因此，需要更高的网络带宽、更低的网络延迟，并且远程分布的仿真节点数量尽可能少。

为了获得更高的响应性，往往需要 NCS 系统中仿真节点之间的业务逻辑是松耦合的，这时需要仿真节点承担更多的计算任务，尽量减少对其他仿真节点的依赖和交互，以降低网络带宽和时延需求。

2. NCS 数据交互分析

为了便于描述，我们将 NCS 系统划分为三个部分，分别是本地仿真节点、网络和二者之间的网络中继。如图 1-19 所示，本地仿真节点向网络中继（relay）发送了一个控制指令，并从网络中继接收一条数据。网络中继可以看成本地仿真节点与网络之间的媒介，是一个逻辑概念，体现了系统架构对数据传输的影响，能够与其他仿真节点的网络中继进行通信。网络中继的结构决定了整个 NCS 系统的一致性和响应性。

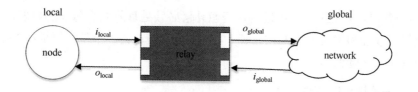

图 1-19　NCS 数据交互模型

用 f 和 g 分别表示网络中继在数据发送与接收时进行的操作，如数据压缩与解压、加密与解密等。对于采用集中式架构的 NCS 系统，其对应的网络中继模型如图 1-20 所示。

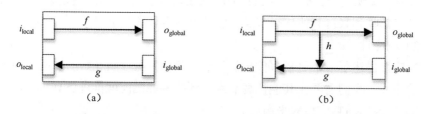

图 1-20　网络中继模型

在图 1-19 和图 1-20 中，$o_{global}=f(i_{local})$，$o_{local}=g(i_{global})$。所有新的本地消息都需要经过网络中继进入网络，来自网络的消息也只能通过网络中继进入本地节点。这种网络中继模型可以取得较好的一致性，因为所有消息都必须经过网络，因此，可以通过构建一个集中式的服务器来实现数据一致性。然而，这种网络中继模型不能保证高响应性，因为它依赖网络资源是否可用。

为了弥补这一不足，可以在 f 和 g 之间增加一个操作 h，形成一个网络中继回路，其中，$o_{global}=f(i_{local})$，$o_{local}=g(i_{global})\times h(i_{local})$。在网络中继中，源于本地的消息又传回到本地输出端，即我们不需要等待经过网络传出的消息再回传到本地，而是在本地直接返回消息。在 DIS 标准中的即时反馈机制就是采用这种方法实现的。

通过这种方法，我们可以获得高响应性，但它的代价就是仿真节点本地的数据可能与其他仿真节点不一致。这意味着需要引入回退或协商机制来解决这种状态不一致。

图 1-20 给出的两种网络中继模型分别对应高一致性和高响应性，在图 1-20（a）中，所有的状态更新都需要得到其他仿真节点的确认；图 1-20（b）通过引入一个中继回路，省略了确认机制，提高了响应性。

3. 可扩展性

可扩展性的基本要素是计算资源（CPU）和网络资源（带宽），具有良好可扩展性的 NCS 系统应该在系统规模增长的过程中对资源的消耗要求趋缓，而不是到达一定临界值后急剧增长。在达到一定规模后，要想继续增加 NCS 系统的规模或提高效率，主要有两种方法：一是进一步增加资源，如添置更多的服务器；二是降低资源开销，如进行消息过滤和高效编码等。

本质上，可扩展性是 NCS 适应资源变化的一种能力，如 NCS 系统需要支持仿真节点的动态加入、能够为虚拟构造模型动态分配计算资源等。为了实现这种可扩展性，必须依赖基于硬件的并行化来实现软件的并发执行。

1）串行执行与并行执行

使用多个仿真节点来加速仿真运行，受限于 NCS 应用内在的顺序计算过程（逻辑因果关系维护）。流水线是一种典型的优化这种连续计算过程的方式。仿真计算任务被切分给多个仿真节点，数据流被一个仿真节点处理，然后传递给下一个仿真节点，理论上加速比不会大于仿真节点的数量。在实际应用中，流水线需要数据在仿真节点之间快速传递，并且及时提交给仿真模型使用，这就意味着这种机制不适用于仿真节点之间存在交互或远程仿真节点的情况。因此，NCS 应用中的顺序执行部分所消耗的时间是不能通过并行计算来降低的。

采用非集中式架构的 NCS 系统的理论加速比 S 可以通过如下方式测量：

$$S(n) = \frac{T(1)}{T(n)} \leqslant \frac{T(1)}{T(1)/n} = n \tag{1-3}$$

式中，$T(1)$ 是一个仿真节点时的运行时间，$T(n)$ 是 n 个仿真节点时的运行时间。执行时间可以细分为顺序执行部分 T_S 和并行执行部分 T_p。令 $T_S + T_p = 1$，$\alpha = T_S/(T_S + T_p)$。如果 NCS 系统被最大限度地并行化，则式（1-3）可以改写为

$$S(n) = \frac{T_S + T_p}{T_S + T_p/n} = \frac{1}{\alpha + (1-\alpha)/n} \leqslant \frac{1}{\alpha} \tag{1-4}$$

例如，如果一个 NCS 应用有 5%的部分需要顺序执行，即 $\alpha=0.05$，则能获得的最大的加速比为 20。

如图 1-21 所示，在理想情况下，NCS 系统中不存在串行执行部分，所有部分都可以并行执行。但是，这要求 NCS 系统中各个仿真节点之间不能存在协同和交互，即每个仿真节点只负责自身的业务逻辑，相互之间互不影响。

另一种极端情况是，NCS 中不存在并行执行部分，为此必须采用步长机制来推进仿真。图 1-21（a）表示三个仿真节点并行运行，不存在交互。图 1-21（b）表示三个仿真节点采用步长的方式运行，它们之间的交互不是实时的，如果步

长足够小，则可以看作近似实时的。图 1-21（c）表示一种实时交互仿真，同时存在串行执行和并行执行部分。

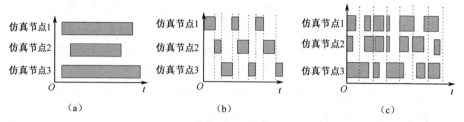

图 1-21　节点串行执行与并行执行过程示意

2）通信容量

由于 NCS 中串行执行部分的协同依赖网络通信，不同系统架构的 NCS 系统的扩展性受限于网络通信能力。假设每个客户端可以在任意时刻发送消息，在最坏情况下，在同一时刻所有网络节点都试图进行通信，此时 NCS 系统的网络架构必须能够满足这种通信需求。表 1-1 给出了不同网络架构中包含 n 个节点和 m 台服务器时的通信能力需求。

（1）在对等架构中，所有 n 个仿真节点之间都建立了直接连接关系，当通信采用组播的方式进行时，通信容量是 $O(n)$，当通信采用单播方式进行时，通信容量是 $O(n^2)$。

（2）在客户端/服务器架构中，一个服务器需要的通信容量是 $O(n)$。

（3）在服务器集群架构中，一个服务器集群有 m 台服务器，总共有 n 个客户端。如果服务器是以对等方式相连的，则一台服务器的通信能力需求在 $O(m)$ 与 $O(m^2)$ 之间，客户端的通信需求是 $O(n/m)$。如果服务器是通过树形结构级联的，则根节点的服务器是通信能力的瓶颈，其通信需求是 $O(n)$。

我们以客户端/服务器架构使用单播时的通信能力计算为例来进行说明。假设每个仿真节点客户端每秒发送 5 个数据包，使用 IPv6 通信协议，网络类型为 10Mbps 以太网。每个数据包的大小至少为 68×8+26×8=752bit（或 94byte）。用 d 表示每条消息的比特数，f 表示传输频率，n 是单播连接数，C 是通信信道的最大容量，它们之间必须满足如下关系式：

$$d \cdot f \cdot n \leqslant C \tag{1-5}$$

假设只传输一个 32 位整数，则 d=752+32，f=5，C=10^7。在一台计算机作为服务器的客户端/服务器架构中，最多可以支持 2551 个客户端的串行通信。在实际应用中，数据更新频率、有效数据信息都更高，因此支持的客户端数目还会降低。

表 1-1　不同网络架构中包含 n 个节点和 m 台服务器时的通信能力需求

网络架构	通信能力需求
单个节点	0
对等架构	$O(n)\cdots O(n^2)$
客户端/服务端架构	$O(n)$
对等服务器网络	$O(n/m+m)\cdots O(n/m+m^2)$
树形结构服务器级联	$O(n)$

3）NCS 系统并行化

当 NCS 系统需要支持大规模的仿真节点时，可以将该系统进行并行化处理，两种常用的方法是分区和实例化。对于广域分布的大规模节点联合仿真来说，这是常见的手段，将不同的仿真节点分散到不同的场景内（不同的服务器），这样可以减小服务器处理数据的压力，减少延迟。对于大场景联合仿真而言，不同服务器可能接管同一个地域不同区域的服务，其中的跨服数据同步比较复杂。一些联合仿真支撑平台的服务器支持级联模式，就是为了支持这种优化策略。

由于每条消息的网络传输都会带来处理开销，所以我们可以通过提高资源利用率来降低这种开销，方法包括减小每条消息的大小和减少消息的数量。图 1-22 中，客户端节点 C_i 与服务器管理 A 至 D 不同区域的服务器 S_j 相连。图 1-22（a）中将仿真空间进行分区，每个区域配置一台服务器；图 1-22（b）中配置了多台服务器，每台服务器都管理着整个仿真空间，但是分别连接了不同的仿真客户端节点。

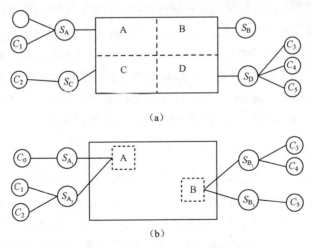

（a）

（b）

图 1-22　NCS 服务器并行化

在分区方法中，NCS 应用被切分为独立且互斥的区域，并且在专用服务器上并行运行。当一个仿真节点进入一个区域时，该仿真节点将连接到对应的服务器上。仿真服务器管理所负责区域的通信，客户端不会与其他区域的服务器和客户端存在数据交互。但是，当客户端从一个区域进入另一个区域时，仿真服务器之间需要交换给客户端的信息。如果 NCS 应用可以进行分区，则具有较好的可扩展性。

在图 1-22（b）中，某些 NCS 实体被多个相互独立的服务器实例化，并分别维护其仿真状态。

1.6.2　带宽优化

带宽优化的目的是减小仿真节点客户端，以及仿真服务器的同步压力，并且减少延迟，避免大量数据同时传输造成的数据处理不过来、排队甚至丢失等现象的发生。带宽优化是非常灵活且多变的，我们需要根据仿真业务应用特点来调整我们的优化方法。

NCS 应用通常使用专用的网络，以便能够控制带宽利用率和保证数据安全。控制带宽利用率通常是联合仿真的重要特性，因为通常用户都假设带宽利用率对网络延迟有很小或没有影响，但实际情况是，当网络带宽利用率超过 50%～60%的时候，其对网络延迟是有影响的。

1. 同步对象剪裁

剪裁的核心目的是根据相关性剔除那些不需要同步的对象（这里都是指在同一个仿真服务器内），例如，一个仿真实体距离本仿真节点的仿真实体很远，仿真实体之间的行为彼此不会影响，所以就不需要互相同步对方的数据。

剪裁的方式非常多，在游戏领域常见的几种方法都可以应用于 NCS 中，如 SOI（Spheres of Influence）、静态区域（把场景划分为 N 个小区域，不在一个区域不同步）、视锥剪裁（更多用于渲染）、八叉树剪裁等。

2. 数据压缩

数据压缩是降低网络传输量最直接的方法。数据压缩技术可以根据对消息内容的封装能力的不同来进行分类，主要分为有损压缩和无损压缩两种类型。无损压缩的压缩比一般可以达到两倍左右，而有损压缩根据损失量的不同可以达到 20 倍乃至更多。无损压缩技术保留了所有信息，重新构建后的数据与消息压缩前的数据是一致的。为了获得更高的压缩比，可以采用有损压缩技术，主要通过过滤与主要内容关联度不大的消息来实现数据压缩。

对于实际的 NCS 系统，一般仿真事件等关键信息采用无损压缩，而细节图形和声音效果等多媒体数据则可以选择有损压缩。对于需要可靠传输的字符串信息，同样可以采用无损压缩。对于非字符数据，一般可以选用有损压缩。需要注意的是，为了避免硬件和操作系统环境的影响，网络传输需要处理不同字节序的转换。

如表 1-2 所示，根据对一系列消息中包含数据的压缩操作的不同，还可以将数据压缩技术划分为内部压缩（包内压缩）和外部压缩（包外压缩）两类。不同的 NCS 环境或仿真环境中的不同数据，其具体的压缩方案可能不同。

外部压缩的编解码过程与其之前的数据包相关，因此想要正确解压数据，就需要保证数据包的可靠和有序，而内部压缩则不需要。外部压缩技术可以利用已经传输消息的部分信息，如可以只传输重要的参数或状态转换信息，这样比传输全部状态信息所需要的比特数更少。如果传输的是与已传输消息一样的内容，则可以只传输消息的指针。外部压缩技术可以同时考虑更多数量的消息，因此，更容易发现冗余信息，获得更高的压缩比。然而，由于需要考虑先前的数据包，因此外部压缩技术通常依赖 TCP 等可靠传输协议。内部压缩技术关注的是一条消息的内容要素，与先前传输的消息无关，因此更适用于 UDP 等不可靠的网络传输协议。

NCS 应用可以通过压缩消息来节约网络带宽，但其代价是增加了计算资源的消耗。消息压缩的目的是降低消息所包含的比特数，是降低网络负载最直观的方法。对于式（1-2），我们通过消息压缩降低了数据包的平均大小（B），但是由于编码和解码过程的存在，所以计算工作量（P）也相应地增加。

表 1-2　压缩技术分类

压缩技术	无损压缩	有损压缩
内部压缩	以更有效的格式进行编码，并在编码过程中消除冗余	过滤无关信息或减少传输信息的细节
外部压缩	避免重复传输与先前已传信息重复的信息	避免重复传输与先前已传信息相似的信息

3. 报文合并

频繁的短消息发送与转发必然会占用大量的处理器资源，也使得网络带宽资源利用率难以提高。报文合并技术将多个待发送的报文组合成一个较长的数据包发送，可以有效地减少报文发送、转发次数，减少对处理器资源的占用，以及提高网络带宽资源的利用率。

前面提到的数据压缩技术主要是为了减轻网络传输的有用数据负载，而这里的报文合并的目的则是减少数据包的传输处理开销和网络负载。UDP 和 TCP

数据包分别有 28byte 和 40byte 的包头（IP 包头+UDP/TCP 包头）开销，如果每个数据包所带数据载荷（PDU）很小，将极大地增加网络的实际负载。以使用 UDP 协议的数据传输为例，发送三个 PDU 为 12byte 的报文的总传输量为 120byte，而经过报文合并后只发送一个 PDU 为 36byte 的分组，总传输量仅为 64byte。报文合并可以设置时间门限或数据量门限，即一个报文可以等待到时间门限时发送或在合并的数据达到数据量门限时发送，实际的系统实现可能是两者的结合。

将小报文合并后发送能够提高网络带宽的利用率。设 R_s 为单个报文的发送速率，k 为合并的报文数，R_k 为 k 个报文合并后的发送速率，考虑到报文头的长度和冲突检测，有如下关系：$k \times R_s < R_k$。因此，选取合适的 k 值来对频繁产生的小报文进行合并，有利于提高网络带宽的利用率。

报文打包算法的原理描述如下：首先在需要发送数据报文的源网关建立一个数据缓存区，当有报文需要发送时，将这样的报文加入数据缓存区并与之前的数据合并，而不对该数据报文执行发送操作。当缓存区中的数据达到一定大小，再将缓存区中的数据一起发送，被发送的数据称为一个数据包，同时数据缓存区被清空以对接下来的报文进行缓存。当缓存区中待发送的数据报文数量达到一定值、缓存区的数据长度达到一定值，或者数据包建立超过一定时间时，缓存区中的数据都将被立即发送。

在接收该数据包的目的网关处，使用数据包拆分算法将数据包中的数据分离并还原为原始的数据报文。为了正确恢复每一条数据报文，数据包拆分时需要发送端在发送的数据包中提供一些额外的信息，这些信息可能包括数据包中报文的条数、每条报文的大小、数据包的长度等。

由于较早进行报文合并的数据要等待较晚发的数据进行合并，所以以报文合并后会带来数据更新延迟的增大，使得报文的实时性受到影响。因此，需要对 NCS 运行过程中传输的数据进行分析，根据不同数据包的实时性要求进行分类，按照数据的实时性要求来选择报文的打包和发送时机，进而满足不同数据的传输需求。那些对实时性要求高的数据包通常不采用打包的技术，直接发送给其他仿真节点。而一些对实时性要求不是很高的数据包，如注册对象实例信息、移除对象实例信息等则可以采用打包技术。

作为一种可以有效减少网络传输数据量的方法，数据压缩在网络传输方面有着广泛的应用。但是对于有着较高实时性要求的系统，压缩算法必须在压缩时间和压缩比上取得平衡，以尽量避免压缩对实时性的影响。

报文合并通过将多条消息包含的数据合并来降低发送频率。将多条消息捆绑在一起可以节省消息的首部信息，因此节省了网络带宽。但是，报文合并也额外增加了计算量，并降低了系统响应性。由式（1-2）可知，通过报文合并可以降低消息的数量（M）和传输时延（T），平均每条消息占用的带宽（B）增加了，整个网络带宽的占用降低了，消息处理的计算消耗（P）也有少量增加。

报文合并需要一个标准来判断什么时候已经收集齐了足够的消息用于合并。在基于计时（Timeout-Based）的方法中，所有产生的消息在一个固定的时间周期之前被合并。这种方法可以保证报文合并导致的消息传输延迟上界是可控的。这时节省的网络带宽主要依赖产生消息的频率，最坏的情况就是在这个周期内没有消息产生或只产生了一条消息。

在基于消息技术计数的方法中，按照一定的数目将消息进行合并。由于总是需要等到产生足够的消息时才进行消息合并，因此，传输延迟是无法保证的。虽然这种方法节省的网络带宽是可以预测的，但是长时间的传输延迟也会影响 NCS 系统的性能。

可以通过将这两种消息聚合方法混合应用来克服它们各自的缺点，即报文合并在满足以下任意一个条件时进行：时间周期到达或消息数量满足要求。我们还可以采用增量发送的方式来减少数据量，即在第一次发送完整的数据信息之后，只发送那些发生过变化的数据，这样可以大大减少网络同步的流量。

1.6.3　兴趣管理

在 NCS 系统中，如果每个仿真节点都接收和处理来自其他所有仿真节点的消息，则系统通信量与仿真节点规模是一种平方级的时间复杂度关系，系统的规模和效率必然受到很大限制。而在大多数 NCS 应用中，一个特定的仿真节点只对 NCS 系统中的一部分仿真节点的数据感兴趣，即通常只需要接收并处理其中的一小部分数据，即空间相关数据可见性原理。在通常情况下，仿真实体产生的状态更新数据包只与少部分仿真节点相关。因此，节省网络带宽的直观方法就是只将状态更新数据包发送给对它感兴趣的仿真节点。兴趣管理（Interest Management，IM）技术正是建立在这样的事实基础之上的数据过滤方法，是提高 NCS 系统规模化和持久性的重要技术。兴趣管理技术允许仿真节点表达其感兴趣的信息，并且提供以下功能：

（1）数据过滤，寻找最小相关数据集。

（2）高效运行，降低计算负载。

（3）事件捕获，捕获并报告所有相关事件，保证一致性。

因此，通过把交互和状态信息只传递给那些需要它们的仿真节点，一方面可以减少网络中信息的传输量，另一方面可以降低仿真节点的处理负载，从而降低仿真节点计算机的网络通信和处理需求，提高网络的利用率和主机的处理效率。

兴趣管理技术通过相关性过滤实现仿真节点只发送及接收与其相关的数据报文，降低了仿真节点交互的耦合性，是实现 NCS 大规模仿真节点接入的关键技术之一。在兴趣管理中，节点通过空间位置或类似属性的限定来表达自己的兴趣范围，从而使不符合需要的数据被过滤，只接收感兴趣的数据。

兴趣管理技术主要包括两个方面的内容。一方面是仿真实体或节点的兴趣表达，即仿真节点应用程序描述本地的仿真实体需要什么样的数据；另一个方面是通道建立的过程，即需要一种方法能够有效地将仿真实体的数据从一个数据源传输到所有需要该数据的仿真节点。

兴趣管理方法包括基于圆环的方法（如仿真实体的空间信息）、基于区域的方法（如将 NCS 空间划分为不同的区域）、基于可见性的方法（如 NCS 的空间布局）、基于类的方法（如仿真实体的空间属性）等多种方法。兴趣管理方法的目的是降低传输的消息平均数量（M）和每条消息占用的带宽（B）。这需要仿真节点之间的兴趣规划与关联匹配，因此会消耗更多的计算资源（P）。

1. 基于圆环的兴趣管理

在该类方法中，圆环用于表示感兴趣的数据范围，通常与仿真实体的探测能力相关。一个圆环可以看成能够产生交互的子空间，因此，当两个仿真节点的圆环出现重叠时，它们彼此之间可以知道对方的行动，并且能够互相收到对方的更新消息。

通过圆环过滤状态更新消息始终是对称的，但是一个圆环还可以进一步划分为聚焦（Focus）和光轮（Nimbus），其中，聚焦表示探测实体感兴趣的范围，光轮表示被探测实体能够被探测的范围。只有当一个仿真节点的聚焦与另一个仿真节点的光轮重叠时，才会成功进行数据交互关系匹配。例如，当一个实兵或虚兵隐藏起来时，其他兵力难以发现他，但是当对方兵力的聚焦更大且与其光轮发生了重叠时，他可以被对方兵力发现。

如图 1-23 所示，图 1-23（a）中两个仿真节点的兴趣区间发生了重叠，它们知道了彼此的存在，并且开始了彼此的数据接收与发送。图 1-23（b）中虚线表示的是关注区域，圆环表示目标可被发现的范围，前头表示舰船。灰色舰船的关注区域与白色舰船的被发现区域发生了重叠，这意味着灰色舰船可以接收白色舰船发送的更新数据。由于白色舰船的关注区域与灰色舰船的可被发现区域没有发生重叠，所以白色舰船收不到来自灰色舰船的更新数据。

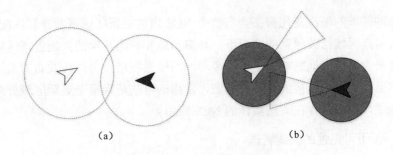

（a）　　　　　　　　　　　　（b）

图 1-23　基于圆环的兴趣管理

2. 基于区域的兴趣管理

基于区域的兴趣管理也称基于网格的兴趣管理，如图 1-24 所示，将 NCS 划分为一系列互不重叠的区域，这种区域划分既可以是静态的，也可以在仿真运行过程中动态变化。仿真节点依据空间位置信息与这些区域关联，这些区域表示了它们的兴趣空间。仿真节点只会收到与该区域相关的状态更新信息。

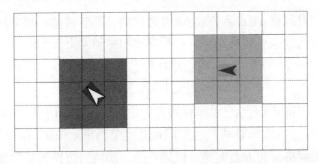

图 1-24　基于区域的兴趣管理

最简单的基于区域的兴趣管理的实现方法就是为每个区域赋予一组组播通信。所有在这个区域的仿真实体向对应的组播地址传递状态更新消息。通常而言，仿真实体订购与其区域相对应的组播通信。这种数据过滤方法不需要进行集中式的计算处理，也不需要解析数据内容，因为消息的接收仅依据网络属性（如网址）就可以确定。相反，基于圆环的兴趣管理需要依据应用相关的数据内容来确定将消息发送给谁，这种方法可以提供更加细致的消息传输，但是增加了消息处理工作，也消耗了一定的时间。

在基于区域的过滤机制中，当更新区域和订购区域重叠时，就可以在发布方和订购方两个仿真节点之间建立连接，使得发布方将数据发送给通过更新区域关联的订购方。

基于区域的过滤机制可以提供发送方的精确过滤，最大限度地减少了接收方接收的数据、降低了网络通信负载。但是，精确的匹配要求大量的匹配计算，每个订购区域的每次变化都必须与整个 NCS 内的更新区域重新计算匹配关系，在仿真节点区域修改频繁的情况下，计算负载和网络传输的兴趣管理区域消息量都会很大，极大地影响了主机效率和网络带宽利用。另外，发布方需要根据匹配结果建立组播连接或订购者列表，常用的方法是为每个更新区域分配一个组播通道，不适合存在大量实体的 NCS 应用。

3. 基于可见性的兴趣管理

基于圆环和基于区域的兴趣管理方法属于相对粗略的方法，尤其对狭小且有限空间的室内作战环境。这里环境的可见性是有限的，基于可见性的方法为分析环境和确定网格区域提供了途径。给定的所有可见的网格组成了可见集。

基于边界集的方法利用了与可见集相似的原理，一个边界集定义了相互之间不可见的区域。令 C 表示所有感兴趣的网格，对于 $B \subseteq C$，函数 $s(B)$ 给出了从集合 B 中的网格可以看到的所有网格的集合，即

$$s(B) = \left\{ c \,\middle|\, c \in C \bigcap (c\text{可以被 } B \text{ 中的网格看到}) \right\} \tag{1-6}$$

假设我们对网格 $a \in C$ 和网格 $b \in C$ 之间的关系感兴趣，两个网格之间的边界是一对集合 $F_{a \to b} \subset C$ 和 $F_{b \to a} \subset C$，相互之间满足如下关系：

$$\begin{cases} F_{a \to b} \bigcap s(F_{b \to a}) = \varnothing \\ s(F_{b \to a}) \bigcap F_{b \to a} = \varnothing \end{cases} \tag{1-7}$$

对任何的网格 $d \in F_{a \to b}$，无法看到 $F_{b \to a}$ 中的任何一个网格，同理，对于任意一个网格 $e \in F_{b \to a}$，无法看到 $F_{a \to b}$ 中的任意一个网格。很明显，$F_{a \to b}$ 与 $F_{b \to a}$ 是互斥的。如果网格 a 和 b 之间是可以通视的，相应的边界集是空集。这意味着在网格 $F_{a \to b}$ 中的仿真实体 e_1 和在网格 $F_{b \to a}$ 中的仿真实体 e_2 之间相互不可见，也不需要交换更新数据。

4. 基于类的兴趣管理

前面给出的兴趣管理方法都强调空间属性，其实兴趣管理也可以基于仿真实体的其他属性。例如，我们可以根据仿真实体的通视限制来降低感兴趣的实体集合。由于人只能同时关注数量较少的实体，因此我们可以检测仿真节点关注的是哪里，然后只发送相关实体的更新信息。这种做法的缺点是仿真节点感兴趣的实体可能经常改变，这意味着感兴趣的实体集合也要经常改变。对于关注集合之外的实体，只需要发送基本信息，并且可以外推它们的状态。

还有一种分类方法是按照过滤位置的不同，将兴趣管理技术分为基于服务器、基于发送方和基于区域划分三类。基于服务器的兴趣管理技术可以方便地维护全局的空间信息，提供最准确的信息过滤，但服务器性能很容易成为瓶颈；

基于发送方的兴趣管理技术要求发送方决定哪些远程实体能收到其消息，由于每个发送方都要维护所有仿真实体的兴趣表达，因此仿真实体规模明显受到限制；基于区域划分的兴趣管理技术利用组播通信大大地减轻了匹配的计算量和重复发送的消耗，但是受到组播地址空间的限制。

1.6.4　动态负载均衡

大多数仿真平台和技术都关注实现所有仿真节点的分布式协同交互与运行，缺少通过对软硬件资源的有效利用的手段来提升仿真系统的性能。当仿真系统运行在不可靠、不统一的资源环境上时，系统运行性能就会出现问题，需要通过负载均衡技术和资源管理机制来进行优化。

NCS 系统需要一些分区机制来提高系统运行效率，好的分区方法应该实现不同分区之间的负载均衡。动态负载均衡需要能够在分区之间负载变化时，对整个 NCS 系统进行实时重新分区。对于非中心化的 NCS 系统而言，难以收集用于动态负载均衡相关的全局信息，因此，大部分动态负载均衡方法都采用局部负载均衡策略，即只在相邻的几个分区之间进行负载交换。

NCS 中的负载均衡通常是通过将仿真实体分配给不同的仿真节点（或处理器）来实现的。将仿真实体迁移到不同的仿真节点，实现起来是非常困难的。这种仿真实体的迁移能够使得整个 NCS 的 CPU 负载得到均衡，提高运行效率，但是可能会在一定程度上增加消息传输的负载。因此，需要对计算负载和通信负载进行权衡。通常而言，在网络条件良好的情况下，计算负载均衡带来的效益比通信负载均衡更有价值。

对于 NCS 系统而言，负载不均衡主要从以下两个方面影响系统运行：①负载不均衡导致不一致的同步需求；②节点间大量的数据交互带来更大的通信时延。

因此，提高仿真节点的计算处理速度、降低节点间内部通信需求，对于提高 NCS 系统的性能非常重要。

HLA 等分布式仿真标准没有提供针对网络通信时延的解决策略。大规模的分布式仿真对网络延迟和负载比较敏感，其中，仿真节点之间数据交互的不可预测性和动态性，使得网络通信时延对 NCS 系统性能的影响更加难以处理。

兴趣管理技术可以优化仿真节点之间的数据交互，但是不能优化来自长距离网络传输带来的通信时延。仿真中大多数的负载均衡策略考虑的都是计算负载和仿真互相依赖的关系。计算任务的负载均衡影响的是 NCS 系统的运行时间，但是对于大规模分布式的 NCS 系统而言，网络通信时延对性能的影响很大，需要在负载均衡策略中加以考虑。

目前，已经有一些研究通过观测仿真前瞻时间，以及分析仿真实体间的通信依赖关系等策略来提升仿真性能。通过前瞻时间可以识别拖慢仿真运行速度的实体，并以此来进行性能优化。相互之间的通信依赖关系分析可以用来确定关键的交互数据流，并通过将相互通信的仿真实体重新分布在同一个仿真节点来对网络延迟进行优化。

对于分布式的 NCS 系统而言，负载的分布不均匀是导致整个 NCS 系统运行性能低下的重要因素。静态负载均衡通常基于仿真开始运行时有限的预测能力，往往只在仿真开始阶段可以提升系统性能，由于仿真运行过程中的动态变化，所以很难实现整个运行过程中的资源有效利用。

鉴于 NCS 中负载均衡对于提高资源利用率、提高计算处理速度的重要作用，研究人员提出了一些策略来实现 NCS 中的分布式动态负载均衡。在通常情况下，为了能够对 NCS 运行过程中的负载变化进行及时响应，负载均衡功能需要具备三类组成要素，分别是对资源监控信息的收集和感知机制、应对资源负载不均衡现象的负载重新调优策略、支持部署变化时的负载转移技术。负载均衡功能需要综合考虑 NCS 系统的多个方面，包括资源异构性、背景负载、计算负载和通信负载等。

需要指出的是，减小数据包既可以节省带宽，又有助于降低网络延迟。但是报文合并又增大了数据包，之所以同样能够节省带宽，是因为报文合并降低了数据包的数量。同样的道理，DR 算法和兴趣管理技术也是通过降低数据包发送频率或数量来节省带宽的。

第 2 章

NCS 网络通信

2.1 仿真标准与通信

网络技术是构建 NCS 共享空间的主要技术手段，因为 NCS 通常涉及多台计算机通过局域网或广域网进行通信和交互。通过网络将 NCS 的各个节点进行互联，我们需要依赖网络数据传输技术来实现节点之间的数据交互，还需要网络协议来解析和理解传输的数据。因此，为了实现 NCS 的时间同步，需要进行网络通信的设计，包括通信协议的选择、通信模式设计、大规模网络通信技术设计和其他网络通信功能相关设计。

2.1.1 DIS 的通信服务

DIS 的通信服务是在 DIS 演练中各节点之间传输 PDU 的基础，目的是为本地和全球分布的仿真实体的有效集成提供一个适当的互联环境。

DIS 的通信服务定义采用分层模型，该模型支持国际标准分层中定义的 4 层模型和 ISO/IEC 7498-1:1994 中定义的 7 层开放式系统互联参考模型。网络的通信功能被划分到各组分层中，每层执行一个功能子集，用于与另一类似类型的层进行通信，DIS 通信分层及功能举例如表 2-1 所示。

表 2-1 DIS 通信分层及功能举例

国际标准分层	ISO 标准分层	功能举例
4. 应用层	7. 应用层	实施数据交换 兴趣管理
	6. 表示层	数据压缩
	5. 会话层	连接建立 会话启动
3. 传输层	4. 传输层	应用分配寻址（端口） 保证通信可靠
2. 网络层	3. 网络层	提供主机间的访问信息
1. 链路层	2. 链路层	媒体访问控制（MAC）寻址
	1. 物理层	5 类电缆、光缆

2.1.2　HLA 的通信服务

HLA 采用的数据交换方式是使用中间件（RTI）的间接通信，其使用 RTI 减少了每个仿真节点与其他组件的耦合以促进仿真节点的重用，通过 RTI 的对象交换完成了分布式仿真的数据通信。RTI 扮演了中间件的角色，仿真节点通过 RTI 将对象信息传递给相关的其他成员。

HLA 采用对象交换技术完成通信，使得传输的数据内容与系统体系无关，其引入对象模型模板的概念，支持多种数据格式，开发人员可以使用 HLA OMT 规范，参考对象模型模板定义新的数据结构，而这些特定的数据结构被统称为 HLA 对象模型。

2.1.3　对比分析

在通信网络结构上，DIS 从逻辑上看是一个网状连接，HLA 的逻辑拓扑结构是星形的，从而使仿真网络汇总的通信更加有序，使仿真网络的规模扩展成为可能。在 DIS 中，仿真网络是一种严格的对象结构，如果实体状态发生变化，就要随时向其他仿真用户广播其状态信息，若实体无任何状态变化，也要按照固定的时间间隔广播其信息。在 HLA 中由于采用了公布订阅模式机制，所以只有实体的状态发生变化时才传递信息。

2.2　NCS 的通信设计

通信物理层在硬件层面实现了仿真节点之间的物理连接，通信软件层则在逻辑层面定义了数据包如何在网络中传输。通信软件层基于物理层进行构建，为 NCS 提供通信服务。通信软件层是实现 NCS 的重要驱动引擎，是实现分布式计算的基础，本书中的通信设计重点针对通信软件层的设计。

2.2.1　通信设计的必要性

在分布式仿真系统中，数据的交互被分成三个层次，如表 2-2 所示。这就要求仿真系统开发者能对仿真业务功能做出合理的切分。在 NCS 仿真中，有些功能是强交互的，有些功能是弱交互的。如果一个场景中的角色交互很强，每走一步都要让对方知道，可以在同一个程序中处理同一个场景逻辑；不同场景的角色交互较弱，只有部分非主要业务需要交互，可以将同一个服务器上的节点都放在同一台物理机上处理；不同服务器的角色交互很少，可以放到不同的物理机上。

表 2-2 不同交互场景的区别

交互场景	交互代价	稳定性	承载量
同一个进程内	很小。同场景的角色数据可以直接获取	最好	大概支撑 1000 个节点
同一台物理机	中等。如果两个程序位于同一台物理机上，它们之间可以通过模拟的网络消息交互数据，模拟的网络很稳定，本机的消息传输也很快，但比在"同一个进程内"直接读取内存慢数百倍	中等。有可能出现某几个程序崩溃的情形，这会导致数据不一致	假设一台物理机拥有 8 核 CPU，只看 CPU 的话，它的承载量最多是"同一个进程内"的 8 倍，即 8000 个节点
跨物理机	较大。如果两个程序位于不同的物理机上，网络传输速度往往是毫秒级的，速度较慢	最差。可能出现某台计算机突然死机、网线被触碰等情况	可以近乎无限地增加物理机，理论上可以有无限的承载量

需要强调的是，本书中 NCS 的通信设计围绕的是跨物理机交互场景，即 NCS 中的每个节点对应一台物理机，多个仿真节点通过网络进行数据交互。

NCS 系统对于网络通信的特殊需求主要源于需要在网络通信的基础上实现时间同步、对象管理等分布式仿真服务。NCS 网络通信的技术特点包括以下几个方面。

（1）接入对象多样：NCS 解决的资源既包括构造、虚拟、实兵实装等 LVC 异构资源，还包括数据库、态势显示等业务系统，且各个对象的业务流程各有特点，甚至比较复杂。

（2）数据交换频繁：随着系统规模的不断扩展，NCS 中存在大量小包数据组播传输的需求，对数据交换的时效性和可靠性提出了更高要求。

（3）拓扑结构易变：随着业务场景的多样化和不断丰富，要求 NCS 支持仿真节点随时加入、随时退出，并且适应传输拓扑结构随时变化。

（4）运行性能高效：NCS 是分布式仿真发展的高级阶段，存在着更高的统一时空、逻辑时间同步需求。

（5）运行稳定可靠：NCS 具有稳定可靠运行需求，需要支持高效时间同步、数据交换、实时运行，在某些场景下，其运行时间甚至可以达到几个月。

（6）网络环境复杂：NCS 需要使用多种形式的网络，包括广域网、局域网等，需要克服带宽不足、不稳定等问题。

（7）运行环境受限：由于 NCS 接入的资源多种多样，甚至包含实兵实装、移动设备等，所以其内存和计算性能受限。

此外，NCS 仿真还具有高并发、强实时性、通信量大等特点。

以往传统仿真平台，各仿真业务系统之间的网络通信往往由业务系统各自独立实现，相互之间采用直连的模式。这虽然可以满足基本的网络通信需求，但也存在一定的局限性，随着仿真平台业务应用数量的增多、系统规模的扩大，也逐渐暴露出一些问题。

一方面，各业务系统之间的耦合度高。由于各业务系统在实现网络通信能力时，通常仅从自身业务需求出发，缺乏全系统层级的统一的网络通信体制规划，所以随着系统规模的扩大、业务种类的增多，网络通信的实现手段和方式也变得种类繁多、各有差异。不同仿真业务系统之间的网络通信采用了专有而非通用的技术手段、通信协议、实现方式等，使得各个业务系统之间被紧密地耦合在一起。

另一方面，网络通信系统的复杂度高。在采用各业务系统直连的模式时，随着业务系统数量的增多，整个网络通信系统逐渐发展成一张拓扑结构复杂的网络，使得网络通信系统的复杂度不断提高。

例如，内存数据会占用多字节的内存，如一个整型（int）数据会占 4 字节，这 4 字节哪个在前、哪个在后并没有统一的规则。大端模式是指数据的高字节保存在内存的低地址中，而数据的低字节保存在内存的高地址中。小端模式是指数据的高字节保存在内存的高地址中，而数据的低字节保存在内存的低地址中。在网络通信中，双端必须采用同一套规则。

上述问题导致以下的结果。

（1）管理难。由于缺乏统一的网络通信机制，在业务系统数量众多的情况下，不同业务应用的多种网络通信实现手段，以及具体实现中的各种差异带来了管理成本和管理难度的大幅提升。

（2）维护难。业务应用间的紧耦合和复杂的关联关系加大了网络通信系统的维护难度。此外，由于对不同业务应用共性化的网络通信需求缺乏统一的设计实现，所以随着业务应用数量的增多，个性化问题也会增多，系统维护人员维护难度不断提升。

（3）扩展难。当仿真平台新增业务应用时，新的业务应用需要根据已有业务应用各自的网络通信实现方式与其进行对接。已有业务应用在网络通信实现方式上的差异性导致新的业务应用接入成本提升,进而导致仿真系统难以扩展。

(4)升级难。由于各业务应用之间在网络通信环节紧耦合,所以当某个业务应用需要升级时,必须考虑对与其相关联的其他业务应用的影响,这使得业务应用的升级变得困难。

要彻底解决上述问题,需要从仿真平台全系统的角度构建统一的网络通信服务体系,将网络通信功能作为整个 NCS 仿真平台的消息总线进行规划建设。通过将网络通信模块作为整个 NCS 仿真平台的消息总线,各业务应用通过与网络通信模块连接来实现相互之间的网络通信,仿真平台通信网络的拓扑结构被简化,网络通信机制得到统一,从而可以有效降低网络通信环节的管理、维护和升级难度,提升系统的可扩展性。

根据 NCS 的技术特点,其通信需求主要围绕着以下三个问题展开。

(1)通信实时性问题,即数据发送者发送的数据要实时高速地传递给数据接收者。

(2)通信松耦合问题,即新的通信节点动态加入和退出仿真系统,不影响其他节点。

(3)通信效率问题,即保证发送的数据只会被提交给对其感兴趣的节点,以最大限度地减少网络负载。

2.2.2 NCS 网络模型

为了关注与 NCS 系统开发者最相关的事情,本书使用一个组合的 5 层网络模型,即物理层、数据链路层、网络层、传输层和应用层,如图 2-1 所示。每层有各自的职责,满足其上层的需求。代表性的职责包括以下几个方面。

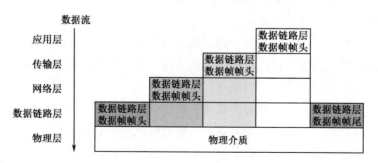

图 2-1　NCS 的网络模型

（1）接收上一层数据。

（2）通过添加头部（有时尾部），对数据进行封装。

（3）将数据转发到下一层做进一步传输。

（4）接收下一层传来的数据。

（5）去掉报头，对传输来的数据包解封装。

（6）将数据转发到上一层做进一步处理。

1. 物理层

物理层为网络中的计算机或主机提供物理连接。信息传输所必需的是物理介质，双绞线、电话线、同轴电缆和光纤等物理介质都可以提供物理层所需的连接。需要注意的是，物理连接不一定是可触摸的，平板计算机、笔记本电脑、无线电广播也可以为信息传输提供一个完美的物理媒介。

2. 数据链路层

数据链路层是网络模型中计算机科学真正发挥作用的开始。它的任务是提供一种网络实体之间通信的方法，即数据链路层必须提供一种方法，该方法可以实现源主机封装信息、通过物理层传输信息、目的主机接收封装好的信息并从中提取所需的信息。

数据链路层的数据传输单元称为帧。仿真节点之间通过数据链路层彼此传输帧数据。更具体地说，数据链路层的职责包括以下几个方面。

（1）定义主机的唯一标识方法，方便帧数据对接收方进行编址。

（2）定义帧的格式，包括目的地址和格式，以及所传输数据的格式。

（3）定义帧的长短，以便确定上层每次传输所能发送的数据大小。

（4）定义一种将帧转换为电子信号的物理方法，以便数据可以通过物理层传输，并被接收方接收。

注意： 帧的传输是不可靠的。有许多因素影响电子信号无差错地抵达接收方。物理介质的损坏、一些电子干扰或设备故障都有可能导致帧丢失而无法投递。数据链路层不做任何操作来确认帧是否抵达接收方处或如果帧没有抵达保证重新发送。因此，数据链路层的通信是不可靠的。任何需要可靠数据传输的上层协议都必须自己来实现这一点。

对于每种被选作为物理层实现的物理介质，都有对应的协议或协议族来提供数据链路层所需要的服务。例如，通过双绞线连接的主机可以使用以太网协议中的一种进行通信，如 1000BASET；通过无线电波连接的主机可以使用短程无线网络协议（如 802.11g、802.11n、802.11ac）或远程无线网络协议（如 3Gb 或 4Gb）。

由于数据链路层实现数据传输和物理层介质关系如此紧密，所以一些网络模型将这两层合并为一层。然而，因为一些物理介质支持的数据链路层协议不止一种，所以还是将它们视为两层比较好。

需要注意的是，两个远距离的主机之间的网络连接不会仅使用一种物理介质和一种数据链路层协议。正如下面要介绍的其他层一样，在传输一个数据包时，可能会同时用到许多介质和数据链路层协议。幸运的是，由于 TCP/IP 模型的抽象，所以数据链路层协议的细节大多隐藏在 NCS 应用背后。因此，我们不需要探究现有数据链路层协议的内部工作细节。但是，有一个数据链路层协议族需要重点说明，该协议族既清晰地阐述了数据链路层的功能，同时几乎确定会以某种方式影响 NCS 开发者的工作，即以太网（Ethernet）。

以太网不是一个协议，而是基于以太网蓝皮书的一组协议。用于光纤、双绞线或铜电缆上的以太网协议各式各样。以太网标准规定帧内封装的报文数据最大长度为 1500byte。

3. 网络层

网络层提供了将数据从一台可寻址的主机发送到另外一台或多台同样可寻址的主机的一种清晰的方式。之所以 TCP/IP 模型还需要更多的层次，是因为数据链路层有许多不足需要上层来弥补：

（1）固化在硬件中的 MAC 地址限制了硬件的灵活性。如果只用数据链路层，查询服务器将需要通过以太网网卡的 MAC 地址。如果突然有一天网卡烧坏了，当需要更换一个网卡时，它将有一个不同的 MAC 地址，因此服务器将接收不到任何的用户请求。

（2）数据链路层不支持将互联网划分成更小的局域网络。如果整个互联网仅基于数据链路层运行，那么所有计算机必须连接在一个连通的网络中。以太网将每个帧传递给网络中的每台主机，由主机来决定其是否接收。如果互联网仅使用以太网进行通信，那么每个帧将到达互联网中的每台主机。这么大规模的数据包将导致整个网络瘫痪。同时，数据链路层不能将不同的网络区域划分成安全区域。有时以下操作往往是很必要的：仅在办公室的主机中广播一条消息，或者仅在一个房间中的不同计算机上分享文件。只使用链路层是做不到这一点的。

（3）数据链路层不支持使用不同的数据链路层协议进行主机之间的通信。数据链路层协议没有定义从一个数据链路层协议到另一个数据链路层协议的通信方法。这再次说明需要在数据链路层硬件上有一个地址系统。

实现网络层需求最常用的协议是互联网协议第四版（IPv4）。IPv4 定义了一个为每台主机单独标识的逻辑寻址系统、一个定义地址空间的逻辑分段作为物理子网的子网系统、一个在子网间转发数据的路由系统。

4. 传输层

网络层的任务是实现远程网络上两台遥远主机之间的通信，而传输层的任务是实现这些主机上单独进程之间的通信。因为一台主机上同时运行着很多进程，只知道主机 A 给主机 B 发送了一个 IP 数据包是远远不够的，还需要知道当主机 B 收到这个 IP 数据包时，它需要发送给哪个进程做进一步处理。为了解决这个问题，传输层引入端口（Port）的概念。当使用传输层模块时，一个进程绑定一个特定的端口，告诉传输层模块它想获得所有发送到这个端口的内容。

理论上，一个进程可以绑定到任何端口，用于任何传输目的。然而，如果一台主机上的两个进程同时绑定同一个端口，就会出现问题。例如，一个网站服务器程序和一个邮件系统程序都绑定了端口 20，如果传输层模块收到了目的端口是 20 的数据，那么要将这个数据同时发送给这两个进程吗？如果是，那么网站服务器程序将收到的邮件数据解释为网站请求，邮件系统程序将收到的网站请求解释为邮件，这将导致混乱。因此，如果需要多个进程绑定同一个端口，大部分都需要特定的标识。典型的传输层协议包括 TCP、UDP、DCCP 等。

5. 应用层

NCS 对应的 TCP/IP 模型的最顶层是应用层，包括 NCS 应用系统代码。NCS 的通信模型包括两种：同步通信模型和异步通信模型。

同步通信模型是一种阻塞式的通信模型，当消息发送的时候，发送进程将阻塞直至消息被接收进程收到。发送进程仅在得知接收进程已经收到消息后才会恢复运行。因此，发送和接收进程必须进行同步来交换信息。

异步通信模型是一种非阻塞式的模型，其发送方和接收方并不进行同步以交换信息。在发送一个消息后，发送进程不会等待消息被真正发送到接收进程去。该消息被系统缓存，并且在接收进程就绪后被分发给接收进程。如果某进程发送了大量消息给另一个进程，可能会产生缓存溢出。

这两种通信模型各有利弊。异步通信提供了高度的并行性，这是因为发送进程可以在消息仍然处于传输途中的情况下继续执行。然而，异步通信的实现需要更为复杂的缓冲管理机制，并且由于高度的并行性及执行的不确定性，所以往往很难以异步通信方式来设计、验证和实现分布式算法。这些算法的状态空间看上去要大得多。相比之下，同步通信就要简单得多，然而，由于阻塞频繁，其性能往往很低，而且有可能出现死锁。

2.2.3 通信设计需要考虑的因素

网络通信是 NCS 应用的基础。在进行 NCS 系统设计之初，必须对 NCS 网络拓扑结构与应用资源特点进行分析，对网络通信进行定量化的性能需求分析。良好的通信性能分析可以增强对系统设计中可能出现的问题的整体把握，有助于顺利有序地构建 NCS 系统。NCS 的网络通信功能需要实现分布节点之间的实时数据共享与交换，是 NCS 系统构建所要考虑的首要内容，主要涉及以下两方面要素。

（1）分布节点基础设施网络的拓扑结构、链路质量等。

（2）NCS 系统的仿真规模、通信特点或规律、实时性要求等具体的应用需求。

以交互延迟需求为例进行说明，要求交互延迟小于 5ms、10ms、100ms，乃至 200ms 以上的系统，其网络通信设计与性能分析具有很大的差异。如果一个 NCS 应用的交互延迟要求小于 10ms，一般不允许进行任何数据压缩及报文合并操作，因为这会带来更大的数据传输延迟（包括处理时延和传输时延），会产生大量不可用报文。如果一个 NCS 应用的实时性要求不高，如允许交互延迟大于 100ms，就可以使用数据压缩手段，也可以通过报文的定期发送与合并来控制数据的发送/接收量，网络通信也就具有良好的可扩展性。在交互延迟较为明确的基础上，就可以进行带宽分析，这是性能分析的主要内容。

以集中式模型（客户端/服务器模型）的 NCS 服务器为例进行分析。设一台 1000Mbps 的 NCS 服务器支持一个 500 台客户端参与的联合仿真，控制每台客户端每秒刷新并发送 10 次，每次发送的状态报文大小为 100 字节，则通过计算可以得到：①服务器每秒收到 500 台客户端的报文数量为 500×10=5000 个，总计大小为 0.5MB；②服务器每秒发送给 500 台客户端的报文数量为 500×10=5000 个，每个报文包含 500 个用户替身的状态数据，大小为 500×100B=50KB，则总计大小为 250MB。

从中可以看出，服务器占用的带宽尤其是发送带宽大大超过了服务器的网络带宽及其处理能力（千兆网的带宽约为 125MB/s）。可以采用多种手段对网络通信进行改进，如增加报文压缩与合并，采用压缩比在 1：10 的算法可以满足此种情况的带宽需求，同时还需要考虑算法带来的开销，每秒 10 次更新表明系统交互延迟在 100ms 以上，加上压缩后应可以接受 150ms 左右的延迟要求。除进行压缩合并外，还可以对发送给客户端的报文进行过滤，只发送客户端需要的状态数据与交互数据，但这样必然使服务器的过滤计算开销增加，需要对服务器的计算资源加以分析。

以上例子说明了网络性能分析的重要性，通过 NCS 应用的网络性能需求量化分析，可以使仿真开发者摸清 NCS 系统的性能底数，以便能够选择最合适的技术来进行 NCS 系统优化。

根据要解决问题的重点，网络通信的性能分析主要涉及 6 项可选的要素，分别为多人协同方面的响应时间、一致性、安全性，以及大规模多人参与方面的可扩展性、持久性、可靠性（或容错性）。NCS 系统的研发人员可针对系统特点选择一项或多项进行性能计算分析。

2.2.4　NCS 通信协议

协议是对通信伙伴之间一系列基于规则的报文交换的抽象。构建一个 NCS 系统首先要做的工作就是选择一个通信协议，也就是在两台计算机之间传输数据的约定。网络协议是 NCS 系统中所有仿真节点之间数据传输必须遵从的一组约定，包括数据格式、数据语义和异常处理等内容。最常用的网络协议是 TCP（Transmission Control Protocol）和 UDP（User Datagram Protocol），二者都是在 IP 层基础上构建的网络传输层协议。

1. TCP

通常而言，IP 报文是不可靠的，其在传输过程中可能会发生丢包问题，丢包的概率（丢包率）和网络链路质量、带宽占用量、主机性能等都密切相关，在局域网环境中网络丢包率通常很低。TCP 实现了报文的可靠性，但不可避免地会对吞吐量产生影响。

TCP 是为了在不可靠的网络环境上提供可靠的端到端字节流而设计的面向连接的协议，支持字节流从一台主机可靠且有序地传输到网络中的其他主机上。TCP 把输入的字节流分成报文段并传递给 IP 层，在接收端，TCP 接收线程把收到的报文再组装成输出流。TCP 还要处理拥塞控制，以避免快速发送方向低速接收方发送过多的报文而使接收方无法处理。

TCP 通过将数据放入网络数据包中来提供一种可靠的点对点通信。为了提取数据，数据接收节点需要依据数据包的到达时间进行排序，丢弃重复的数据包，在数据包丢失或损坏的情况下，还需要发送端重新发送数据包。通常情况下，这种可靠性也需要更多的处理时间和更大的数据包。

TCP 的优势在于可以提供可靠且有序的数据传输，并且可以穿过大多数防火墙，这一点是 UDP 不具备的。此外，TCP 还支持对连接关系的管理。它提供了一个经得起时间考验、健壮的、稳定的可靠性实现。它没有额外的工程工作，保证所有的数据不仅能送达，而且能按序送达。此外，它提供了复杂的拥塞控制功能，通过以不会阻塞中间路由器的速率发送数据来限制数据包丢失。

TCP 规定发送的所有内容必须被可靠发送并按序处理，在某些场景中这是优点，但是在某些复杂的 NCS 应用中，这种强制的、统一的可靠传输可能会造成以下问题。

（1）低优先级数据的丢失干扰高优先级数据的接收。TCP 的缺点在于它引入了更大的网络延迟，并且数据报文的报头更大。在 t_1 时刻的位置数据包丢失或者超时的情况下，下一时刻 t_2 的位置信息必须等待直到 t_1 时刻的数据包被接收。以采用客户端/服务器模式的人在回路分队作战训练仿真为例进行说明，考虑两个仿真节点一次简短的数据交换，客户端 A 和客户端 B 的互相攻击。突然一个其他来源的火箭在远处发生了爆炸，服务器给客户端 A 发送一个数据包来播放远处的爆炸声。之后不久，客户端 B 跳到客户端 A 的前面并射击，然后服务器发送一个包含该信息的数据包给客户端 A。由于网络流量的波动，第一个数据包丢失了，但是包含客户端 B 动作的第二个数据包没有丢失。对于客户端 A 来说，爆炸声的优先级低，而敌人在它对面射击的优先级高。客户端 A 不关心这个丢失的数据包，甚至也可以从来没有发现这个爆炸。但是，因为 TCP 按序处理所有的数据包，所以当 TCP 模块收到动作数据包时也不会发送给应用，而是等到服务器重传低优先级的丢失数据包之后，才允许应用层处理高优先级的动作数据包。

（2）两个单独的可靠有序数据流相互干扰。TCP 的可靠数据传输响应并不及时。一旦数据包发生丢失或乱序，那么接收方就会一直等待这个数据的到来，其他新收到的数据只会被缓存在协议层，在应用层根本获取不到任何数据也无法做任何处理。这个时候可能要等超时重传机制响应后才能拿到重发的数据包，而这可能需要几十毫秒。即使 TCP 拥有快速重传机制，仍然达不到理想的延迟效果。甚至在不存在低优先级数据的 NCS 应用中，即在所需要的数据必须可靠传输的情况下，TCP 的有序性也会造成问题。考虑刚才的场景，第一个数据包不是爆炸声，而是包含给客户端 A 的聊天信息。聊天信息至关重要，所以必须以某种方式保证接收。此外，聊天信息需要按序处理，因为乱序的聊天信息会令人困惑。但是，聊天信息只需要相对其他聊天信息是有序的就可以了。如果聊天数据包的丢失妨碍了报头数据包的处理，这就不是客户端 A 所希望的。但是如果 NCS 使用 TCP，就可能会发生这种情况。

（3）过时仿真状态的重传。试想一下，客户端 B 穿越整个地图去射击客户端 A。它开始时在位置 $x=0$，5s 后跑向位置 $x=100$。服务器每秒向客户端 A 发送 5 个数据包，每个数据包包含客户端 B 最新位置的 x 坐标。如果服务器发现这些数据包中的任何一个丢失了，它就会重传。这意味着当客户端 B 接近它的最终位置 $x=100$ 时，服务器可能还在重传过时的客户端 B 接近 $x=0$ 附近的状态数据。这将导致客户端 A 看到的客户端 B 位置是非常过时的，在收到靠近客户端 B 的信息之前就已经被射中了。

（4）在 TCP 中，数据是通过字节流的方式发送的，但由于其建立在 IP 协议上，故必须将字节流拆分成不同的包，默认情况下协议会将数据包缓存，达到一定值时才会发送。这样可能会出现在 NCS 的某个阶段，最后几个包明明已经执行了发送逻辑，但是由于缓冲机制被限制而无法发送。

（5）拥塞控制和流量控制不可控。TCP 在网络环境比较差的条件下会通过调整拥塞控制窗口大小来减少包的发送以降低吞吐量，这对于延迟敏感的 NCS 应用完全是无法接受的。同样，我们在应用层面上也无能为力。

单纯从协议层是无法解决上述问题的，因为 TCP 设计之初就不是为了及时响应，而另一个传输层协议 UDP 看起来比较符合我们的理念。

2. UDP

UDP 不需要建立连接，因此不存在建立连接带来的时间延迟。但是 UDP 不需要对接收的数据进行时间戳排序，也可能存在丢包或数据包损坏的情况，因此 UDP 提供的是不可靠服务。但是数据包包含更少首部信息，因此更加容易处理，可以用于组播或广播通信中。

UDP 是不可靠、无连接的协议，它适合对通信的快速性要求较高而对准确性要求不严格的场合，如视频、语音等；它也适用于不需要报文排序和流量控制的应用。需要指出的是，可靠性和实时性是一对矛盾体，丢包并不见得都是坏事，有时这是保障实时性的必要折中手段。

虽然 UDP 很自由，但是需要开发者自己写代码完善它。我们需要自己去写服务器端与客户端之间建立链接的流程，手动将数据分包，还需要自己实现应用层面的可靠数据传输机制。

另外，UDP 还有一个传输上的小劣势，即当路由器上的队列已满时，路由器可以根据优先级决策在丢弃 TCP 数据包前先丢失 UDP 数据包，因为它知道 TCP 数据丢失后仍然会进行重传。

UDP 没有提供类似 TCP 的内置可靠性和流量控制。但是，它提供了一张空白画布，用户可以自己定制化实现相关的可靠通信功能。常用的做法是利用消息通知机制来实现消息确认，当数据包成功到达或者丢失时通知相关应用。

通过记录每个数据包中的数据，随后应用可以决定在收到数据包状态时进行什么操作。

总的来说，对于那些对延迟很敏感的 NCS，UDP 的传输模式更加适合而且弹性很大，同时它也可以胜任那些同步频率比较低的 NCS。如果 NCS 系统是时间敏感的应用，其对时间要求非常高，通常的做法是采用面向事务的 UDP。

随着 NCS 系统规模的不断扩大，网络延迟对数据一致性的影响也越来越凸显。网络通信带来的数据传输延迟是数据时序性的重要影响因素。需要说明的是，UDP 同样受到网络硬件的限制，对于局域网而言，每秒传输的数据包数目大约是 15 万个。

对于非网络通信专业的人员，可能会存在一个认识误区，即认为 TCP、UDP 这些协议只支持有线网络。这些协议在物理层，可以依赖电缆、光纤、双绞线、无线电波等多种物理介质，物理介质的差异性导致电信号在传输带宽、速率、传输距离及抗干扰性等方面的表现各不相同。

3. 选择依据

在 NCS 系统设计阶段，网络通信主要关注可扩展性和仿真节点之间的协同性。

可扩展性影响构建仿真节点数据动态变化的 NCS 系统，以及为构造类仿真资源分配计算资源。为了增加可扩展性，通常采取的策略是利用具有物理并发性的仿真节点网络来进行异步仿真计算，保证不同 NCS 仿真节点应用上的并发性。同时也要注意，增加仿真节点虽然增加了网络负载，但是同时也增加了 NCS 系统的计算处理能力。

协同性通常意味着 NCS 中的所有仿真节点一起进行仿真来实现既定的仿真目标，为此，需要每个仿真节点结合业务特点来获取其他仿真节点的信息。从技术上来看，协同性往往需要建立仿真节点之间的通信优先级，连接紧密且数据交互频繁的仿真节点之间应该具有更高的通信优先级。

要实现从一个节点依次向另一个节点发送数据，若使用 UDP 协议，则有些数据会无法传达，有些数据会顺序错乱；TCP 协议解决了不可靠和无序的问题，但与 UDP 一样的是，TCP 协议也不可避免地存在延迟，而且无论发送频率多么平稳，接收频率也会很不稳定。例如，A 节点按固定间隔发送数据，但 B 节点收到的数据有些相隔很近，有些则间隔很远，这种接收频率不稳定的现象称为抖动。

2.2.5　NCS 通信模式

通常而言，直接使用 IP 组播路由实现 NCS 仿真运行远不如应用层组播协议效率高。使用更高层级的应用层协议的优点包括：减轻组播地址空间的管理压力，不受路由器的限制，具有更强的功能且可以使用拥塞控制，等等。其缺点是增加了软件实现压力，并且提高了网络负载。

如图 2-2 所示，网络应用开发典型的通信模式主要有单播、组播和广播三种类型，也有一些研究或应用没有基于这些标准协议，而使用一些自定义协议，以满足特定需求。

网络的 MAC 层提供单播、组播、广播服务，网络是否具备单播、组播和广播能力，由 MAC 层是否提供单播、组播、广播服务决定。网络的 IP 层设置单播、组播、广播方式，根据 IP 地址，包括 IP 单播地址、IP 组播地址、IP 广播地址。IP 层的单播、组播、广播在送往 MAC 层时，要在 MAC 层进行映射。UDP 协议支持单播、组播和广播，而 TCP 协议不支持广播。

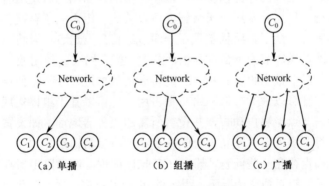

图 2-2　几种典型的通信模式

1. 单播

如图 2-2（a）所示，单播是一种主机之间"一对一"的通信模式，其应用效果是 NCS 系统中仿真节点之间的数据传输是一对一进行的。数据的接收和传递只在两个仿真节点之间进行，如果需要实现一对多通信，需要在发送端发送多次数据。

2. 广播

TCP/IP 网络中有一个特殊的保留地址，专门用于同时向局域网中所有节点进行发送，称为广播地址。当报文头中目的地址域的内容为广播地址时，该报文被局域网上所有网络节点接收，这个过程称为广播。

如图 2-2（c）所示，广播是一种 NCS 系统内部仿真节点之间"一对所有"的通信模式，每个仿真节点发送的数据都需要无条件复制并转发，每个仿真节点都会收到广播的数据。同时，如果加入的节点数目增加，可能会存在大量广播数据包在网络中传输，占用大量带宽，影响通信效率，增加时延，外在表现为网络速度非常慢，因此，广播被禁止应用在广域网中。

广播报文是基于 UDP 协议的，因此也是不可靠传输的。因为广播报文会发送给域内的所有节点，所有节点会共享广播通道，也就是说，域内所有节点发送广播累加的带宽占用不会超过网络带宽。

3. 组播

由于网络通信单播模式和广播模式的局限性，考虑从一个主机向多个主机，或者从多个主机向多个主机发送同一信息的业务很多，因此出现了组播的概念。组播是一对多的通信机制，发送节点只需要发送一次数据，数据按需到达需要接收数据的节点，数据通常在网络路由节点处进行复制和分发，传输过程准确且高效。当然，组播同样可以实现广播和单播的通信功能。发送者不需要所有接收者的信息，只需要发送一条数据便可以被这一组内的所有接收者接收。

如图 2-2（b）所示，组播实现了一对多通信，发送者可以将单播的多次发送降低为一次发送，节约了带宽开销，能大大提高网络的使用效率。NCS 应用中存在大量一对多数据收发关系，若能将通信数据进行分类，使用多个组播地址进行通信，则可以大大降低网络带宽占用。也可以基于组播实现一些简单的应用，使参与节点能够自动查询并设置所需的服务器地址，如设置一个公认的组播地址，每个服务器可发布自身的存在和响应参与请求。

目前组播也存在一些问题，影响了其推广应用。组播路由器存在开销和限制，尤其在复杂的组播树情况下，组播的加入/退出都需要时间进行更新，组播更新的动态性较差。另外，IP 组播是不可靠的。组播的可靠性研究不仅仅是"确认—重传"机制的实现，一对多的通信方式决定了可靠组播算法的复杂性，如果发送者要一一确认每个接收方是否收到每个数据报文，必然会造成发送者因负担过重而无法正常发送数据。目前来看，可靠组播算法的选择与应用相关，没有通用的可靠组播算法。

2.2.6 NCS 通信指标

1. 网络带宽（bandwidth）

网络带宽是指在单位时间内（一般为 1s）能传输的数据量，决定了 NCS 系统中接入的仿真节点数目。数字信息流的基本单位是 bit（比特），时间的基本单位是 s（秒），因此 bit/s（比特/秒）是描述带宽的单位。当每秒传输的数据量超过网络带宽时，丢包率将明显上升。

网络的吞吐量（throughput）是指网络的有效带宽，定义为物理链路的比特率减去各种额外开销。网络的吞吐量与网络拥塞情况、缓冲区容量、数据流量控制情况、节点或线路故障等多种因素有关。

2. 网络延迟（delay）

网络延迟通常是指一个数据从一台仿真节点计算机传输到另一台仿真节点计算机所消耗的时间。尽管网络延迟有许多原因，但数据包从源主机传输到目的主机的延迟往往是多节点 NCS 系统网络延迟最显著的原因。

网络延迟影响动作响应的时间间隔及数据传输的速率，如果是人在回路的模拟训练，那么同样会影响受训人员的实时交互体验，限制受训人员对情景变化响应的速度。网络延迟是不可避免的，并且不同的 NCS 应用对网络延迟的容忍程度也是不同的。虚拟现实应用对网络延迟最敏感，因为人类只要转头，眼睛就期望看到不同的事物。在这种情况下，为保证用户在虚拟现实世界中的感觉，应要求网络延迟少于 20ms。操作技能训练和其他动作频繁的应用是对网络延迟第二敏感的。这些应用的网络延迟范围为 16～150ms，不考虑帧速率，这么小的网络延迟用户是感觉不到的。

网络延迟通常由处理延迟、传输延迟、排队延迟和传播延迟四部分构成。

（1）处理延迟（Processing Delay）。网络路由器的工作是读取来自网络接口的数据包、检查目的 IP 地址、找出应该接收数据包的下一台机器，然后从合适的接口将数据包转发出去。处理延迟是指数据包在传送到目的地并排队后处理时所用时间，是网络节点（路由器、交换机等）收到数据包后进行首部分析、数据提取、差错检验、路由选择等处理所需的时间。处理延迟也包括路由器提供的其他功能，如 NAT 或者加密。处理延迟占比很小，因为现在大部分路由器都非常快。

（2）传输延迟（Transmission Delay）。传输延迟又称发送延迟，是指将数据包从发送节点计算机准备到将其完整地传输到链路上所消耗的时间，即路由器、交换机等网络设备发送数据所需要的时间，也就是路由器队列递交给网络链路所需要的时间。

路由器转发数据包时，必须有一个链路层接口允许它通过一些物理介质传输数据包。链路层协议控制写入物理介质的平均速率。例如，1MB 的以太网连接允许大约每秒向以太网电缆写入 1×10^6 bit。这样，向 1MB 的以太网电缆写 1 bit 需要花费 1s 的百万分之一，即 1μs，因此写一个 1500byte 的数据包需要 12.5ms。向物理介质写比特流花费的时间就是传输延迟，传输延迟主要取决于网络帧的大小和带宽。

传输延迟通常依赖于终端用户链路层连接的类型。因为当数据包接近互联网骨干时，带宽能力通常会增加，传输延迟在互联网边缘时最大。保证服务器使用高带宽的连接最重要，之后通过鼓励终端用户升级到高速网络可以很好地降低网络延迟。发送尽可能大的数据包对降低传输延迟也会有帮助，因为可以减少数据包头部的数据量。如果头部在数据包中占比很高，那么也将带来很大的传输延迟。

（3）排队延迟（Queuing Delay）。单台计算机设备会同时传送很多流量，传送来的数据包需要排队等待处理，在队列中消耗的时间就是排队延迟，也就是路由器或交换机等网络设备处理数据包排队所消耗的时间。路由器在一个时间点只能处理有限个数的数据包。如果数据包到达的速度比路由器处理的速度快，那么数据包将进入接收队列，等待被处理。同样地，网络接口一次只能输出一个数据包，所以数据包被处理之后，如果合适的网络接口繁忙，那么它将进入传输队列。排队延迟随时间变化，具体取决于网络的流量负载和拥塞情况，当缓冲区溢出时，还会发生重传的现象，引起排队时延的剧烈变化。

排队延迟是数据包等待被传输和处理的结果。最小化处理延迟和传输延迟有助于最小化排队延迟。值得注意的是，因为通常的路由器仅需要检查数据包的头部，所以通过发送少量大的数据包来代替许多小的数据包可以降低总的排队延迟。例如，包含 1400byte 负载的数据包与包含 200byte 负载的数据包通常经历相同时间的处理延迟。如果发送 7 个包含 200byte 负载的数据包，最后发送的数据包必须等待前面 6 个数据包的处理，这样将经历比发送一个大数据包更多的累积网络延迟。

（4）传播延迟（Propagation Delay）。传播延迟是指数据包从一台计算机传输到另一台计算机所用的时间，是数据在实际的物理链路上传播所需要的时间。在大多数的情况下，无论什么物理介质，信息的传输也不可能快于光速。这样，发送数据包的延迟至少是 0.3ns/m（纳秒/米）乘以数据包必须传输的距离。传播时延是指数据包在发送端与接收端链路上占用的时间，主要受到物理环境因素（如温度、大气压强、磁场等）影响，一般是固定的，随时间的延长变化较小。

传播延迟通常是优化的良好对象。因为它依赖主机之间交换数据的电缆长度，最好的方法是移动主机使得彼此距离非常近。在对等网络应用中，这意味着在匹配仿真应用时优先优化几何位置。在客户端/服务器应用中，这意味着要保证服务器离客户端更近。注意，有时物理位置不足以保证低的传播延迟：两

个位置之间的直接连接可能不存在，这就要求路由器在迂回线路中路由，而不
是通过直线连接。重要的是在规划仿真服务器时，要考虑现有和未来的路由路
线。

3．往返时延（RTT）

如图 2-3 所示，往返时延（Round Trip Time，RTT）是数据包从发送端到目
的主机，再从目的主机到发送端总共经历的时间（一般用 ms 表示）。

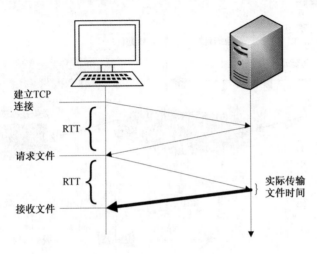

图 2-3　RTT 的概念

在大多数情况下，RTT 是网络延迟的 2 倍。这不仅反映了两个方向的处理
延迟、排队延迟、传输延迟和传播延迟，还反映了远程主机的帧率，因为这影
响了它发送响应包的速度。

数据在每个方向上传输的速度不一定相同，因此，RTT 几乎不可能是数据
包从一台主机传输到另一台主机时间的 2 倍。尽管这样，往往还是用一半的 RTT
来近似单向的传输时间。

对于 C/S 架构的 NCS 系统而言，数据从客户端传输到服务器的一个来回
称为一个 RTT。在 C/S 架构下，其实每个客户端的行为一直是领先于服务器 1/2
个 RTT 的，数据从客户端发送到服务器有一个 1/2 的 RTT 延迟，服务器处理后
通知客户端又有一个 1/2 的 RTT 延迟。在 P2P 架构下，由于没有权威服务器，
因此可以省去 1/2 的 RTT 延迟。

4．延迟抖动（jitter）

网络环境具有复杂、网络流量动态变化和网络路由动态选择等特点，因此
网络延迟随时都在变化，称为抖动。抖动是指最大延迟与最小延迟的时间差。

抖动会影响对延迟预测的准确性,因此,抖动应该尽可能小。

网络延迟与抖动影响效应示例如图 2-4 所示。源节点在 t_1 时刻向目标节点发送数据,d_1、d_2 分别为第 2 个数据包和第 1 个数据包、第 3 个数据包和第 2 个数据包之间的发送时间间隔。在 t_2 时刻目标节点收到数据,则延迟为 t_2-t_1。接收到的第 2 个数据包与第 1 个数据包的时间间隔为 d_3,第 3 个数据包与第 2 个数据包的时间间隔为 d_4。抖动带来的效果之一是 $d_3>d_1$,$d_4<d_2$。

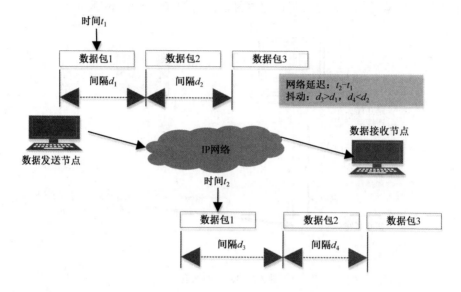

图 2-4　网络延迟与抖动影响效应示例

抖动可能导致仿真节点响应时间变化,体验感差,难以补偿,这时通过时钟同步技术不能解决问题。例如,《王者荣耀》在 400ms 延迟的情况下,人物会出现闪现的情况,英雄被击杀时,没人攻击他,但他却莫名其妙地死了。

为了避免延时抖动的影响,可以通过在服务器端人工加入延时来提高公平性,也就是给延时小的仿真节点人为地加入更大的延时。加入人工延时的同时还需要知道服务器与仿真节点之间的 RTT。

抖动产生的因素包括传输路径变化、数据包大小变化和传输拥塞。四类网络延迟都能导致抖动。

(1)处理延迟。因为处理延迟是网络延迟中最小的组成部分,所以它对抖动的贡献也是最小的。因为路由器动态调整数据包的路线,所以处理延迟可能会变化,但这是一个次要问题。

(2)传输延迟和传播延迟。这两种延迟都是数据包采用的路由导致的,链路层协议决定了传输延迟,路由长度决定了传播延迟。这样,当路由器动态进行负载均衡和改变路由以避免严重拥堵区域时，这些延迟会改变。这在网络拥塞时可以迅速波动，路由改变可以显著改变往返时间。

（3）排队延迟。排队延迟是路由器必须处理多个数据包导致的。这样，到达路由器的数据包的数量变化了，排队延迟也改变了。突发的网络流量将导致排队延迟，并改变往返时间。

由于 TCP/IP 固有的"存储转发"性质，相邻报文之间的到达时间间隔无法准确预测，因此抖动现象在 TCP/IP 网络中不可避免。抖动会使报文出现"后发先至"现象，对 NCS 中的事件一致性有较大的负面影响。

抖动会影响 RTT 抑制算法，而且更糟的是，会导致数据包乱序到达。为了避免因数据包乱序到达而引起错误，必须使用可靠的传输层协议，如 TCP，来保证数据包按序到达，或者实现自定义系统进行包重组。

减少抖动的技术与降低总体延迟十分类似。发送尽可能少的数据包来保持低流量。将服务器布置在客户端附近来降低遇到严重拥堵的可能性。值得注意的是，计算机帧率也会影响 RTT，所以帧率的巨大变化会给客户端带来负面影响。保证复杂的操作合理分散在多个帧中，以防止由帧率导致的抖动。

5. 丢包率（Packet Loss Rate）

比延迟和抖动更严重，NCS 开发者面临的最大问题是数据包丢失（packet loss）问题。数据包需要花费很长时间才能到达目的地和数据包永远不能到达目的地是两码事。数据包丢失有许多原因，具体如下。

（1）不可靠的物理介质。从根本上说，数据传输是电磁能量的传输。任何外部的电磁干扰都可能导致数据损坏。在数据损坏的情况下，链路层通过验证检验来检测损坏，并丢弃包含损坏数据的帧。宏观的物理问题，如松动的连接或者附近有一个微波炉在工作，都可能导致信号损坏和数据丢失。

（2）不可靠的链路层。链路层规定了它们什么时候可以发送数据，什么时刻不可以发送数据。有时链路层信道完全满了，必须丢弃正在发送的帧。因为链路层不保证可靠性，所以这是一个完全可以接受的响应。

（3）不可靠的网络层。当数据包到达路由器的速度比路由器处理数据包的速度快时，就会将数据包插入接收队列中。这个队列只能存储固定数量的数据包。当队列排满时，路由器就会排弃队列中的数据包或者刚传入的数据包。

数据包丢失是无法改变的事实，在设计网络架构时必须考虑这一点。更少的数据包丢失肯定会带来更好的仿真效果，所以在上层架构设计时，就应该尝试降低数据包丢失的可能性。使用与客户端尽可能近的服务器数据中心，因为较少的路由器和电缆意味着较低的数据丢失可能性。

另外，发送尽可能少的数据包也可以降低丢包率。大部分路由器的处理能力以数据包的个数为基础，而不是总数据量。在这种情况下，如果发送许多包含少量数据的小数据包，而不是发送少量的大数据包，那么仿真应用发生路由器过载的可能性更高。通过一个拥塞的路由器发送 7 个 200byte 的数据包要求队列中有 7 个空闲的位置来避免数据包丢失。但是，发送一个同样数据量的 1400byte 的数据包仅需要队列中有一个空闲位置。

当队列排满时，路由器不一定丢弃每个新传入的数据包；相反，它可能丢弃先前进入队列的数据包。当路由器确定新传入的数据包比队列中的数据包有更高的优先级或者更重要时，路由器将会这么做。路由器根据网络层头部的 QoS 数据确定数据包的优先级，有时也通过检查数据包的负载收集更深的信息。最后，减少数据包丢失最简单的方法是保证服务器有快速、稳定的互联网连接，并离客户端尽可能近。

为了应对丢包问题，可以将数据重复发送几次。为了防止丢包问题，通常使用 TCP 而不是 UDP。由于 TCP 不会丢包，因此对于延迟不敏感的 NCS 还是优先采取 TCP 来对抗丢包。另一种策略就是使用冗余 UDP 数据包，即一次性发送多个帧的数据来对抗丢包。UDP 同步数据时经常容易丢包，虽然可以使用上层实现 UDP 的可靠性，但是对于数据量比较小的 NCS 应用可以采用冗余 UDP 数据包的方案，即后续的 UDP 数据包会冗余一定的前面已发送的 UDP 数据包，这样即使丢失了部分数据包也能保证收到完整的远端数据。

通常评价网络质量主要看两个指标，分别是响应时间（通常用 RTT 表示）和带宽。其中，带宽表现为丢包率，如果每秒传输量超过带宽，丢包率会明显上升。RTT 是数据包往返一次的时间，通常 40byte 小包比 400byte 大包快一倍。

6. 以太网性能分析

在正常状态下，网络中任意两个节点之间的最大端到端单程传播延迟为 τ，为了简化推导，选择时隙的长度为 2τ，这是竞争时间的最小值。这样发送一个报文所需的时间从开始发送，经冲突重传数次，直到发送成功且信道转为无信号时为止，如图 2-5 所示。

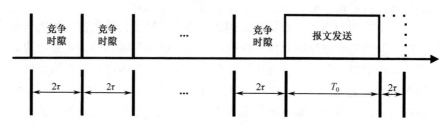

图 2-5　发送一个报文所需的时间

设网络中总是有 n 个节点准备发送报文，每个节点在竞争时隙内发送报文

的概率为 p。若 A 代表某个节点在该时隙内获得信道（发送成功）的概率，即该时隙内 $n-1$ 个节点不发送，而仅有某个节点发送的概率，则

$$A = np(1-p)^{n-1} \qquad (2-1)$$

以太网上的节点以时隙为单位争夺信道使用权。显然，在一个时隙内出现冲突而必须重传报文的概率是 $1-A$。这里假定每个时隙内的重传概率 $1-A$ 为一个常数，那么竞争时间为 1 个时隙的概率为 A，竞争时间为 2 个时隙的概率为 $(1-A)A$，竞争时间为 i 个时隙的概率为 $(1-A)^{i-1}A$。因此，竞争时间的平均时隙数 L_R 为

$$L_R = \sum_{i=1}^{\infty} i(1-A)^{i-1} A = \frac{1}{A} \qquad (2-2)$$

在第 L_R 个时隙，报文传送已经成功开始了，那么在竞争过程中，发现需要进行报文重传的时隙数为 L_R-1。因此，真正用于竞争的平均竞争时间 W 为

$$W = 2\tau(L_R - 1) = 2\tau \frac{1}{A-1} \qquad (2-3)$$

设数据报文的平均长度为 $\overline{X}$，信道的传输速率为 R，平均报文传送时间为 $T_0 = \overline{X}/R$。另外，一个报文在传送结束后，仍然需要时间为 τ 的传播延迟，报文传送对信道的影响才能结束。那么网络的归一化吞吐量 S 为

$$S = \frac{T_0}{W + T_0 + \tau} = \frac{T_0}{2\tau\left(\frac{1}{A}-1\right) + T_0 + \tau} = \frac{1}{1 + \left(\frac{\tau}{T_0}\right)(2A^{-1}-1)} \qquad (2-4)$$

从式（2-4）可以看出，若设法使 A 为最大，则可获得最大吞吐量。将式（2-1）对 p 求极大值，可得当 $p=1/n$ 时，可使 A 等于其极大值 A_{max} 为

$$A_{max} = \left(1 - \frac{1}{n}\right)^{n-1} \qquad (2-5)$$

当节点数 $n\to\infty$ 时，$A_{max}=e^{-1}\approx0.368$。实际上只要有十几个节点，$A_{max}$ 就接近 0.368 这个极限值了。

将式（2-5）中的 A_{max} 代入式（2-4）中的 A，即得出 S_{max} 为

$$S_{max} = \frac{1}{1 + \left(\frac{\tau}{T_0}\right)\left[2\left(1-\frac{1}{n}\right)^{1-n}-1\right]} \qquad (2-6)$$

在非饱和状态下，信道利用率等于信道吞吐量，因此，S_{max} 也就是信道的利用率或信道的效率。若总线长度为 1km，数据传输速率 $R=5\text{Mbit/s}$，则单程端到端延迟 $\tau=5\mu s$，时隙 $2\tau=10\mu s$。只要节点数 n 不是太小，S_{max} 就与 n 关系不大。但报文越短，发送时间 T_0 也相应减少，τ/T_0 会相应增加，则信道利用率或网络

的吞吐量 S_{max} 就越小。

当 $n \to \infty$ 时，$A_{max} \approx 0.368$，式（2-4）可简化为

$$S_{max} = \frac{1}{\left(1 + \dfrac{4.44\tau}{T_0}\right)} \qquad (2\text{-}7)$$

由式（2-7）可更清晰地看出 τ/T_0 对 S_{max} 的影响。信道电缆越长，传输延迟 τ 越大，以太网的平均竞争时间也越长，由此产生的开销也越大，以太网的性能会下降。式（2-7）直接体现了通信性能随电缆长度增加而下降的关系。

2.2.7　NCS 网络拓扑

网络拓扑决定了网络中的计算机之间是如何连接的。就 NCS 而言，拓扑决定了参与仿真的计算机是如何组织在一起的，目标是保证所有仿真应用节点都可以收到仿真的最新状态。正如决定网络协议一样，在不同的拓扑结构之间需要做出权衡。

作为一个分布式系统，NCS 应用系统是一个多节点共享的虚拟世界，它不仅仅存在物理节点之间的通信关系，还存在逻辑节点之间的通信关系。相应地，在其拓扑结构设计中需要注意区分物理拓扑结构与逻辑拓扑结构两个概念。

物理拓扑结构是指各参与节点的物理连接方式，包括网络拓扑与端点子网的构成，反映了消息实际在网络层的收发过程。

逻辑拓扑结构是各参与节点之间发生的通信关系，反映了在 NCS 应用系统中消息的收发关系。事实上，通信模式上进行的数据传输正是基于逻辑节点之间的通信关系进行的。

本节主要研究 NCS 网络通信的逻辑拓扑结构，包括点对点模型、客户端/服务器端模型等。

1. 点对点模型

点对点（Point to Point）模型是在两个仿真节点之间建立连接进行通信，该模型要求 NCS 中的仿真节点与其余仿真节点建立网络连接，是一种"全连接"模型。

在点对点模型下，如果仿真节点的数目为 n，需要建立的连接数目是 $n(n-1)/2$，即通信规模为 $O(n^2)$。如图 2-6 所示，有 4 个节点分别负责 A、B、C、D 这 4 个虚拟对象，每个节点都将自己负责的对象信息发送给其他节点，同时从其他 3 个节点接收自己的虚拟对象信息。节点 A 需要将 A 的信息发送给节

点 B、C、D，并分别接收 B、C、D 的信息，节点 A 至少需要 3 条连接，在一次数据更新中，需要进行 6 次数据交换。

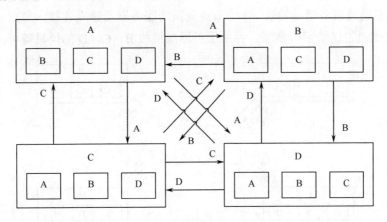

图 2-6　点对点通信模型

点对点模型的发送/接收一般是串行执行，可以保证数据的输入/输出是完全同步的，由此可以实现在周期时间内每个仿真节点都获得完全一致的虚拟环境。

点对点模型的主要缺点是系统规模受限，可扩展性较差，容易造成一个节点运行缓慢影响 NCS 整体速度的现象。此外，点对点模型还有一些其他缺点，如仿真节点不能动态加入或退出 NCS、网络通信量随参与节点的增加迅速增大、容易产生单点故障问题等。

2. 客户端/服务器端模型

为了解决点对点模型中存在的规模小、单点故障等问题，大部分 NCS 都采用客户端/服务器端的集中式模型。如图 2-7（a）所示，客户端向服务器端发送操作指令，服务器端计算仿真状态并向所有客户端更新仿真状态。如图 2-7（b）所示，服务端同样负责检查一致性，即一些操作可能不被允许执行。

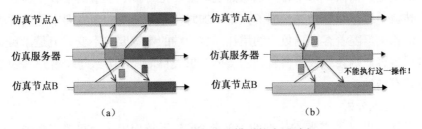

图 2-7　客户端/服务器端模型的应用过程

1）通信方式

在客户端/服务器端（Client-Server，C/S）拓扑结构中，一个节点被指定为服务器端，其他所有的节点被指定为客户端。每个客户端只能与服务器端通信，同时服务器端负责与所有客户端通信。如图 2-8 所示，在这种模型下，虚拟对象的信息通过服务器端转发，4 个节点分别与服务器端建立连接，节点 A 只需将 A 的信息发送给服务器端，并从服务器端接收 B、C、D 的信息即可。

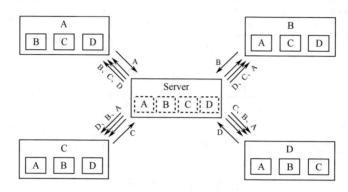

图 2-8　客户端/服务器端模型的通信方式

2）带宽需求

客户端/服务器端模型给定 n 个客户端，总共会有 $O(2n)$个连接，其通信规模为 $O(2n)$。在图 2-8 中，服务器端维护虚拟对象 A、B、C、D 的状态不是模型要求的，可根据需要选用。可以看到，服务器端负责所有消息的转发，因此，便于对数据进行校验、过滤和监测管理。但这种结构是不对称的，服务器端有 $O(n)$个连接，其中，每个连接对应一个客户端节点，而每个客户端与服务器端只有一个连接。

就带宽而言，如果有 n 个客户端节点，每个客户端每秒发送 b 字节的数据，则服务器端必须有足够的带宽处理每秒 $b{\times}n$ 字节的传入数据。如果服务器端需要每秒发送 c 字节的数据给每个客户端节点，那么服务器端必须支持每秒 $c{\times}n$ 字节的输出。然而，每个客户端节点仅需要支持每秒 c 字节的下载流和 b 字节的上传流。这意味着当客户端的数量增加时，服务器端的带宽要求是线性增加的。理论上，随着客户端数量的增加，客户端的带宽要求不变。但是，实际上支持更多客户端会导致需要复制的实体对象数目增加，导致每个客户端的带宽要求略有增加。

3）延迟分析

通常客户端/服务器端模型的大部分 NCS 系统使用一台权威服务器，这意味着我们认为服务器上的仿真模拟是正确的。如果客户端发现自己的状态与服务器端的不同，那么它应该根据服务器端的状态更新自己的状态。采用设置权威服务器的方案，意味着客户端的行为会有一些滞后或延迟。导致这种延迟的一个重要原因是往返时间（Round Trip Time，RTT）。

假设一个 NCS 系统由一台服务器和两个客户端构成，即客户端 A 和 B。服务器给每个客户端发送所有的仿真数据，这意味着如果客户端 A 发送了一个事件，那么包含该事件请求的数据包首先被传递给服务器。接着，服务器再给客户端 A 和 B 返回结果之前先处理这个事件请求。在这种情况下，客户端 B 经历的是最坏的网络延迟，等于客户端 A 1/2 的 RTT 加上服务器的处理时间，再加上客户端 B 1/2 的 RTT。在快速网络的情况下，这可能不是一个问题，但实际上，大多数 NCS 应用必须使用多种技术隐藏这个延迟。

4）优缺点

客户端/服务器端这种集中式模型有很多优点，如占用较少的网络通信量，并能支持更多参与节点，NCS 系统的持久性更好，易于防欺骗。这种模型虽然降低了数据传输的速度，但是可以实现对数据传输的控制，不需要将所有数据包都发送给其他所有仿真节点。这种架构还支持将多个数据包整合成一个数据包，并使数据流更加平滑。

这种模型的优点还包括可扩展性强、占用通信量少、安全性高、响应速度快、持久性好、交互性强、能够处理的数据规模大等。客户端/服务器端模型在网络层降低了处理状态信息的计算量，因为服务端不需要解析或修改状态数据包，甚至可以省略数据包中的地址信息。

该模型是常见的通信模型，基于该模型的 NCS 系统大多都是面向过程设计的，数据随整个业务流程流动。然而，集中式服务器是系统瓶颈，服务器处理能力和资源限制了 NCS 规模的扩展，仿真节点之间交互的数据都需要通过服务器端转发，当服务端负荷过重时，其对仿真节点数据收发请求的响应速度会受到很大影响。该模型存在着分布功能弱、兼容性差、开发维护成本高等缺点。

3. 对等模型

近年来，基于对等模型（Peer-to-Peer，P2P）的应用成为网络领域的研究热点之一。在对等模型中，每个仿真节点的地位是相等的，每个仿真节点均与其他所有节点建立连接。在这种架构中，不存在中间节点或过渡环节，每个仿真节点直接将数据发送给其他节点。

这种架构由于不存在分层级的系统结构，所以扩展性差。因此，通常在仿真节点数目小或在局域网中使用这种架构。对等模型通常应用在局域网（LAN）中，因为这类网络能够更好地支持广播通信方式，并且连接的节点数目有限。当这类架构应用于广域网（WAN）时，需要额外的分层架构提供支持。

在对等模型中，权威的概念更加模糊。一种可行的方法是某些对等体对仿真应用的某些部分有权限，但是在实际中，这样的系统难以实现。在对等模型的 NCS 中，更常见的做法是每个对等体共享所有动作，每个对等体都模拟这些动作的执行。这种模式有时也称为输入共享模型。客户端/服务器端模型中的服务器断开问题在对等模型中不存在。如果这个对等体断开了，剩下的对等体继续运行。

1）延迟分析

对等模型让数据共享变得更加可行的一个原因就是降低了网络延迟。与客户端/服务器端模型不同，对等模型中的仿真节点之间没有中转节点，所有仿真节点彼此直接通信。这表明在最差情况下，对等的仿真节点之间的延迟是 RTT 的 1/2。但是仍存在一定延迟，这可能会导致对等模型的 NCS 系统难以保持仿真节点之间的同步。

2）带宽需求

在对等模型中，每个仿真节点都与其他所有仿真节点建立连接，这表明仿真节点之间有大量的数据来回传输。通常情况下，如果对等模型中包含 n 个仿真节点，每个节点拥有的连接数为 $O(n-1)$，整个 NCS 系统中存在 $O(n^2)$ 个连接，需要 $O(n^2)$ 的带宽（通信量规模），这意味着带宽需求的增加速率是仿真节点数量的二次方。当 n 为 128 时，使用对等模型将导致每个仿真节点只有极少的带宽。这也意味着，每个仿真节点的带宽需求增加到与连接到 NCS 中的仿真节点数目一致。与客户端/服务器端模型的不同之处在于，对等模型的带宽需求是对称的，即每个仿真节点需要上传和下载的可用带宽数量是一样的。

基于广播的对等模型实现简单，数据直接从发送节点传递到接收节点，数据传输的实时性得到了保证。但是广播出去的数据并不都是所有节点需要的，因此带来了很大的带宽占用。也就是说，在局域网内，广播报文的使用浪费了大量的网络带宽，仿真节点也需要处理并丢弃很多无关的冗余报文。

3）动态加入

对等模型的一个问题是新节点的接入。因为每个对等体都必须知道其他所有对等体的地址，所以理论上新节点可以连接到任意一个对等体。由于要对 NCS 进行管理维护，因此通常只接受一个地址，在这种情况下，只有一个对等体被选为所谓的主对等体，是允许新节点接入的唯一对等体。

4）优缺点

对等模型的优点是数据可以更快速地到达每台计算机上，因为不需要服务器作为中间人。此外，这种架构具有健壮性好、性价比高、隐私保护、负载均衡等优点。缺点是每个客户端需要向其他所有客户端发送信息，而不仅仅是一台服务器。

5）仿真应用实践

对等模型中的每个仿真节点同时承担了客户端和服务器端的任务，充分利用网络中计算机节点的计算能力和带宽。随着 NCS 系统规模的不断扩展，这种模型对内存占用较多，影响整个 NCS 系统的运行速度。因此，对等模型具有较好的灵活性，主要用于满足小型网络的通信需求，当网络规模较大时，其管理和安全性都变得困难。DDS 就是采用的这种网络架构，这也导致了它难以支撑更大规模的网络节点。

最早出现的构建分布式仿真环境的方法都是基于广播的分布式对等模型。美国 SIMNET 研究计划中就采用了这种对等结构。SIMNET 分布在美国和德国的 11 个基地，包括约 260 个地面车辆仿真器、数据处理和指挥中心的综合仿真环境。在此基础上，美国国防部组织制定了 IEEE 1278 的 DIS 标准，构建了BFTT、JMASS、CATT 等分布式仿真系统。DIS 协议中定义的就是这种分布式对等模型的通信标准。

为了解决广播带来的问题，美国海军研究院将该模型中的广播用组播来代替，如图 2-9 所示，在每个对等节点增加了兴趣管理，通过节点动态加入/退出组播地址提高了数据传输的有效率，该模型得到了普遍关注，后来 HLA 标准的数据分发管理服务的制定就借鉴了该模型。

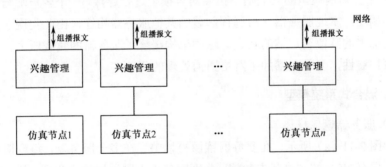

图 2-9　对等模型的基本原理

NCS 中的仿真节点具有异构性和自治性，从本质上而言 NCS 系统应该属于对等模型架构。在该系统架构中，每个仿真节点都是平等的，都负责通知其他仿真节点、解决逻辑冲突、维护仿真状态、进行仿真计算等工作，并且相互之间直接发送交互数据。这种系统架构具有低延时的特点，并且不用担心单点崩溃的问题。但是这种架构存在着木桶现象，即单个节点性能的下降将影响整个 NCS 系统的正常运行。

4. 服务器集群模型

为了扩展服务端的资源和处理能力,如图 2-10 所示,可以将多台服务器构成一组服务器集群,也称为 Server-Network 模型,服务器之间用高速以太网进行通信。在 NCS 系统设计中,可以将虚拟世界划分成多个区域,每台服务器负责维护某一个区域的虚拟对象和仿真节点,通过这种方法将负载分配到各台服务器。

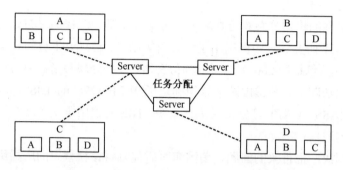

图 2-10 Server-Network 模型的基本原理

服务器集群模型中,若干台服务器相互连接。这种架构可以理解成是几个客户端/服务器端模型的通信网络按照对等模型进行连接。一个客户端与本地的服务器相连,本地服务器又与远程部署的其他服务器相连,由此实现了客户端与远程部署的其他客户端的互连。这种架构缓解了服务器的负载压力,具有良好的可扩展性,但是也增加了网络通信处理的复杂度。

5. 混合式系统模型

1)服务器镜像模型

如图 2-11(a)所示,在服务器镜像模型中存在多台服务器,每台服务器都完整地保存 NCS 的仿真状态数据,分别服务于不同地域的客户端,每个客户端只与一台仿真服务器相连。仿真服务器之间通过特定的高速网络进行互联,从而降低服务器之间的同步延迟。

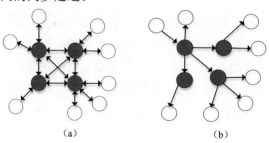

(a)   (b)

图 2-11 服务器镜像模型示意

如图 2-11（b）所示，仿真节点（客户端）的状态更新传递给指定的仿真服务器，然后仿真服务器将状态传递给其他服务器，最后其他服务器将状态更新传递给相关的客户端。

在这种系统模型中，服务器之间是对等模式互连的，因此它们之间的同步较容易实现。在这种系统模型中，同样不存在单点崩溃的问题，因为一台服务器崩溃，客户端可以连接到其他服务器上去。当网络带宽是 NCS 的瓶颈时，该系统模型具有良好的可扩展性，一台服务器可以处理更多的客户端请求。此外，该系统模型也降低了客户端到服务器端的延迟。

服务器镜像模型也存在一些问题，如一个客户端的状态更新到其他客户端的时间延迟增加。此外，当 CPU 计算资源是 NCS 的瓶颈时，由于每台仿真服务器都维护整个 NCS 的仿真状态，导致系统的可扩展性仍然受限。

2）服务器分区模型

如图 2-12（a）所示，服务器分区模型将 NCS 划分成几个相互独立的区域，每台仿真服务器负责一个区域。一个客户端与它所在区域的仿真服务器相连，当它移动到其他区域时，其连接关系移交给该区域的仿真服务器。

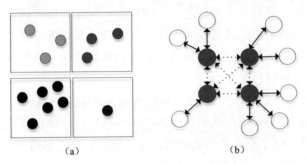

（a）　　　　　　　　　　　　　（b）

图 2-12　服务器分区模型的基本原理

如图 2-12（b）所示，在这种系统模型中，服务器之间很少进行数据传输。一个客户端的状态更新直接传递给与其相连的仿真服务器，然后转发给在同一区域的所有其他相关客户端。

这种系统模型的好处是，当 CPU 计算资源成为 NCS 的瓶颈时，每台仿真服务器能够处理的客户端数量更多。缺点是在每个区域都存在单点崩溃问题，当然也可以通过备份每个区域的仿真服务器来解决这一问题。此外，这种系统模型严重限制了 NCS 的系统设计。

6. 网络拓扑的选择

NCS 的通信网络拓扑可以细分为应用层通信和网络层通信。应用层通信是仿真节点交换状态信息的一种模式，既可以是客户端/服务器端模型方式，也可以是对等模型方式。网络层通信是应用层通信的实例化实现方式，是数据包在网络传输的方式，同样可以是客户端/服务器端模型方式或对等模型方式。

通常而言，客户端/服务器端模型的 NCS 应用通常在网络通信层同样也采用客户端/服务器端模型，而对等模型的 NCS 应用在网络通信层既可以采用客户端/服务器端模型，也可以采用对等模型。

通信应用层基于网络软件层进行构建，其对应 NCS 系统，包含应用背景，并且能够准确理解网络数据的含义，能够进行仿真业务逻辑和仿真计算。通常而言，仿真中间件等分布式仿真运行支撑平台是基于网络软件层构建的，对于网络软件层而言，其属于网络应用层，对于 NCS 应用系统而言，其地位应属于网络软件层。

通常情况下，从 NCS 应用系统的用户角度来看，NCS 系统大都属于对等模型，因为其允许每个节点独立运行，即具有异构性和自治性。NCS 中需要考虑网络拓扑的两个重要属性，分别是一致性（consistency）和响应性（responsiveness）。

为了获得更高的一致性，网络模型必须保证运行在不同仿真节点的若干个业务程序是紧密耦合的，这通常依赖于更高的网络带宽和更低的时延。为了得到更高的响应性，往往需要数据包被快速响应，因此需要松耦合的仿真节点。这种情况下，仿真节点往往需要进行更多的仿真计算来降低网络带宽和时延需求。在实际应用中，很难同时获取高一致性和高响应性，通信网络拓扑模型的选择往往是这两种属性的折中。

如图 2-13 所示，在客户端/服务器端网络拓扑中，一台服务器存储了 NCS 中的所有数据。在对等的网络拓扑中存在两种情形，一种是重复式架构，即每个 NCS 节点都存储了所有的仿真数据；另一种是分布式架构，即不同的数据被分别存储在不同的 NCS 节点中。

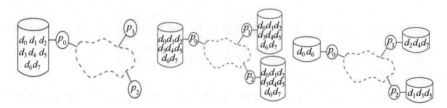

图 2-13　数据共享的几种模式

客户端/服务器端模型可以被认为是通过数据共享可以实现 NCS 状态的始终一致，但是这种拓扑模型往往响应性相对弱一些。重复式和分布式的对等模型具有更高的响应性，其中，分布式对等模型更适合人在回路的 NCS，因为人的状态和行为难以预测；重复式对等模型更适合于虚拟仿真模型等可预测的 NCS 资源，因为这些资源的状态和行为是可以预测且一致的。

客户端/服务器端模型因为具有响应速度快、安全性强等优点，特别适合分布式的 NCS 仿真应用。从仿真应用特点出发，当系统节点规模不大的时候，可以选择使用 DDS 等支持对等模型的通信中间件，但是当网络节点规模较大的时候，就应该选用支持客户端/服务器端模型的消息通信中间件。

网络通信对于 NCS 的影响是巨大的。尽管 HTTP 这种网络协议的应用十分广泛，但是从 NCS 应用需求的角度出发，其更适于使用一些应用层通信协议或技术，如 DDS、消息队列等。

本书针对 NCS 的网络通信问题，提出使用一种基于客户端/服务器端模型的发布订阅通信模式，如图 2-14 所示，研究如何实现大规模分布节点之间的实时、高效、可靠、可扩展的通信。

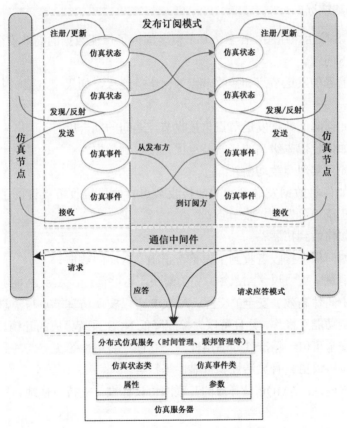

图 2-14　基于客户端/服务器端模型的发布订阅模式的仿真节点数据交互原理

常用的通信方式就是发布订阅方式，从用户视角出发，他不需要明确知道通信服务器的存在，仿真节点与通信服务器不存在应用层面的交互，其只进行自身数据的发送和外部数据的接收。

2.3 NCS 的通信能力提升

本书给出一种基于消息队列的仿真通信技术，可以实现大规模仿真节点的互联互通互操作，为实现复杂 NCS 系统的运行提供通信能力支撑。

2.3.1 高级消息队列协议

1. 基本情况

在 NCS 应用系统中，各个仿真节点之间为了保证数据的高效安全转发，需要解决如下问题。

（1）信息的发送节点和接收节点如何维持连接，如果一方强制中断，如何防止数据丢失？

（2）如何降低数据发送节点与接收节点之间的耦合度？

（3）如何让优先级高的接收节点优先接收到数据？

（4）如何实现负载均衡？

（5）如何将数据发送到相关的接收节点，如果接收节点订阅了不同的数据，如何正确地分发到接收节点？

（6）如何做到拓展？

（7）如何保证接收者收到了完整、正确、有序的数据？

高级消息队列协议（AMQP）完美解决了这些问题。AMQP 能够确保客户端与消息中间件高效、安全的交互。AMQP 可以实现仿真节点与消息通信服务端之间的全功能互操作，并且可以大幅度降低 NCS 系统集成的开销。AMQP 有普遍性、安全可信、精准性、适用性、交互性、易用性等优点。与此同时，它比其他类似协议更具有灵活性和可靠性等特点。

（1）普遍性：AMQP 是开放的互联网协议标准，支持方便地使用、实现和扩展。

（2）安全可信：支持消息的持久性，消息可恢复。

（3）精准性：有明确的消息顺序和明确的消息投递规则。

（4）适用性：提供核心的消息模式，如发送/接收、发布订阅、请求/响应等。

（5）交互性：所有客户端的通信都有统一的通信规范，可以稳定地互操作。

（6）易用性：二进制传输协议、可扩展。

2. 协议模型

AMQP 是一个支持 NCS 仿真节点之间传递异步数据的网络协议，AMQP 协议模型如图 2-15 所示，该协议模型由消息队列、交换器、消息服务工作节点、生产者、消费者组成，其中消息服务工作节点主要由交换器和消息队列组成。其中，交换器的功能是接收来自消息发布者应用程序的消息，并选择将这些消息分配到消息服务工作节点中的消息队列；消息队列用于保存消息，并只向消息订阅者应用程序。通常情况下，在交换器和消息队列之间有一种明确的对应关系。消息服务工作节点也就是消息通信的服务端。

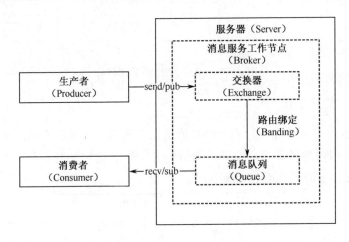

图 2-15　AMQP 协议模型

AMQP 协议模型通常具有三个方面的能力需求：创建任意的交换区和消息队列类型的能力；联合交换区和消息队列处理任意需要的消息处理系统能力；控制完全按照协议的能力。

3. 消息流转

如图 2-16 所示，给出了 AMQP 下的消息流转关系。数据发布者调用 AMQP API 接口产生并发送消息，然后消息到达消息服务工作节点的交换器中，交换器分配消息到相应的消息队列。如果消息没有被分配成功，交换器将丢掉消息或者将其返回给发布者。

当一个消息到达一个消息队列，消息队列存储或传输消息给订阅者。如果没有合适的订阅者，消息队列存储消息（生产者申请的内存或硬盘）等待订阅者读取。如果没有订阅者，消息队列将通过 AMQP 返回这个消息给发布者。当消息队列交付消息给订阅者，它将清除该消息缓存。这可以立即发生或者等到用户确认收到后发生。

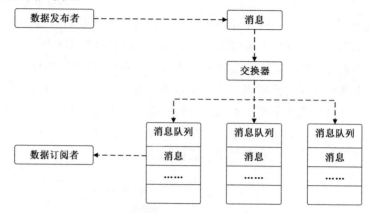

图 2-16　AMQP 的消息流转

4. 工作节点设计

如图 2-17 所示，工作节点（消息通信服务器端）主要负责消息的存储、投递和查询，以及服务高可用保证。通信服务工作节点与管理节点建立长连接，定时注册 Topic 信息到所有管理节点。

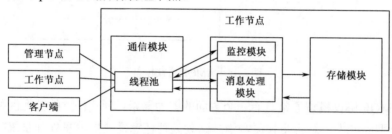

图 2-17　工作节点内部处理图

工作节点的监控模块向管理节点注册，上报状态信息和拉取运行时配置。发布订阅模式下，仿真节点客户端连接管理节点获取可用工作节点，连接工作节点发送消息，工作节点通信模块使用线程池并发处理仿真节点客户端报文。

工作节点的消息处理模块处理各种类型的消息，存储模块提供消息的可靠存储和海量堆积。客户端从工作节点的主题队列订阅和拉取消息进行消费。主题队列用于发布订阅模式，保证至少一次的消息发送和消息接收。

点对点和路由模式下，工作节点连接集群外管理节点，查询工作节点，并与集群外工作节点建立连接，客户端向发送队列发送的消息会被转发到集群外的工作节点。发送队列用于点对点和路由模式，提供消息有且仅有一次的发送。

2.3.2　大规模异步并发通信技术

NCS 的时间同步首先需要解决大规模异步并发通信问题。本书基于现有以太网异步通信技术，提出异步并发通信模型框架，以下给出需要开展的 4 个方面的工作。

（1）实现连接接入和数据 I/O 分离处理，能够支持单服务器海量连接的并发接入处理。

（2）构建高效可靠的连接管理模型，实现连接及其上下文高效管理，实现通信心跳检测、故障重连和状态恢复。

（3）实现数据 I/O 与处理分离的并发处理技术，构建数据 I/O 与处理分离的并发处理模型，研究数据 I/O 与处理计算资源自适配分配方法。

（4）设计大消息分包与组装传输处理模型。

1. NCS 通信集群设计原理

在大规模应用场景中，同一时刻有数以万计的业务应用以仿真节点的形式接入 NCS。面对大规模的并发接入，以及伴随而来的系统高负载压力，单一服务器在处理能力上无法应对业务需求，必须通过集群模式来提升服务器的通信处理能力。

集群是一组协同工作的服务实体，用以提供比单一服务器实体更具有扩展性和使用性的服务平台。对于仿真节点客户端而言，一个集群就是一个服务实体，而事实上集群由一组服务实体组成。

与传统的单一服务器相比，服务器集群具有更好的可扩展性、更高的可用性，当一台服务器实体出现问题时，其他服务器实体可以接管该服务器实体的功能，保证了整个 NCS 网络通信的一致性和连贯性。为此，服务器集群通常具备负载均衡和故障恢复两大核心能力。

通常服务器集群可以划分为高可用性集群、负载均衡集群和高性能集群三种类型。其中，高可用性集群更加强调在单台服务器实体出现故障时，其他服务器实体能够自动接管其任务，保证整个 NCS 通信的有序进行。负载均衡集群更加注重将工作任务分发到后台的多台服务器实体上，实现工作负载的分发与高效运行。高性能集群更加注重扩展服务器集群的服务器实体，提高服务端的整体计算能力。

2. NCS 通信集群的功能设计

为了满足大规模并发接入需求，通常可以采用负载均衡服务器集群。集群服务功能设计如下。

（1）Name Server 设计：所有服务器节点在启动的时候都必须在 Name Server 集群上注册一个临时节点。如果某一个服务器节点异常断开，那么 Name Server 会自动把这个临时节点删掉，其他服务器或者客户端将无法发现这个节点，保证了对外公布的服务器节点都是存活可用的。

（2）任务调度设计：为了实现负载均衡，需要一个服务器节点对集群中的各工作节点进行监控管理和集群调度，提供包括对集群中各工作节点的运行状态和负载情况的监控、集中存储集群状态信息、统一管理集群工作节点配置、为接入集群的业务应用提供集群工作节点的地址服务，以及服务端负载均衡等多方面能力。

（3）消息订阅及同步设计：任何需要收到指定主题消息的客户端都必须先和服务器集群建立长连接并且订阅消息，任何一个客户端的订阅信息都需要在每个服务器节点上保持同步。如果服务器节点由于某种原因而增加或者重启，这些新增或者重新启动的服务器节点也需要把前面的消息订阅同步过来。

（4）消息发布及转发设计：客户端发布消息时，需要把这些消息同样发布给其他订阅此消息主题的服务器节点。

（5）网络异常处理设计：第一，服务器节点需要和 Name Server 保持的心跳长连接；第二，服务器节点之间需要相互建立的长连接（主要用于消息订阅同步和消息转发）。针对第一种情况，需要专门的一个线程来定期检查和 Name Server 的连接情况，如果发现连接已经断开那么重新进行注册即可；第二种情况也需要定期检查，每个节点都需要考虑此时与自己保持连接的服务器节点是否和 Name Server 上的一致，如果不一致需要处理成一致。在处理网络异常的时候，如果两个服务器节点同时发现和对方的连接断开，那么它们会同时去连接对方，那么这个时候就可能同时建立两条连接，所以还需要有一种机制检查重复的连接建立情况，检查到以后关闭掉多余的连接。

（6）检查客户端连接设计：服务器节点的连接资源是非常宝贵的，因为需要支持更多的客户端，就需要更多的连接。但是客户端很多情况下并不会主动地释放这些连接和资源，那么服务器节点自身就应该有一套能够检测客户端是否还存活或者是否还需要这个连接的情况，一旦检测到某一个客户端连接已经断掉，那么服务器端就需要主动关闭连接，释放资源。

除此之外，集群服务功能还需要遵循优先保障 CAP 原则的 AP 模式。

3. NCS 通信功能设计原则

NCS 系统作为一类典型的分布式系统，其设计需要考虑三个方面的特性：一致性（Consistency）、可用性（Availability）、分区容错性（Partition Tolerance）。

NCS 系统的通信功能设计需要遵循 CAP 原则，即三个特性最多只能同时实现两个，不可能三者兼顾。三个特性的含义如下。

（1）一致性（C）：在 NCS 系统中的所有数据备份在同一时刻是否能够保持数据状态一致，即所有仿真节点任意时刻访问的数据及其备份的数据都是最新且一致的。

（2）可用性（A）：在集群中一个或一部分工作节点（通信服务器节点）发生故障后，集群整体是否还能继续响应仿真节点的通信请求，并继续提供通信服务，即对仿真节点的数据更新具备高可用性。

（3）分区容忍性（P）：以实际效果而言，分区主要体现了对通信的时限要求。NCS 系统如果不能在时限内达成数据一致性，就意味着发生了分区的情况，必须就当前操作在 C 和 A 之间做出权衡和选择。

由于分区容忍性（P）必然存在，因此网络通信服务器集群监管功能需要在 CP 和 AP 之间做出选择。如果选择 CP，则意味着集群监管功能需要在确保多个分布式实例数据一致的情况下才能对外提供服务；如果选择 AP，则意味着集群监管功能在多个分布式实例的数据不一致情况下也可对外提供服务，但从不同实例获取到的数据可能不同。

基于高性能的业务需求，以及集群监管功能在集群中所起的作用，优先保障集群监管模块能够对外提供服务，以确保网络通信功能可以持续高速运行是更优的选择，即 AP 模式。

对于 AP 模式带来的短时间内多个实例的数据不一致情况，可通过数据异步复制来实现数据的一致性。在 AP 模式下，当多个实例的数据不一致时，网络通信功能的运行受到的影响主要为：获取到的集群工作节点状态信息可能不准确、集群工作节点负载分配可能不均衡。这些影响不会对网络通信功能整体运行产生明显或致命的危害，并且随着各实例数据重新一致，这些影响将得以消除。

NCS 的网络通信采用 AP 模式优先保障可用性，避免因通信服务运行中断进而导致消息处理能力下降。

4. Windows 服务器的 I/O 模型设计

NCS 的消息通信传输可以支持同步方式和异步方式，而异步通信能够保证 NCS 网络通信具有更强的容错性，在 NCS 系统出现故障时依然可以确保数据的正常传输。为了满足 NCS 网络通信的运行高性能和稳定性需求，可以采用异步通信方式。

在处理多个并发的异步 I/O 请求时，一般的通信模型都是在收到通信请求时建立一个线程，在这种情况下，有多少个客户端，通信服务器就会有多少个线程，并且这些线程都会处于运行状态，操作系统必须在所有可运行的线程之间进行上下文切换，大大降低了通信的效率。

目前来说，IOCP 完成端口是 Windows 操作系统上性能最好的一种异步 I/O 模型，它能够充分利用 Windows 内核来进行 I/O 调度，并实现负载平衡。使用 IOCP，会大大减少线程切换带来的额外开销，最小化线程的上下文切换，减少线程切换带来的巨大开销。

IOCP 通常包含完成端口、客户端请求的处理和等待者线程队列三个组成部分，其中，完成端口用于存放重叠的 I/O 请求，其本质上就是一个通知队列，操作系统负责把已经完成 I/O 请求的通知放入其中。等待者线程队列包含一定数量的工作者线程，当某项 I/O 操作执行完毕时，其对应的工作者线程就会收到通知，并对结果进行处理。

5. Linux 服务器的 I/O 模型设计

事件驱动体系结构是目前广泛使用的一种方式，这种方式定义了一系列的事件处理程序来响应事件的发生，而且将服务器端接收连接和事件处理分离，事件本身只是一种状态的改变。在事件驱动的 NCS 应用中，会将一个或多个仿真节点的服务请求分离和调度给服务端程序。

如图 2-18 所示，Reactor 设计模式是事件驱动机制的一种实现方式，可理解为是一个单线事件模型，其中，单线指的是单线程，事件指的是事件触发，即当新连接、断开连接、收到数据这些事件到来时会触发某段代码。Reactor 模型用于处理多个客户端并发地向服务器请求服务的场景。每种服务在服务器上可能由多种方法组成。Reactor 会解耦并发请求的服务并分发给对应的事件处理器来处理。Reactor 逆置了事件处理流程，NCS 服务器端程序需提供相应的接口并在 Reactor 上注册，如果有相应的事件发生，Reactor 将主动调用服务器端程序注册的回调函数接口。

从结构上看，Reactor 设计模式与传统的生产消费模式相同，即一个或多个生产者会将事件放入一个队列中，一个或多个消费者主动从队列中拉取事件进行处理。Reactor 并没有使用队列来做缓冲，每当一个事件输入到服务处理程序之后，服务处理程序会主动根据不同的事件类型将其分发给对应的请求处理程序进行处理。

Reactor 设计模式主要是为了处理并发服务请求，并将请求提交给一个或多个服务器端处理程序。当客户端请求抵达后，服务器端处理程序使用多路分配策略，由一个非阻塞的线程来接收所有请求，然后将请求派发到相关的工作线程并进行处理。Reactor 设计模式主要是提高系统的吞吐量，在有限的资源下处理更多的事情。Reactor 设计模式的优点如下。

（1）实现相对简单，对于耗时短的处理场景处理高效。

（2）允许操作系统在多个事件源上等待，有效减少了多线程编程中的性能开销和编程复杂性。

（3）事件的串行化对应用是透明的，可以顺序地同步执行而不需要加锁。

（4）实现了与应用无关的多路分解、分配机制和与应用相关的回调函数之间的事务分离。

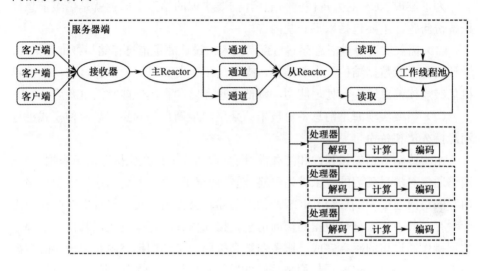

图 2-18　主从 Reactor+线程池模型原理图

6. 高量级 QPS 消息实时转发

为了实现 NCS 中的大规模网络通信，第二个需要解决的问题是基于关键字和发布订阅的消息高效转发技术，需要实现以下几个方面的工作。

（1）构建基于关键字路由的消息转发模型和基于发布订阅路由的消息转发模型，支持基于关键字、主题的消息与队列绑定，满足单服务器百万量级消息转发的要求，并对其进行时延、吞吐量等性能进行测试验证。

（2）构建消息转发模型管理框架，支持消息转发模型在线创建和上线运行。

（3）需要实现基于继承和通配符的 Topic 匹配技术，在基于 Topic 消息发布订阅模式下，Topic 可以是面向对象的类继承结构，订阅父类 Topic 消息的消费者同时也可以接收子类 Topic 类型的消息，需要对消息属性进行过滤；基于通配符的 Topic 消息匹配要求 Topic 满足某种表达式即可建立消息生产者和消费者之间的路由；构建基于继承和通配符的 Topic 匹配模型，并对其性能进行测试。

（4）需要实现 Topic 和 Queue 规模可扩展技术，消息转发模型的性能随着 Topic 和 Queue 规模的增加而降低，对 Topic 和 Queue 规模可扩展性进行性能测试，根据测试结果，研究 Topic 和 Queue 管理应用模型，支持万级规模的 Topic 和 Queue 并优化其性能。

2.3.3 亿级消息堆积备份技术

为了实现 NCS 的大规模网络通信，需要实现的第三个问题就是亿级消息堆积备份问题，主要包括以下一些内容。

（1）需要实现海量消息存储与查询技术：设计海量消息存储与查询的架构，设计消息存储数据结构和索引结构，支持基于键值和时间的消息查询，支持单机亿级规模消息堆积和处理能力，降低消息存储和查询性能时间复杂度。

（2）需要实现海量消息备份技术：采用异步刷盘和同步刷盘两种模式进行消息持久化和备份。

由于传输数据的累积性和持久性，网络通信需要持久化保存消息数据。NCS 网络通信对消息延迟的要求较为严格。通常情况下，磁盘的访问速度为微秒级，内存的访问速度为纳秒级。NCS 通信服务器端会把所有传输的数据在内存中进行缓存，其中，大部分数据的访问请求直接在内存缓存中完成，其他一小部分数据操作通过访问磁盘完成。服务器端会按照一定的周期将内存中缓存的数据写入磁盘。因此，NCS 通信服务器端的数据存储模块为了达到高吞吐、低延时的设计目标，主要依靠页缓存、顺序写入和数据压缩等技术减少服务端 I/O 压力，从而提高消息存储/读写效率。

1. 设计原理

NCS 网络通信模块在数据传输过程中，需要为传输的数据提供持久性与可靠性保障，因此需要具备数据存储功能。同时 NCS 网络通信模块还要确保数据传输的时效性，并可支持适应大规模仿真业务场景下的海量数据存储。

对于 NCS 系统的通信功能来说，高效的存储效率极为关键，应该尽量减少对第三方工具的依赖。因此，本书给出一种持久化存储机制。

为了提高存储性能，NCS 系统的通信功能使用文件系统持久化存储机制将用到数据分片、刷盘及复制方式、顺序写磁盘、mmap 内存映射、零拷贝读取等技术。

2. 存储结构

目前的消息队列主要有两种存储结构，一种是独立型的存储结构，一种是混合型的存储结构。

独立型存储结构的主要特点是每个队列一个文件，将不同的 Topic 主题分开存储，每个主题又被划分为若干个分区，每个分区对应一个本地文件夹，并且每个分区又被划分为多个日志分段，每个日志分段对应一个日志文件和两个索引文件。这种方式的主要缺点是随着业务增长，Topic 的数据增多，集群负载增大，性能下降较大，延迟也明显增大。

混合型存储结构如图 2-19 所示，该结构的主要特点是通信服务工作节点单个实例下所有队列共用一个数据文件来存储。它的不足之处是存在较多的随机读操作，因此读的效率相对偏低；同时消费消息需要依赖消费队列，构建该逻辑消费队列需要一定开销。但是随着业务增长，Topic 的数据增多，集群负载增大，混合型存储结构对性能却影响不大，延迟也较独立型存储结构明显较低。

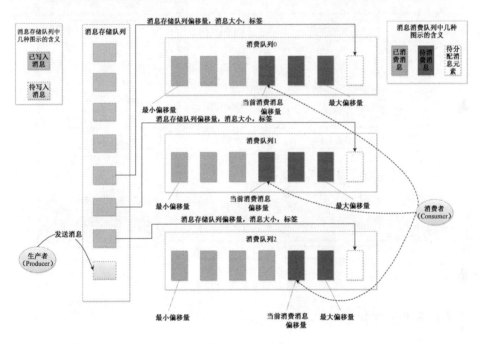

图 2-19　混合型存储结构

3. 数据分片

数据分片的主要目的是突破单节点资源的限制而实现总体存储能力的扩展，通过数据分片可以实现在每个通信服务工作节点机器上存储数据。从分布式集群设计章节中可以看出，在消息服务系统中，一个 Topic 可以分布在各个通信服务工作节点上，一个 Topic 分布在一个通信服务工作节点上的子集可以定义为一个 Topic 分片，将 Topic 再切分为若干等份，便是消息队列。

如图 2-20 所示，Topic1 有三个 Topic 分片，分别分布在通信服务工作节点
1、通信服务工作节点 2、通信服务工作节点 3 上；Topic2 有两个 Topic 分片，
分别分布在通信服务工作节点 1、通信服务工作节点 2 上；Topic3 有两个 Topic
分片，分别分布在通信服务工作节点 1、通信服务工作节点 3 上。

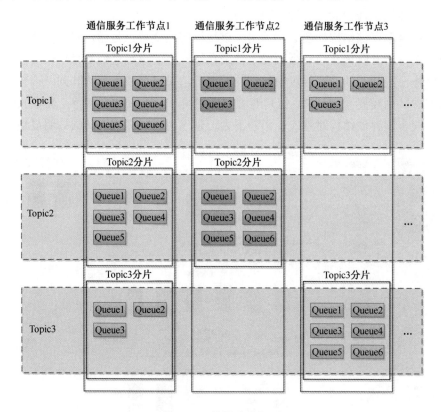

图 2-20　数据分片规则

4. 刷盘及复制

1）刷盘方式

持久化的数据是需要存储到磁盘上的，这样既能保证断电后恢复，又可以
让存储的数据量超出内存的限制。如图 2-21 所示，为了提高性能，提供以下两
种写盘方式。

（1）同步刷盘方式：在返回写成功状态时，数据已经被写入磁盘。具体
流程是，数据写入内存映射文件后，立刻通知刷盘线程执行刷盘操作，然后
等待刷盘完成，刷盘线程执行完成之后唤醒等待的线程，返回数据写成功的
状态。

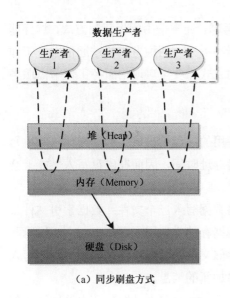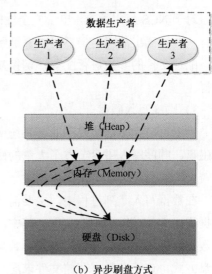

（a）同步刷盘方式　　　　　　　　　　（b）异步刷盘方式

图 2-21　刷盘方式

（2）异步刷盘方式：在返回写成功状态时，数据只是被写入了内存映射文件，写操作的返回快，吞吐量大；当内存中的数据量积累到一定程度时，统一触发写磁盘操作，将数据快速写入磁盘。

NCS 网络通信一般采用异步刷盘方式。两种方式通过通信服务工作节点配置文件的参数进行配置，切换刷盘方式需要重启通信服务工作节点服务器群。

2）复制方式

如果通信服务工作节点组有主通信服务工作节点和从通信服务工作节点，数据需要从主通信服务工作节点复制到从通信服务工作节点，有同步和异步两种复制方式。

（1）同步复制方式：主通信服务工作节点和从通信服务工作节点都写入成功之后才将写成功状态结果反馈给仿真节点。

（2）异步复制方式：只要从通信服务工作节点写入成功就将写成功状态结果反馈给仿真节点。

以上两种复制方式各有优缺点，异步复制方式的优点是延迟较低和吞吐量较高，其缺点是当主通信服务工作节点出现故障时，部分数据由于未能被写入从通信服务工作节点而丢失；同步复制方式的优点是当主通信服务工作节点出现故障时，从通信服务工作节点拥有全部的备份数据，因此更容易将运行状态恢复，其缺点是增大了数据的写入延迟和降低了 NCS 系统吞吐量。

对于 NCS 应用而言，出于安全性的考虑，通常采用同步复制方式，这样即使有一台机器出故障，仍然可以保证数据不丢失。两种方式通过通信服务工作节点配置文件的参数进行配置，切换复制方式需要重启通信服务工作节点服务器群。

3）顺序写入磁盘

由于目前大多数情况下业务系统所使用的磁盘为机械结构，相比于随机写入磁盘，顺序写入磁盘节省了大量的磁盘寻址时间，因而在磁盘写入性能上会有较大的提升。

在数据写入队列过程中，主要需要将数据写入三个文件：数据索引文件、数据描述文件、数据存储文件。其中，数据存储文件用来存储 NCS 业务数据，是数据存储量最大的文件。因此，数据存储文件的写入操作通常采用顺序写入磁盘方式，连续在数据存储文件末尾处追加新的消息。

对于记录在消息存储文件中的每条消息，其存储文件即文件内的偏移量信息被记录在消息描述文件。通过读取消息描述文件中一条消息的位置信息，即可快速定位该条消息在消息存储文件中的位置。

4）mmap 内存映射与零拷贝

mmap 内存映射与零拷贝技术都是为了减少数据从磁盘到用户进程中的复制操作，使数据传输更为高效，提高用户的访问速度。从综合性能来说，零拷贝技术的优化性能在一定程度上高于 mmap 内存映射；从与中间件系统的匹配性来说，mmap 内存映射要优于零拷贝技术。综合考虑中间件系统应用需求，本系统采用 mmap 内存映射技术。

mmap 内存映射的设计实现如图 2-22 所示，mmap 内存映射和普通标准 I/O 操作的本质区别在于它并不需要将文件中的数据先拷贝至 OS 的内核 I/O 缓冲区，而是可以直接将用户进程私有地址空间中的一块区域与文件对象建立映射关系，这样程序就好像可以直接从内存中完成对文件读/写操作一样。在内存映射的过程中，并没有发生真实的数据拷贝，文件没有被真正地载入内存，只是逻辑上被放入内存。对于容量较大的文件来说（文件大小一般需要限制在 2GB 以下），采用 mmap 内存映射的方式读/写的效率和性能都非常高。

5）页缓存

页缓存（PageCache）是操作系统对文件的缓存，用于加速对文件的读写。通常情况下，程序对文件进行顺序读写的速度基本接近于其对内存的读写访问速度，其主要原因在于操作系统使用 PageCache 机制对读写访问操作进行了性能优化，将一部分的内存用作 PageCache。

（1）对于数据文件的读取，如果一次读取文件时出现未命中 PageCache 的情况，操作系统从物理磁盘上访问读取文件的同时，会顺序对其他相邻块的数据文件进行预读取。这样，只要下次访问的文件已经被加载到 PageCache 中，读取操作的速度基本等于访问内存的速度。

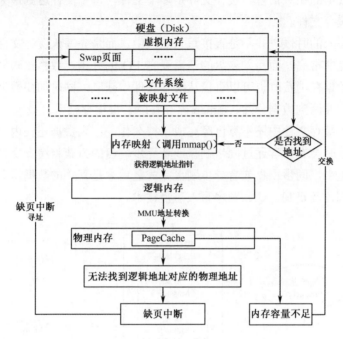

图 2-22 mmap 内存映射工作原理

（2）对于数据文件的写入，操作系统会先写入 PageCache 内，随后通过异步的方式由内核线程将 PageCache 内的数据刷盘至物理磁盘上。

对于文件的顺序读写操作来说，读和写的区域都在操作系统的 PageCache 内，此时读写性能接近于内存。读写流程为：将数据文件映射到操作系统的虚拟内存中，写消息的时候首先写入 PageCache 内，并通过异步刷盘的方式将消息批量地进行持久化（同时也支持同步刷盘）；订阅消费数据时，由于 PageCache 的局部性热点原理且整体情况下还是从旧到新的有序读，因此大部分情况下消息还是可以直接从 PageCache 中读取，不会产生太多的缺页（Page Fault）中断而从磁盘读取。

PageCache 和 mmap 内存映射技术搭配使用，可以很大地提高数据的传输效率。

5. 实现流程

NCS 通信功能的数据持久化写入流程如图 2-23 所示。首先通信服务工作节点接收到数据发送者的数据，然后将数据顺序写入缓存文件中，缓存文件中就存储了数据的相关信息。缓存文件是多个文件，每个文件达到最大值时，会创建新的缓存文件。

数据写入的时候，并不是直接写入磁盘中，而是先写入缓存文件中，写入内存的性能非常高，而写入磁盘的话需要有 I/O 的开销，效率比较低，而且这时写入的数据在消费时也可以直接从缓存文件中获取，同时加快数据消费的速度。这里需要用到数据分片、mmap 内存映射、页缓存技术。

写入了缓存文件中还不算已经完成了持久化，因为数据还在内存中，不在磁盘上，这时会有线程通过同步刷盘或者异步刷盘的方式将缓存文件中的数据写入到磁盘中，同步刷盘或者异步刷盘完成之后才是真正的数据持久化。这里需要用到刷盘及复制方式、顺序写入磁盘技术。

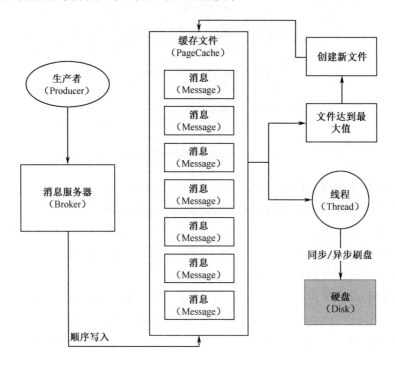

图 2-23   数据持久化写入流程示意图

NCS 系统通信功能的数据持久化读取流程如图 2-24 所示。NCS 通信服务端从缓冲文件中查找数据；如果 NCS 通信服务端在 PageCahe 中找到数据则获取数据，然后发送给数据消费者；如果 NCS 通信服务端在 PageCahe 中未找到数据，则映射数据到 PageCahe 中，然后再次查找数据并发送给数据消费者。这里需要用到 mmap 内存映射、页缓存技术。

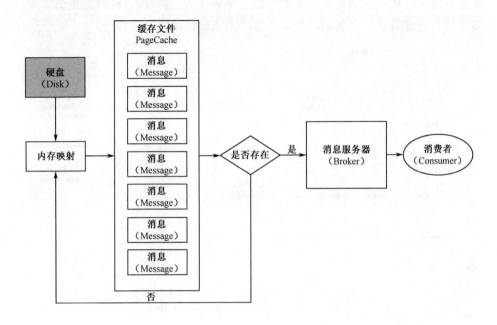

图 2-24　数据持久化读取流程示意图

2.3.4　运行流程设计

1. 客户端运行流程

NCS 仿真中间件网络通信功能中每个仿真节点客户端运行流程如图 2-25 所示。

2. 整体运行流程

在 NCS 联合仿真运行过程中，网络通信功能为仿真服务功能提供网络接入及通信链路管理、消息报文解析及路由转发、发布订阅处理及 QoS 匹配等网络通信功能支撑。同时，消息通信功能能够屏蔽异构软硬件环境（包括异构网络环境、多种操作系统等）带来的差异性，为仿真服务功能提供统一的网络通信接口及功能支持，使其具有良好的可移植性和通用性。

仿真节点通信过程中，网络通信功能依据仿真服务功能初始化时建立的配置（发布订阅关系等），通过 API 或进程通信机制与仿真服务功能交互，网络通信功能负责将 NCS 运行时的数据以 TCP 或 UDP 协议的方式进行数据传输。仿真服务运行过程中网络通信功能可提供支持多种通信协议、多种消息传输模式、多种消息传输方式、多种消息数据类型的网络通信功能。

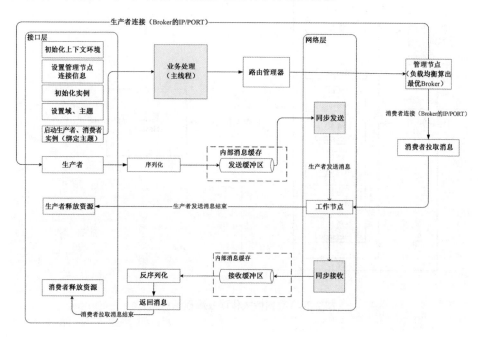

图 2-25 客户端运行流程

如图 2-26 所示，在仿真初始化阶段，网络通信功能负责配置并建立所有仿真节点的网络连接，并在仿真运行过程中管理、监测所有网络连接。仿真节点与仿真中间件通过两种连接方式（TCP 或 UDP 方式）更新属性或发送交互。网络通信功能能够以异步方式接收仿真节点发送的消息，依据不同的消息类型，分别提交给仿真服务功能处理（参数配置和控制指令类消息）或提交给发布订阅处理模块（属性更新、交互类消息）。网络通信功能能够维护并管理消息发布订阅矩阵，并且能够对消息进行高效路由转发，将消息传递给相应的仿真节点。网络通信支持 QoS 策略匹配，支持网络传输优化，有效降低网络负载、提高网络数据传输性能。

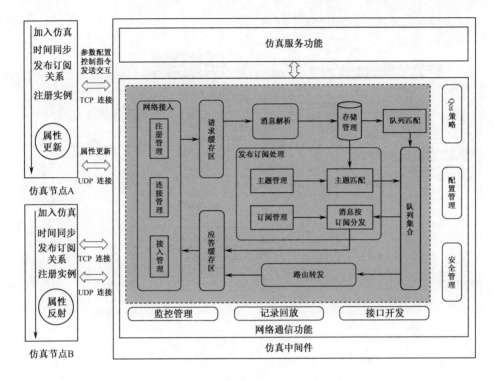

图 2-26　整体运行流程

2.3.5　仿真与通信融合

为了实现上述网络通信关键技术，需要寻找一个相关技术的实现载体。如图 2-27 所示，本书给出一种基于 C/S 架构的实现 NCS 网络通信功能载体，图中序号给出的是关键步骤流程，箭头表示数据的流转。

（1）服务器的 Channel 管理器负责建立、回收和管理仿真节点的连接。

（2）服务器的消息处理器以异步的方式接收和处理参数配置和控制指令消息，属性更新、发送交互消息提交给消息交换器处理。

（3）消息交换器更新消息发布订阅矩阵路由消息，将消息传递给相应的仿真节点。

（4）仿真节点有逻辑主流程和隐式消息接收线程，采用异步消息处理模式。

（5）构建仿真节点标识和传输通道 Channel 之间的映射表；构建发布订阅关系矩阵和 Channel 之间的映射表。

（6）在消息结构表头增加消息类型和属性 ID 或交互 ID，使得消息处理器可以快速识别消息的类型，确定是参数配置、控制指令、属性更新还是发送交互，以便交给相应的流程处理。

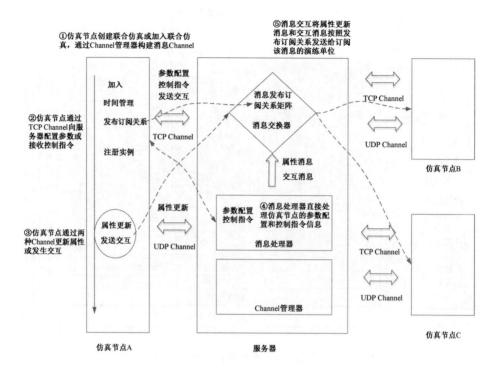

图 2-27 仿真服务与通信服务的融合机制

NCS 通信服务工作节点为了保证数据的可靠传递，会对数据进行持久化存储，同时还需要确保整个通信服务工作节点集群的稳定性。这种模型实现了发布者、订阅者在时间、空间、流程上的解耦。

（1）时间解耦：数据发送节点和数据接收节点无须同时在线就能够进行数据传输，NCS 的通信中间件通过存储转发提供了这种异步传输的能力。

（2）空间解耦：数据发送节点和数据接收节点都无须知道对方的物理地址、端口，甚至无须知道对方的逻辑名字和个数。

（3）流程解耦：数据发送节点和数据接收节点在发送和接收数据时并不阻塞各自的控制流程。

1. 仿真服务对网络通信的依赖

仿真服务对网络通信的依赖体现在服务请求/响应消息和仿真状态数据的发送与接收方面，客户端节点在 tick() 函数中处理 TSO 消息队列和 RO 队列。客户端接收的来自服务器端的仿真服务响应消息存储在 RO 队列中。

如图 2-28 所示，在服务器端设置专门的消息泵模块，负责接收来自客户端的仿真服务请求信息，并分发给相应的服务器模块进行处理；也能够将来自服务器端各个服务器模块的服务响应消息传递给网络通信层，然后传递给相应的仿真节点客户端。

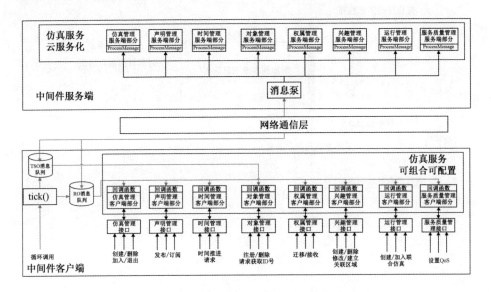

图 2-28 仿真服务与通信服务的融合方法

如图 2-29 所示，时间管理模块需要对数据收发进行控制，数据接收执行设计步骤如下。

（1）仿真节点调用时间管理模块的接口开启订阅消息线程。

（2）仿真节点调用时间管理模块的接口开启拉取消息线程。

（3）订阅消息线程定时循环调用仿真节点的网络通信模块的订阅消息接口向中间件服务器端的通信模块订阅消息。

（4）仿真服务器端将订阅消息的结果返回给仿真节点客户端。

（5）仿真节点客户端收到订阅的消息后将消息添加到时间管理模块的消息队列中。

（6）拉取消息线程定时循环从时间管理模块的消息队列中拉取消息，并根据不同的消息类型调用仿真节点相应的回调接口。

2. 消息泵

消息泵是仿真服务器端与通信服务器端的主要交互渠道和融合手段，负责在服务器端接收网络消息并分发给相应的服务，实现过程包括：从消息队列中取出一条消息；取得消息后先进行消息转换，从消息中取得相应的命令字；以表驱动方式对消息进行分发；业务模块获取下发的消息并进行处理，这里业务模块指的是中间件的仿真服务功能模块。

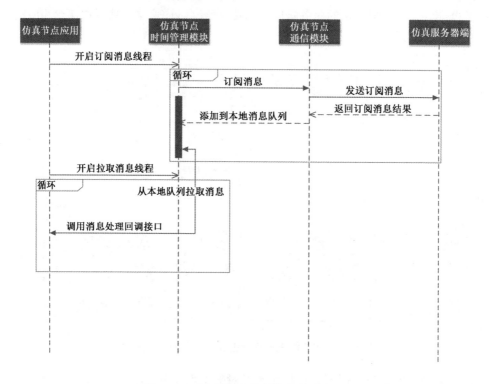

图 2-29 时间管理与数据接收的时序图

3. 发布订阅通信

传统的分布式仿真中的通信都采用点对点的通信模式，数据发送节点在对数据进行打包时，必须明确地给出接收节点的地址。因此，即使能够实现数据发送节点与数据接收节点之间的松耦合，降低通信过程中的同步难度，但是在数据中必须绑定接收节点的地址，使得这种模式在大型 NCS 应用系统中的灵活性不足、可扩展性差。因此，本书采用发布订阅通信模式，在该模式中主要由消息代理服务器通信服务工作节点、消息客户端组成，其中，消息客户端包含数据发布者和订阅者两类。

需要指出的是，NCS 系统中通常支持基于"推"和"拉"两种对象状态更新机制。在"推"模式下按需配置仿真对象更新周期，可大幅减少不必要的通信开销。在"推"模式中，通信系统引发中断，并迫使节点立即对报文采取行动，报文的时间控制权委托给了节点的环境；在"拉"模式中，通信系统将报文存储于某个中间位置，节点周期性地查看新报文是否已经到达，时间控制权保留在节点内部。

2.4　仿真通信规模估算

在设计 NCS 系统的时候，需要掌握系统节点规模和网络通信需求，因此需要进行系统规模测算。由于 NCS 系统很复杂，每个仿真节点发送数据量不同，因此难以进行精确测算。本节以一个仿真步长内每个仿真节点至少广播一次数据的场景为例，分析 NCS 系统的通信需求。

2.4.1　带宽需求估算

假设 NCS 系统的通信结构如图 2-30 所示，该场景中包含 20000 个仿真节点，每个仿真节点对应一个主题消息。在一个逻辑时钟步长内，每个仿真节点通过广播通知其他仿真节点自己的状态。一个逻辑时钟步长内的其他通信带宽忽略不计，仿真（或通信）服务器采用集群模式。由于略去了其他通信带宽的影响，因此，该 NCS 系统的实际带宽需求一定大于估算值。

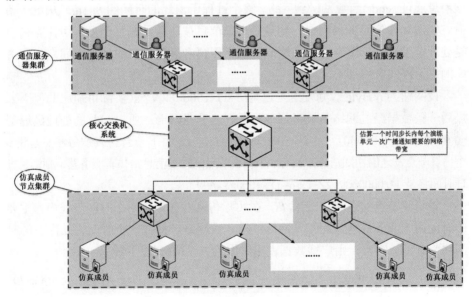

图 2-30　某 NCS 系统带宽需求估算的通信结构

1. 前提假设

假设条件如表 2-3 所示，根据这些假设条件，估算状态通知消息广播时 NCS

系统所需要的网络带宽大小。假设每个仿真节点每次广播的数据内容为 50 个 double 型数据，其数据大小为 50×8=400Byte，每个 double 型数据再有 8Byte 的标识，标识长为 50×8=400Byte，再加上 26Byte 链路头和 40Byte 的 TCP 包头。假设 NCS 系统附加 59Byte 的消息包头，则每个仿真节点在一个仿真步长内发送的数据为 925Byte，取整按 1000Byte 估算。

表 2-3　带宽需求估算假设条件

序号	指标	数值
1	仿真节点数量	20000 个
2	消息包大小以传 50 个 double 型数据的长度估算	1000Byte
3	消息主题粒度	仿真节点
4	发布订阅方案	广播
5	一个时间步长内每个仿真节点的数据发布次数	1 次

2. 估算过程

仿真节点通过千兆网卡发一条大小为 1000Byte 的消息到仿真服务器集群中的一台，发送延迟大约为 8μs，假设网络传输延迟为 Zs，网络排队时间为 0s。

仿真服务器读取一条大小为 1000Byte 的消息，并将其复制到队列中，再将该消息通过 send()函数发送到网络，整个过程所消耗的时间约为 1μs。从第一条信息发送到通信服务器网卡，到最后一条信息被取走，在整个过程中计算机数据处理速度远大于网卡传输速度，所以不用再考虑计算机的处理时间，只需考虑网络消耗的时间即可。

设网速为 NByte/s，则发送延迟为 $(n-1)\times1000\times8\times N^{-1}$s（实际可能比此值小），最后一条数据经过网络传输延迟 Zs 后到达千兆网卡。所以，总的处理延迟是 $[0.000008+Z+0.000001+(n-1)\times1000\times8\times N^{-1}+Z]$ s。由于一台仿真服务器要处理多个仿真节点发送的通知消息，设有 y 个仿真节点同时发消息给仿真服务器，则消息处理时间将是 $[0.0000009+2Z+y\times(n-1)\times1000\times8\times N^{-1}]$ s。

设仿真节点的逻辑步长为 Ts，在实际仿真业务中，一个时间步长内，主要的时间用于业务处理，而不是网络广播。设网络广播在一个时间步长内占的时间比为 b（$0<b<1$），则广播数据占用时间为 bT，则有以下关系

$$0.000009 + 2Z + \frac{y\times(n-1)\times1000\times8}{N} < bT, \quad 0<b<1 \qquad (2\text{-}8)$$

如果 $n=20000$ 个仿真节点，网卡速度为 $N=10$Gbps，$y=1$，则发送延迟为 0.016s。

鉴于 0.000009s 相对于 0.016s 太小，所以，当有 20000 个仿真节点时，

0.000009s 就忽略不计了，即仿真节点发送网络延迟和第一个数据包的处理时间可以忽略不计，只考虑网络延迟和万兆网排队就可以了。所以，关系简化成 $2Z+y\times(n-1)\times1000\times8\times N^{-1}<bT$，化简后得到

$$T>\frac{2Z+y\times(n-1)\times8000\times N^{-1}}{b} \tag{2-9}$$

万兆局域网中实测，网络延迟 14～60μs，此时，网络延迟也可以忽略不计，T 变为

$$T>\frac{y\times(n-1)\times8000}{bN} \tag{2-10}$$

从式（2-10）可以看出，当有 20000 个仿真节点时，要想缩小 T，就需要提高仿真服务器网卡速度 N、减少 y（$y\geqslant1$），增大 b。提高网卡速度，就得提高核心交换机的速度。在一个时间步长内，业务占一个步长周期的主要时间，通知广播应占小部分时间，但是由于广播包数据量大，所以，$b=0.4$ 是较合理的值。

如果仿真节点直接连接千兆网，仿真服务器直接连接万兆网，这就要求从万兆网出来的数据，千兆网要能接收。考虑一个简单的直连场景，如果每个仿真节点配备一个千兆网卡，则 20000 个仿真节点就需要 2000 台仿真服务器用于网络通信，每个节点广播的数据才能被所有千兆网接收，这时 $y=10$。如果将通信服务器和仿真节点客户端的网卡速度分别提高为千兆网的 100 倍和 10 倍，当局域网中 $y=5$ 时，$T>0.02$s。

2.4.2　节点数量估算

某 NCS 系统结构如图 2-31 所示，该场景估算只有一台通信服务器，且通过一个千兆网卡与系统相连。由于千兆网带宽有限，据此估算出来一个时间步长内的每个仿真节点广播一次时，服务器所能接受的最大仿真节点数。需要强调的是，实际 NCS 系统能承载的仿真节点数应小于这个数。

从图 2-31 中可以看到，由于状态通知消息先由仿真节点发送到通信服务器，再由通信服务器广播给其他仿真节点，且网络全双工，因此，这里只考虑向下的广播，不考虑向上的数据发送。

1. 前提假设

假设条件如表 2-4 所示，每个仿真节点对应一个消息主题，设能承载的最大仿真节点数为 n，在一个时间步长内每个仿真节点都要通知其他 $n-1$ 个仿真节点自己的状态，则系统总通知消息数量为 $n(n-1)$ 条。

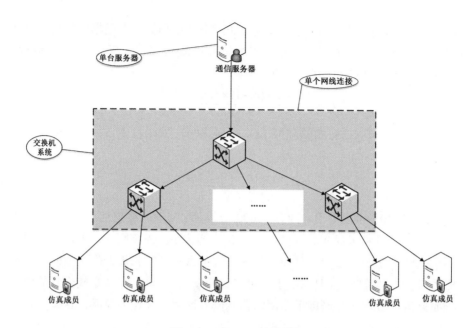

图 2-31 某 NCS 系统结构

表 2-4 节点数据估算假设条件

序 号	指 标	数 值
1	网络交换带宽	1000Mbps（千兆网）
2	逻辑时间步长	100ms
3	通知消息包大小以传 50 个 double 型数据的长度估算	1000Byte
4	上传数据回应包数据量	忽略不计（实际对估算没有影响，有数据时回应包写在数据包头中，网络流量小时才会占用少量带宽）
5	消息通信系统	单节点
6	消息主题粒度	仿真节点
7	通信服务器	1 台

2. 估算过程

以每条消息大小为 1000Byte 计算，加上各种包头 125Byte，则总的广播传输消息数据量大小约为 $1000 \times n(n-1)$Byte。设广播通知消息在 100ms 的仿真步长中只占 40ms 的时间，则每秒的通信数据量为 $[1000 \times n(n-1)/0.04]$Byte $= 25000n(n-1)$Byte。千兆网每秒最大的传输字节数为 125MB，因此，必须满足 $25000 \times n(n-1) < 125$MB，解不等式得 $n < 71.2$。注意此处在计算时为了简便，将 M 取值为 1000000，而不是 1024×1024。

3. 分析结论

千兆网络环境下，逻辑时间步长设定为 100ms，消息包大小不超过 1000Byte，网络延迟忽略不计，单台通信服务器且只考虑一个时间步长内每个仿真节点只发一次广播通知，且在 100ms 的仿真步长内，其他处理占用的时间为 60ms，广播数据占用的时间为 40ms，则理论上所能承载的最大仿真节点数量为 71 个。

同理，在相同的假设条件下，如果只改变网络带宽，则推算出的结果为：万兆网络环境下，理论上可支持的最大联合仿真节点数量为 224 个；100GB 网络环境下，理论上可支持的最大联合仿真节点数量为 707 个。

2.4.3 估算偏差分析

当 NCS 系统以固定时间步长推进时，步长的结束是以所有节点结束为条件的。如果 20000 个仿真节点中有任何一个仿真节点运行时间很长，则上面的估算值就得重新计算，所以估算结果和实际情况可能会有很大的偏差。

影响估算结果的主要因素如下。

（1）通知消息的大小。以上是以平均每个仿真节点的通知消息有 50 个 double 型数据来估算的，如果在 NCS 应用设计时，平均一个仿真节点的通知消息设计为 500 个甚至 5000 个 double 型数据，则以上估算就会失去意义。如果仿真应用设计的通知消息是 500 个 double 型数据，则只能扩大时间步长到 2.24s 来解决问题。

（2）数据分发的方法。如果能设计出好的状态通知包的分发过滤规则，平均每个仿真节点只通知和自己相关联的 1000 个仿真节点，则以上的硬件估算能承载的仿真节点数量就会翻 20 倍，达到 40 万个仿真节点。

以上的估算，基本假设是通信服务器中程序运行比网络快，如果提高通信服务器的网络带宽到 100GE，折合字节数已是 12.5Gbps，由于内存间核 memcpy 速度才 6Gbps，这时系统的瓶颈会是 CPU，而不再是网络，则以上估算就会失去意义。

联合仿真实际运行中的逻辑时间步长可能比带宽需求估算中的大，因为一个逻辑时间步长的完成是以 20000 个仿真节点中运行最长的一个仿真节点的完成才能结束，这时广播通知消息所用时间占实际时间步长的比值也会变大。

2.5 网络延迟的补偿

通信物理层为 NCS 引入了资源限制，如网络带宽、网络延迟等，这些要素反映了底层网络硬件的能力和性能。可以说，通信物理层的资源限制为 NCS 系统的规模和性能提升设置了边界。

在同机房服务器的局域网环境下，网络延迟通常小于 1ms；不同机房服务器的局域网的延迟通常在 1ms 左右。在广域网中，一般可以认为网络延迟在几十毫秒左右。

在 NCS 系统研发上可以通过一些技术手段来降低网络延迟影响，遵循的原则如下。

（1）最大可能地减少仿真中的数据传输。

（2）将阻塞通信放到线程池中实现。

（3）不要为了等待某个数据而不让仿真进行下去。

（4）利用预测和插值改进仿真的效果。

（5）当使用预测插值的时候传送的数据不仅包括坐标，还需要速度和加速度。

（6）将数据加锁或队列化，直到下次发送数据的时刻。

（7）使用事件调度表，将需要在所有仿真节点同时发生的事件提前广播到所有用户。

（8）尽量减少一次性、确定性、延时敏感的事件。

（9）最大可能地合并仿真中前后相关的事件。

2.5.1 经典的补偿方法

本节我们针对采用 C/S 架构的 NCS 系统的网络延迟问题，分析几种经典的补偿措施。

1. 措施一：在服务器端增加延时

最简单的降低网络延迟影响（此处主要是为了提高公平性）的方法就是在服务器端人为地增加延时，即增加网络延迟小的仿真节点的等待时间。如图 2-32 所示，在服务器端人为增加仿真节点 A 的延迟时间。

这种提高公平性的方法本身也存在问题,因为它使整个 NCS 系统的响应性受"最慢"的仿真节点的限制,这里的"最慢"指的是延时最大。从技术实现上看,现在基于 HLA 的分布式仿真运行平台,如 KD-RTI、pRTI、OpenRTI 等,所采用的基于保守逻辑时间同步的仿真推进策略本质上也属于这种方法,只是关注的角度不同而已。

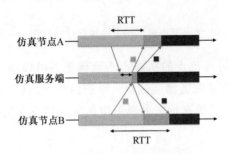

图 2-32　在服务器端增加 RTT

值得一提的是,对于一些没有专门设计机器时间同步的 NCS 系统而言,可以通过选取一个仿真节点作为实时仿真节点,其他节点可以不是实时运行的。通过使该实时仿真节点成为整个 NCS 系统的最慢节点,使得系统可以实时运行,并可以控制系统的推进步长。

2. 措施二:仿真节点客户端本地执行

如图 2-33 所示,为了提高 NCS 的响应性,最直观的方法就是减少仿真节点客户端与服务器端的请求响应的等待时间,即仿真节点客户端直接在本地执行仿真计算,不需要等待仿真服务器端的许可反馈。

这种方法从实用性上来看,最适合 NCS 中的资源异构性的特点,因为每个 NCS 节点本身的很多业务都是触发了相应的条件就可以自动执行的,通常不需要与服务器端进行请求响应的控制过程。现有使用 DDS、UDP 等通信方式实现的很多 NCS 系统就带有仿真节点客户端本地执行的特点。

如图 2-34 所示,这种方法属于乐观的实现策略,其最大的问题在于容易产生仿真状态的不一致。

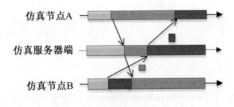

图 2-33　仿真节点客户端本地执行

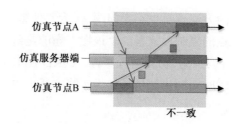

图 2-34　仿真节点客户端本地执行时的状态不一致现象

　　为了缓解各个仿真节点的状态不一致问题，可以引入状态修正环节。如图 2-35 所示，我们知道服务器端是负责维护仿真状态的权威节点，所以可以通过使用来自服务器端的仿真状态来修正仿真节点的仿真状态，提高仿真状态一致性。

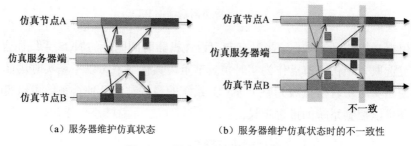

（a）服务器维护仿真状态　　　　　（b）服务器维护仿真状态时的不一致性

图 2-35　服务器端维护仿真状态

　　当以这种乐观方式进行推进时，即每个仿真节点先进行仿真计算，然后再根据接收到的服务器数据进行状态修正。状态的修正过程如图 2-36 所示。

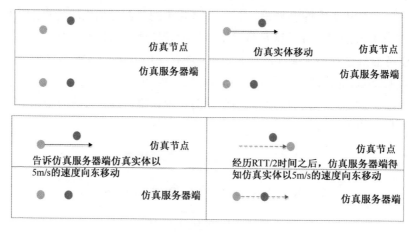

图 2-36　乐观推进时的仿真节点状态修正过程

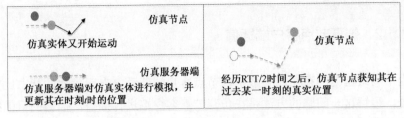

图 2-36　乐观推进时的仿真节点状态修正过程（续）

3. 措施三：仿真节点客户端引入本地延迟

对于能够允许轻微响应延时的 NCS 应用，可以通过在仿真节点客户端引入本地延迟来提高一致性，即仿真节点客户端在更新仿真状态之前等待一定的时间 t。

如图 2-37 所示，这样就可以在响应性和一致性之间寻找一个平衡。从以往 NCS 系统研发经验可知，通常需要先进行 NCS 系统构建，然后再去进行修正，也就是时间 t 的选择。

在有真实武器装备参与的 NCS 应用中，往往需要系统实时运行。通常的做法是使仿真按照固定的实时步长推进，其技术实现与这种方式存在一定的相似性，也需要再时间控制策略节点本地增加延时，从而保证固定的仿真步长。

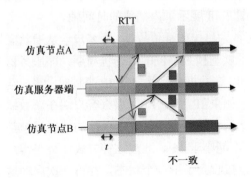

图 2-37　仿真节点客户端引入本地延迟的状态不一致性

2.5.2 仿真节点客户端插值

由于网络延迟的存在，导致仿真节点客户端感觉来自服务器的状态比实际速度慢。缓解这一问题的方法是在仿真节点客户端进行插值。插值的目的很简单，就是保证在同步数据到来之前让本地的仿真实体能有流畅的表现，能够获取其业务计算所需要的数据。

插值分为内插值（interpolation）和外插值（extrapolation，或者称为外推法）两种。内插值的目的是解决客户端离散信息更新导致的突变问题，外插值的目的是解决网络延迟过大或者抖动导致间歇性收不到数据而卡顿的问题，两种方案并不冲突，可以同时采用。

1. 内插值

内插值是一种通过已知的、离散的数据点，在特定时间范围内进行内推产生新数据点的方法（重建连续的数据信息）。在 NCS 系统中，内插值根据已知的离散数据点在一定时间内按照一定算法去模拟在点间的状态轨迹。内插值算法本质上是用误差换取平滑，可以适用于对延迟要求不是很高的仿真应用。内插值具体的实现方法有很多，如片段插值、线性插值、多项式插值、样条曲线插值、三角内插法、有理内插、小波内插等。

在 NCS 中，内插值方法可以用来降低状态更新消息的发送频率，并估计两次仿真推进之间的状态信息，以此来降低网络带宽的消耗。当使用客户端插值时，仿真节点客户端不是自动将仿真实体移动到服务器发送来的新位置，而是每当客户端收到一个该仿真实体的新状态时，它使用插值方法根据时间平滑地插值到这个状态。图 2-38 展示了内插值的时间轴。

用 IP 表示以毫秒为单位的插值周期，即客户端从旧状态插值到新状态需要的时间。用 PP 表示以毫秒为单位的数据包周期，即服务器在发送两个数据包之间需要等待的时间。在数据包到达之后 IP 毫秒时，客户端完成到这个数据包状态的插值。这样，如果 IP 小于 PP，那么客户端在新数据包到达之前停止插值，客户端仍会感觉到卡顿。为了保证客户端的状态每帧都平滑地变化，插值不应该停止，则 IP 不能小于 PP。通过这种方式，每当客户端完成插值到一个给定状态，它都已经接收到了下一个状态，并再一次启动这个过程。

没有插值的客户端始终比服务器滞后半个 RTT。如果状态到了，但是客户端没有马上显示这个状态，那么在客户端看来应用会更加滞后。使用客户端插值的仿真应用给用户展示的状态比服务器上的真实状态滞后大约 RTT/2+IP 毫秒。这样，为了最小化延迟，IP 应该尽可能小。考虑为避免用户感到卡顿 IP 必须大于或等于 PP 的事实，这意味着 IP 应该正好等于 PP。

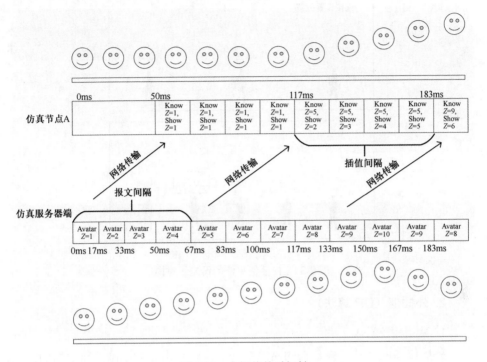

图 2-38　内插值的时间轴

服务器可以通知客户端它打算发送数据包的频率，或者客户端凭经验根据数据包到达的频率计算 PP。注意，服务器应该根据带宽而不是延迟，来设置数据包周期。服务器可以根据它认为的客户端和服务器之间的网络情况来以尽可能高的频率发送数据包。这意味着使用客户端插值方式的客户端感知到的延迟是网络延迟和网络带宽综合的结果。

如果服务器每秒发送 15 个数据包，数据包周期是 66.7ms。这意味着在 1/2 RTT 的基础上又加了 66.7ms。但是，带有内插值的应用比没有插值的应用看起来更平滑，使得用户的体验更流畅，这样延迟就没那么重要了。

客户端内插值方法仍然被认为是一个保守方法，尽管它有时表示的状态不完全是服务器复制过来的，仅仅是服务器真正模拟的两个状态之间的插值状态。客户端状态之间的变化也是以服务器的状态为依据的，因此不会得到一个错得离谱的状态。

内插值算法比"直接设置位置"存在更大的误差。如图 2-39 所示，客户端 0.4s 才走到 B 点，0.6s 才走到 C 点，增加了 0.2s 的延迟。但是无论如何，比起

"直接设置位置"这种用户体验极差的 NCS 应用，0.2s 的延迟是值得付出的。

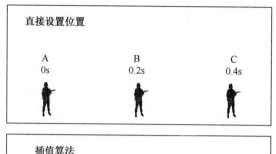

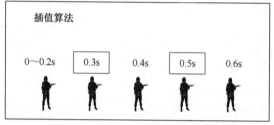

图 2-39　内插值算法的误差示意图

2. 外插值（DR 算法）

1）基本内涵

外插值指的是从已知数据的离散集合中构建超出原始范围的新数据的方法，也可以指根据过去和现在的发展趋势来推断未来，属于统计学上的概念。还有一个与外插值相似的概念称为 Dead Reckoning（简称 DR）。

DR 算法最早起源于航海领域，基于起始位置、航行速度和时间来估计船的当前位置。DR 是一种利用现在物体位置及速度推定未来位置方向的技术，在 DIS 仿真标准中被正式引入仿真领域。DR 的概念更贴近游戏和仿真领域，即给定一个点及当前的方向等信息，推测其之后的移动路径。

DR 算法是基于仿真实体继续做与当前正在执行的同一任务这一假设，进行实体行为预测的过程。如果这是一个奔跑的实体，意味着假设实体会保持相同方向奔跑；如果是一架转弯的飞机，意味着假设它会继续转弯。

外推的算法也有很多种，包括线性外推、多项式外推、锥形外推、云形外推等。通常来讲，针对不同的仿真应用需求，所采用的 DR 算法是不同的。例如，在面向分布式交互仿真应用的 DIS 协议中就定义了 9 种基本的 DR 模型。

2）主要作用

除了从过去的仿真状态外推当前的仿真状态，DR 算法的状态更新还可以包含附加信息来预测未来仿真状态将如何变化。DR 算法能够有效减少网络收发报文的数量，但是它是以维护 DR 模型的计算开销和一致性的降低为代价的。DR 算法适用于带宽有限、计算能力有空闲的场景，不适用于精细性或一致性要求高的场景。

只要远程实体继续做当前正在做的事情，DR 算法就能保证仿真节点能够准确预测当前服务器上的真实世界状态。但是，当远程实体采取了意外行动，仿真节点的模拟就会与真实状态产生偏差，必须进行纠正。因为 DR 算法并没有获取所有数据，而是对服务器上的行为做了假设，所以 DR 算法被认为是乐观算法。它希望做到最好，能猜对大部分情况，但是有时是完全错误的，必须纠正。

DR 算法可以降低消息更新频率，但是仿真节点必须进行仿真预测计算，增加了计算处理量。当下一条更新信息到达时，预测的数据可能与实际数据存在差异，可能导致视觉上的抖动。为了减少这种差异，需要对预测状态进行收敛，使其逼近真实值。

3）基本思路

DR 模型是一种推算模型，以减少仿真节点发送实体状态的频率。每个仿真节点应用都维持一个它所控制的实体的内部模型，同时还维持一个该实体的 DR 模型。DR 模型表示网络中其他的仿真节点所观察到的该实体的状态，它通过特定的 DR 算法推算出实体的位置和方向。每隔一段时间，仿真节点应用将内部模型和 DR 模型相比较，当两者之间的差别超过某一阈值，就用内部模型的信息来更新 DR 模型，同时把更新的信息发送给网络中其他的仿真节点应用，以便它们能更新该实体的 DR 模型。这样通过使用 DR 算法，仿真节点应用就不必经常发送它的实体状态信息了。

假定 t_0 时刻，发送方 S 将该主机上相关的动态实体的位置、方向等状态向量值发送给接收方 R，S 与 R 也能够同时选用相同的 DR 模型（为了有效保证同一个实体的状态一致性，S 与 R 选用相同的 DR 模型）来对下一时刻的仿真实体状态值进行推算，并根据推算值不断地更新实体的状态信息。另外，对于发送方来说，在进行 DR 推算的同时，要与实际的状态向量值进行比较，当结果小于某一特定的阈值 θ 时，双方仍按照 DR 模型的计算结果显示下一时刻的状态值。

假定 t_i 时刻，S 的实际值与其 DR 模型计算出的数据值相比较得出的误差大于阈值 θ，S 将发送最新的数据值给 R，并将该数据信息作为 DR 模型的输入值，计算新的状态值。

DR 算法主要包括预测和状态收敛两个阶段，下面分别就这两个阶段进行介绍。

（1）DR 算法中的预测。

最常见的预测方法就是使用多项式进行推导。如果状态信息是位置 p，则导数分别为速度 v 和加速度 a。如果状态更新使用零阶导数多项式，则只包含位置信息，没有预测信息。如果状态更新使用一阶导数多项式，我们可以将实体的速度信息附加到位置信息中，即

$$p(t) = p(0) + v(0)t \qquad (2\text{-}11)$$

为了提高预测精度，我们可以加入加速度信息，即

$$p(t) = p(0) + v(0)t + \frac{1}{2}a(0)t^2 \qquad (2\text{-}12)$$

二阶多项式模型可以较为精确地对车辆运动进行建模，一阶多项式模型更加适合可预测性更差的仿真实体，如士兵的运动。原因就是高阶多项式模型对误差更加敏感，因此导数信息更加精确，一个较小的加速度误差将会导致较大的预测误差。换言之，对于高阶多项式模型我们必须拥有更好的仿真模型，必须对高阶导数进行经常性的估计和修正。对于高阶多项式模型，需要传输更多的信息，也意味着计算复杂度增加了，每项附加的信息都会占用一定的网络带宽资源。

我们可以省略导数信息，只是用已知的历史状态信息来进行数据外推。这种基于历史数据的 DR 算法可以只传递位置信息，实体的速度和加速度信息可以通过使用历史数据进行拟合。这种方法使用最近的三次位置更新信息来估计实体的运动信息，并且可以在一阶和二阶多项式模型中进行切换，即当加速度很小时，可以使用一阶多项式，否则使用二阶多项式，目的就是减少加速度引入的误差。例如，如果一个实体的加速度经常变化，则可能导致使用不精确的预测信息，因此比使用一阶多项式进行预测的信息更准确。

通常情况下，实体的状态信息发送频率没必要是固定的，可以只在 DR 算法的误差超过一定阈值时发送实体的状态信息。通过使本地仿真节点指导远程部署的仿真资源的计算信息，可以大大降低状态信息的发送频率。

（2）DR 算法的状态收敛。

当一个使用 DR 算法的仿真节点收到一个状态更新消息时，很可能预测的实体状态与消息中包含的状态不一致。这时需要使用状态收敛技术将实体的状态更新为这一新状态。

最简单的状态收敛方法是使用零阶收敛，即仿真实体的状态立即调整为接收到的新状态，不需要使用任何的平滑算法。但是这种方法会导致状态的突然变化或者不合理改变，影响 NCS 系统的运行效果。

当仿真节点客户端检测到本地模拟与真实的世界状态发生错误时，有以下

三种方式来弥补。

① 即时状态更新。该方法只需立即更新仿真节点的实体状态到接收到的最新状态。用户可能发现对象跳来跳去，但这样也许好过错误的数据。需要说明的是，即使是即时更新，来自服务器的状态仍然滞后 1/2 RTT，所有仿真节点客户端应该使用 DR 算法和最近的状态来模拟额外的 1/2 RTT 的状态。

② 插值。也就是需要结合前面所说的内插值方法。从仿真节点客户端插值的方法可以看出，仿真应用可以在一定数量的帧内平滑地插值到新状态。这意味着对于每个错误状态（位置、旋转等）都要计算和存储一个偏移量，用于每一帧。或者只将对象移动一部分路程，使其更接近正确位置，等待将来的服务器状态继续进行纠正。一种流行的方法是使用三次样条插值创建路径，以实现位置和速度同时平滑地从预测状态过渡到正确状态。

③ 二阶状态调整。如果一个几乎静止的对象突然加速，即使插值也可能发生抖动，为了更精细地处理，仿真应用可以调整二阶参数，如加速度，非常平缓地对模拟进行同步修正。这在数学上有些复杂，但是可以使得纠正最不明显，过渡效果很好。

通常情况下，NCS 系统需要结合自身需求特点，组合使用这些方法。快节奏的射击类仿真通常为小错误使用插值、大错误使用瞬间移动。慢节奏的仿真，如飞机模拟等，可以使用二阶状态调整处理除了最大错误之外的所有错误。

好的状态收敛方法可以快速修正仿真状态并且不被用户察觉，为此，需要确定好状态收敛的时间区间，在该区间内可以进行状态收敛。如果仿真状态是实体的位置，可以沿着新的预测轨迹选择收敛点，以便在收敛区间之后显示的实体状态与预测状态一致。

4）DR 算法的优点和缺点

DR 算法的优点是适用于高速移动的物体，如匀速、匀加速可以预测下一个位置的情况。DR 算法的缺点是当节点突然停下来或者被击毁时，另一个节点看到的实体还会继续向指定位置移动一段距离，然后再回到停下来的位置或者被击毁的位置。

虽然状态收敛可以使误差不易被察觉，但是对于 DR 算法导致的定位问题是无法进行处理的。尽管如此，状态收敛相较于状态回退还是有更强的实用性。如图 2-40 所示，如果预测的位置在碰撞检测中没有使用，则会造成实体穿墙而过；如果预测的状态在障碍物的另一侧，与真实位置不符，状态收敛会进行状态修正，会使得实体穿墙而过，则也会造成错误。

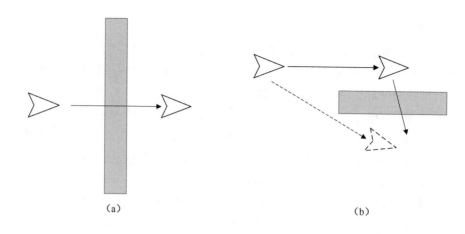

（a）　　　　　　　　　　　　　　　　　　（b）

图 2-40　DR 算法存在的问题

2.5.3　客户端预测

客户端插值使得用户的体验更加平滑，但是仍然不能让客户端状态更接近服务器实际的状态。即使是微小的插值周期，用户看到的状态仍然滞后至少半个 RTT。为了展示更接近的仿真状态，仿真需要从插值转为预测。通过预测方法，仿真节点客户端可以接收略旧的状态，并在显示给用户之前推测近似的最新状态。这种推测（也称外推）技术通常被称为客户端预测。

DR 算法不能为仿真节点隐藏延迟。考虑以下情况，仿真节点 A 中的仿真实体 A 开始向前运动。仿真节点 A 处的 DR 算法使用服务器发送过来的状态进行插值，所以从仿真实体 A 发起动作，需要 1/2 RTT 将输入传给服务器，然后服务器调整该实体的速度。然后需要 1/2 RTT 将该速度返回给仿真节点 A，这时仿真可以使用 DR 算法推测最新状态。从仿真实体开始执行运动到仿真节点端看到结果仍然存在 RTT 的延迟。

为了推测当前的状态，仿真节点必须能运行与服务器相同的模拟代码，即执行相同的逻辑计算。当仿真节点收到一个状态更新，它知道该更新是 1/2 RTT 之前的，为了使得状态更接近服务器端状态，仿真节点只需运行额外 1/2 RTT 的仿真预测即可。接着，当仿真节点给用户显示结果时，就会更接近服务器当前模拟的真正状态。为了保持这种近似，仿真节点需要在每个更新周期都执行预测，并将结果显示给用户。最终，仿真节点收到来自服务器的下一个状态数据包，内部运行额外 1/2 RTT 的预测得到更新，此刻理想情况是该新状态与仿真节点根据上一次接收状态计算得到的当前状态完全一致。

为了执行 1/2 RTT 的预测，仿真节点必须首先能够粗略估计 RTT。因为仿真服务器端和仿真节点客户端的时钟不一定同步，因此，传统的仿真服务器端给数据包打上时间戳，然后仿真节点客户端检查时间戳差异（从其生成到客户端接收到的时间）的方法是不可行的。相反，仿真节点客户端必须计算整个 RTT，然后除以 2。

为了提高 NCS 系统的响应性，可以将仿真实体 A 相关的所有输入事件直接给仿真节点 A，仿真节点 A 可以直接使用这些输入模拟仿真实体 A。例如，仿真实体 A 对应的向前运动事件产生时，仿真节点 A 直接开始模拟仿真实体 A 的向前运动。当输入的向前运动事件到达仿真服务器端，服务器端也开始模拟仿真实体 A 的运动，相应地更新仿真实体 A 的状态。

当仿真服务器端给仿真节点 A 发送包含仿真实体 A 的复制状态时，问题出现了。当使用客户端预测时，所有的传入状态应该被模拟额外的 1/2 RTT 以赶上真实世界的状态。当模拟远程实体时，客户端可以假设输入没有变化，仅仅使用 DR 推测来更新状态。通常情况下，更新的传入状态与仿真节点客户端已经预测的状态一致。如果不一致，客户端可以通过插值方法将远程实体平滑地过渡到服务器传来的状态。该方法对于仿真节点本地实体状态不可行。仿真节点本地知道它们的实体在哪儿，会注意到插值。当它们改变输入时，它们不能容忍漂移和平滑。理想情况下，移动对于仿真节点本地用户的感觉应该是它在本地单机操作仿真，而不是网络仿真。

该问题的一个可能解决方案是对于仿真节点本地用户完全忽略服务器的状态。仿真节点客户端 A 只从本地模拟得到仿真实体 A 的状态，仿真节点 A 的用户将有一个平滑的移动体验，没有延迟。但是这将导致仿真节点 A 的状态与服务器的真实状态产生分歧。如果仿真节点 B 向仿真节点 A 的仿真实体进行设计，仿真节点 A 没办法准确地预测仿真服务器端的射击结果，因为只有仿真服务器端知道仿真节点 B 的真实位置。仿真节点 A 只有仿真节点 B 位置的行为推测近似值，所以不会与仿真服务器端采用完全相同的方式解决射击。仿真节点 A 可能在仿真服务器端上死亡，而在仿真节点 A 上毫发无伤，这会导致逻辑混乱。因为仿真节点 A 忽略了本地仿真实体 A 的所有传入状态，所以仿真节点和仿真服务器端没有办法保持同步。

幸运的是，有一个更好的解决方案。当仿真节点 A 收到来自仿真服务器端的仿真实体 A 的状态，仿真节点 A 可以使用仿真实体 A 的输入事件重新模拟（重放）从仿真服务器端计算该传入状态开始仿真实体 A 发起的所有状态改变。仿真节点不是使用 DR 推测模拟 1/2 RTT，而是使用仿真实体 A 的精确输入来模拟 1/2 RTT。通过引入移动的概念，输入状态与时间戳关联在一起，仿真节点随时跟踪仿真实体 A 在做什么。每当输入状态到达仿真节点本地，仿真节点可以指出在计算该状态时，仿真服务器端还没有发送哪些移动，然后本地应用这些移动。除非遇到一个意外的、远程用户发起的事件，仿真节点的预测状态将与仿真服务器端保持一致。

如图 2-41 所示，下面通过一个案例说明客户端预测的应用。案例中，收敛周期是 1，A 和 S 之间的延迟是 1，B 和 S 之间的延迟是 2，DR 算法的阈值是 1，网络延迟是事先知道的。

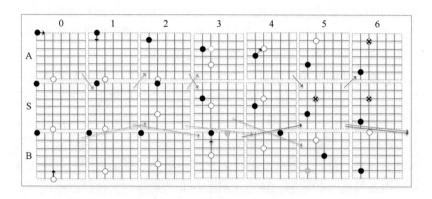

图 2-41　两个节点的状态同步过程

$T=0$：黑色实体产生向右的速度，白色实体产生向上的速度。

$T=1$：黑色实体速度变为向下，此时仿真节点 A 的速度更新到达服务器端，服务器更新位置信息，服务器端维护的位置信息与仿真节点 A 一致，仿真节点 B 受到网络延迟的影响，没有更新速度。白色实体位置变为(2,−6)，由于网络延迟的影响，服务器端没有其状态信息的更新。

$T=2$：黑色实体位置变为(1,−1)，速度变为 0。由于采用了基于阈值的状态维护方法，服务器端没有更新白色实体的速度信息，所以服务器端位置是(2,0)，仿真节点 B 还没有从服务器端接收到黑色实体的状态信息。白色实体的位置变为(2, −4)，同时 $T=0$ 时刻的速度变化信息传递给了服务器端，所以服务器端白色实体位置信息也是(2,−4)。

$T=3$：黑色实体的位置信息变为(1,−2)，在服务器端，由于位置误差超过了阈值，所以服务器端更新黑色实体的位置信息为(1, −2)，仿真节点 B 接收服务器在 $T=1$ 时刻发送过来的黑色实体的速度和位置信息，更依据延迟为 2，更新黑色实体的位置信息为(2,0)。在仿真节点 B 处，考虑网络延迟已知，其计划校正黑色实体的位置，如图 2-41 中灰色圆圈所示。白色实体继续向上运动，并且位置信息变为(2, −3)，此时在仿真节点 B 发现了黑色实体，所以向服务器发送了射击交互，仿真服务器更新白色实体位置信息为(2, −3)，在仿真节点 A 处开始收到白色实体的速度变化信息，更新白色实体位置信息为(2, −4)，考虑延迟已知，在仿真节点 A 处计划更新白色实体的位置信息为(2, −2)。

T=4：黑色实体的位置信息变为(1, −3)，服务器端也同步维护了黑色实体的状态为(1, −3)，根据 T=3 时刻的预测信息，在仿真节点 B 处更新黑色实体的位置信息为(4, 0)。白色实体的位置信息变为(2, −2)，仿真服务器端同步更新白色实体的位置信息为(2, −2)，根据 T=3 时刻的预测，仿真节点 A 处更新白色实体的位置信息为(2, −2)。在 T=4 时刻，黑色实体向白色实体进行了射击，发送了射击交互。

T=5：黑色实体的位置信息变为(1, −4)，仿真服务器端同步维护黑色实体的状态信息为(1, −4)，根据 T=2 时刻由仿真节点 A 传来的信息判断误差超出了阈值，需要进行校正，在该时刻采用平滑校正策略，先移动到点(3,−3)。白色实体的位置信息变为(2, −1)，在服务器端由于接收到上一时刻黑色实体发来的射击交互信息，服务器判断白色实体死亡，位置信息变为(2, −2)，在仿真节点 A 处白色实体位置信息维护为(2, −1)。在该时刻同步收到了在 T=3 是白色实体对黑色实体的射击交互，但是由于此时黑色实体位置不在打击方向上，判断打击失败。

T=6：黑色实体的位置信息变为(1, −5)，服务器同步维护黑色实体的位置信息为(1, −5)，在仿真节点 B 处将黑色实体位置信息校正为(1, −5)。由于此时黑色实体的射击交互还没有传递给仿真节点 B，所以白色实体继续运动，其位置信息为(2, 0)，在服务器端白色实体位置信息仍为(2, −2)。在 T=4 时刻的打击结果传递给了仿真节点 A，所以在仿真节点 A 处白色实体的状态为被击毁，位置信息为(2, −1)。

两个节点状态同步的过程数据如表 2-5 所示。

表 2-5 两个节点状态同步的过程数据

仿真时间	仿真节点客户端 A	仿真服务端 S	仿真节点客户端 B
T=0	黑：$x=0, y=0, v$ 向右 白：$x=2, y=−6$	黑：$x=0, y=0$ 白：$x=2, y=−6$	黑：$x=0, y=0$ 白：$x=2, y=−6, v$ 向上
T=1	黑：$x=1, y=0, v$ 向下 白：$x=2, y=−6$	黑：$x=1, y=0$ 白：$x=2, y=−6$	黑：$x=0, y=0$ 白：$x=2, y=−5$
T=2	黑：$x=1, y=−1$ 白：$x=2, y=−6$	黑：$x=2, y=0$ 白：$x=2, y=−4$	黑：$x=0, y=0$ 白：$x=2, y=−4$
T=3	黑：$x=1, y=−2$ 白：$x=2, y=−4$	黑：$x=1, y=−2$ 白：$x=2, y=−3$	黑：$x=2, y=0$ 白：$x=2, y=−3$
T=4	黑：$x=1, y=−3$ 白：$x=2, y=−2$	黑：$x=1, y=−3$ 白：$x=2, y=−2$	黑：$x=4, y=0$ 白：$x=2, y=−2$

续表

仿真时间	仿真节点客户端 A	仿真服务端 S	仿真节点客户端 B
$T=5$	黑：$x=1, y=-4$ 白：$x=2, y=-1$	黑：$x=1, y=-4$ 白：$x=3, y=-2$	黑：$x=3, y=-3$ 白：$x=2, y=-1$
$T=6$	黑：$x=1, y=-5$ 白：$x=2, y=-1$	黑：$x=1, y=-5$ 白：$x=3, y=-2$	黑：$x=1, y=-5$ 白：$x=2, y=0$

2.5.4　服务器端回退

使用这些不同的客户端预测技术，即使在有一定延迟的情况下，仿真应用也可以给用户提供一个非常灵敏的体验。但是，仍然有一种常见的仿真动作是客户端预测不能很好处理的：长距离的即时射击。当仿真节点配备狙击步枪，准确瞄准另外一个仿真节点，扣动扳机，它希望有一次完美的命中。但是，DR推测具有不准确性，仿真节点客户端上完美的瞄准射击可能在仿真服务器端上就不太准了。这对依赖实时、即时射击武器的对抗仿真而言，是一个问题。

一个指令发送到仿真服务器端，然后仿真服务器端广播给其他仿真节点，这些操作都需要最基本的网络传输时间，也就是说，一个仿真节点所看到的其他的仿真节点的仿真状态其实是过时的，只有本地的仿真状态是最新的，如你朝某个方向的实体 b 射击，其实此刻它已经不在那个位置了，你打的只是一个影子。照这样分析，我们应该朝实体移动方向靠后一点的位置打更有可能打中。

为了解决这个问题，仿真服务器端一般采用一种称为柔和插值的算法，就是仿真服务器端取样某一段时间的网络延迟，把这段时间计算在内，也就是说你向实体 b 射击，仿真服务器端会把实体 b 的时间倒回去一点来判断你是否打中。这样就保证了 NCS 对抗仿真的公平性，减小了网络延迟带来的误差。当仿真节点瞄准和开火时，让仿真服务器端状态回退到用户感受到的那个状态。这样，如果用户感觉他瞄得很准，那么他就能百分百击中。

为了实现这一技巧，NCS 仿真应用必须在前面介绍的客户端预测的基础上做一些修改。

（1）远程节点（远离服务器端的仿真节点）使用客户端插值，而不是移动预测。仿真服务器端需要准确地知道客户端节点每个时刻看到了什么。因为移动预测依赖客户端基于假设的向前模拟，将给服务器端带来额外的复杂度，因此不应该开启该功能。为了避免数据包之间的抖动或卡顿，客户端转而使用前面介绍的客户端插值方法。插值周期应该精确等于数据包周期，这一周期被服务器牢牢控制。客户端插值引入了额外的延迟，但是鉴于移动重放和服务器端回退算法，它不会被用户明显感觉到。

（2）使用仿真节点本地客户端移动预测和移动重放。尽管客户端预测对远程仿真节点是关闭的，但是对仿真节点本地用户仍然是保留的。没有本地移动预测和移动重放，本地用户会立即注意到来自网络和客户端插值所增加的延迟。但是，通过即时模拟用户移动，不管存在多少延迟，用户都不会感觉到。

（3）发送给服务器端的每个移动数据包中保存客户端视角。客户端应该在每个发送的数据包中记录客户端当前插值的两个帧的 ID，以及插值进度百分比。这个服务器端提供了客户端当时所感知世界的精确指标。

（4）在服务器端存储每个相关对象最近几帧的位置。当传入客户端的数据包中包含射击时，查找在射击时刻用于插值的两帧。使用数据包中的插值进度百分比将所有相关对象回退到客户端扣动扳机的那一刻，然后从客户端的位置采用光线投射法来确定是否击中。

服务器端回退保证了如果仿真节点客户端准确地瞄准了，那么在仿真服务端一定会被击中。因为仿真服务器端回退的时间是根据服务器端和仿真节点客户端之间的延迟决定的，对于被击中的仿真节点会造成一些意想不到和令人沮丧的体验。仿真节点 A 可能以为自己已经安全地躲在了角落里，躲开了仿真节点 B。但是，如果仿真节点 B 的网络延迟很大，它看到的世界比仿真节点 A 滞后，这样在它的计算机上，仿真节点 A 还没有躲到角落里。如果仿真节点 B 瞄准并开火，服务器端将判断为击中，并通知仿真节点 A 被击中，即使它认为自己已经安全地躲在角落里。对于仿真开发人员来说，这是一个需要权衡的问题，需要根据仿真应用需求决定是否使用这些技术。

该方法以牺牲真实性来弥补攻击行为的体验，本质上是一种折中的选择；对低延迟的仿真节点客户端不公平，移动速度快，可能已经跑掉了，却又被打中了；对高延迟的仿真节点客户端有利。总的来说，其对维护仿真世界公平性还是有利的。

2.5.5　帧率优化

由于在基于网络的 NCS 仿真运行中延迟是不可避免的，所以其中一种优化手段就是如何降低这个延迟及如何让用户感受不到延迟。一部分 NCS 系统属于人在回路的分布式系统，如基于 NCS 的模拟训练等。在这类仿真中帧率优化是一个重要且复杂的难题，涉及方方面面的技术细节，这里主要针对网络同步的相关内容做一些分析。

相比单机人机交互仿真，NCS 应用需要同时考虑客户端与服务器端的帧率，这并不是单纯地提升帧率的问题，而是一个需要考虑优化与平衡两个方面的过程。

1）提升帧率

帧率低就意味着卡顿，用户的体验就会很差。不同仿真应用的性能瓶颈都可能不一样，包括内存问题（频繁的申请与释放）、I/O（资源加载、频繁的读写文件、网络包发送频率过大、数据库读取频繁）、逻辑问题（大量的遍历循环、无意义的 Tick、频繁的创建删除对象、过多的加锁、高频率的写日志）、物理问题（复杂模拟、碰撞次数过多）等，仿真节点客户端相比服务器还有各种复杂的渲染问题。这些问题需要长期的测试与调试，每个问题涉及的具体细节可能都有所不同，需要对症下药才行。

2）保持帧率稳定与匹配

假如仿真节点客户端与仿真服务器端帧率已经优化到极致，也不能任其自由变化。首先，要尽量保持仿真服务器端的帧率稳定（减少甚至是消除用户仿真运行时的所有潜在的卡顿问题），以一款对延迟比较敏感的射击训练应用为例，如果仿真节点客户端在开枪时遇到了仿真服务端卡顿，那么就可能造成校验失败，导致仿真节点客户端看到的行为与仿真服务器端行为不一致。其次，还要保持仿真节点客户端与仿真服务器端的帧率匹配。对于延迟不敏感的仿真应用，考虑到用户的体验及仿真服务器端的压力，仿真节点客户端的帧率可以高于仿真服务器端许多倍，但是这个比例需要通过实际的测试来调整。而对于延迟敏感的仿真应用，我们一般需要尽量让仿真服务器端的帧率接近仿真节点客户端，这样仿真服务器端才能更及时地响应，减少延迟带来的误差。此外，不能让仿真节点客户端的帧率无限提高，对于某些同步算法，仿真节点客户端与仿真服务器端过高的帧率差异可能造成不断的来回卡顿。所以，很多仿真应用会采取锁帧的方式来保证仿真应用的稳定性。

2.5.6　LPF 补偿方法

针对一些存在人机交互的沉浸式 NCS 应用，通常为了降低网络负载，可以不用在每个仿真节点上复制完整的环境状态数据，只需要保留其关心的部分环境状态信息即可。可以通过只传递对象状态或行为的变化信息来降低网络负载，也就是只传递事件。

1. 网络延迟对状态显示的影响

在分布式的 NCS 网络环境下，从其他仿真节点传递过来的事件会受到网络延迟的影响，从而导致发送事件的仿真节点的行为和状态落后于接收节点的当前时间。对于连续变化的状态而言，会造成突然的状态阶跃改变。

网络延迟对 NCS 仿真显示的影响体现在以下场景中：一个仿真节点发送了一个动作事件，需要经过一段网络延迟时间之后传递给另一个仿真节点，导致该节点在本地模型中看到的发送事件节点的状态产生跳跃。例如，一个静止的对象开始以速度 v 运动，接收该事件的延迟为 Δt，则在接收节点处产生的位置误差为 $\Delta p = v \times \Delta t$。位置误差与网络延迟和对象运动速度成正比。

在 NCS 中，如果坦克的运动速度较慢，网络延迟的影响效应则不明显。但是对于战斗机而言，网络延迟的影响效应则非常明显。导弹对战斗机进行打击，原本可以准确命中，但是因为网络延迟的影响，会给人感觉导弹在飞抵战斗机之前就发生了爆炸。解决这一问题的方法之一就是保证所有节点之间的时钟同步，也就是前面所说的时钟对齐，并按照时间戳发送消息。飞机接收开火事件和导弹轨迹信息，飞机的本地模型立即更新并计算导弹的当前位置信息，计算得出位置阶跃 $\Delta p = v_{\text{missile}} \times \Delta t$。

2. LPF 方法的基本假设

本书给出一种基于本地感知过滤器（Local Perception Filter，LPF）的网络延迟补偿方法，该方法的成功应用需要满足以下假设条件。

（1）保证所有仿真节点之间共享一个公共的全局时间，即机器时间同步，本书后续内容中将会给出一种时钟同步算法，从而保证一致性。

（2）类似 DR 算法，每个仿真节点本地维护一个远程节点的模型，以便显示其状态数据，保证状态连续性。

（3）基于 C/S 架构的 NCS，通常假设仿真节点客户端维护与仿真服务器端相同的仿真状态数据，即拥有的仿真实体状态基本相同。

3. 仿真实体分类

LPF 方法将 NCS 仿真世界中的实体划分为以下两类。

1）主动实体

主动实体也称为不确定性实体，通常指由人控制的实体，其状态和行为不能预测。基于网络延迟的不同，我们将这类实体划分为本地主动实体（在本地计算机上运行的实体）和远程主动实体（通过网络互联的实体）。

2）被动实体

被动实体也称为确定性实体，通常指行为和状态服从物理规则的实体（如炮弹）或者其他可预测的实体（如建筑物）。

实体之间的交互通常意味着实体之间必须交换数据来计算状态输出，如果实体之间的通信延迟是可以忽略的（如在同一台计算机上），交互是可信的。相反，网络通信会带来延迟，从而干扰与远程实体之间的交互。

4. 基本思路

LPF 利用人的感知限制来隐藏网络延迟的影响。在 DR 算法中，我们试图通过预测状态来维护一致性状态显示，而 LPF 允许状态显示中存在一定的时间扭曲（Temporal Distortion），实体的状态可以依据网络延迟，渲染成稍微过时的位置信息。也就是说，远处其他节点的状态信息被延迟显示，而本地节点的状态是实时显示的。通常我们希望这些仿真世界中的时间扭曲尽可能地不被感知。

LPF 通过区分真实态势和渲染态势来处理延迟问题。渲染态势是被主动实体感知的，不需要与当前真实态势保持一致，甚至它可以包含一些过时的信息。对于主动实体而言，时间扭曲的数量是容易确定的：本地主动实体使用最新的状态信息来渲染，通信延迟为 ds 的远程主动实体使用已知的晚了 ds 的状态信息来渲染。

为了维护因果性，被动实体的时间扭曲需要动态改变。被动实体距离本地主动实体越近，它需要渲染的状态与其当前状态就越接近，因为该主动实体可能与其存在交互。相反，一个被动实体与一个远程主动实体接近，就必须渲染成与该远程主动实体的时间接近，因为一旦该远程主动实体与其存在交互，交互产生的输出结果需要经过一个通信延迟才会得到渲染。换言之，远程交互的渲染尽管是实时显示的，也是在过去发生的，只有当本地主动实体自身参与了交互过程时，才需要在当前时间发生。

5. 案例分析

图 2-42 是仿真实体之间开火的例子，其中，白色舰船（白色箭头）和灰色舰船（灰色箭头）都是静止的，白色舰船发射的炮弹属于运动的被动实体。在左侧，从上至下是白色舰船看到的渲染结果；在右侧是灰色舰船看到的渲染结果。虚线椭圆是炮弹的真实位置，黑色矩形是炮弹渲染的位置。当炮弹接近灰色舰船时，白色舰船观察到的效果是炮弹速度在降低，灰色舰船观察到的效果是炮弹的速度在增加。

图 2-42 例子中，白色舰船作为主动实体向另一个远程的主动实体灰色舰船发射了一颗炮弹（被动实体）。主动实体之间看到的态势相互之间是不完全一致的。在开始阶段，白色舰船用实际位置渲染炮弹，但是当它接近灰色舰船时，

它开始落后于真实位置。相反地，当灰色舰船第一次看到这个炮弹并进行渲染时，该炮弹已经飞行了一段距离。

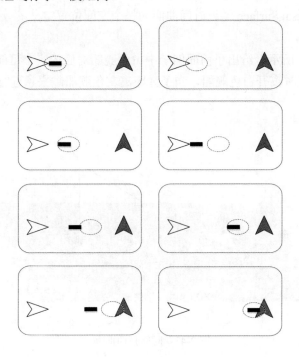

图 2-42　时间扭曲现象

让我们假设两个舰船之间的通信时延为 0.5s，炮弹从白色舰船飞到灰色舰船的时间为 2.0s。当白色舰船开火时，它立即看见炮弹，但是随后渲染的炮弹开始逐渐落后于实际位置。2s 之后炮弹到达灰色舰船，但是渲染得到的效果是其仅仅飞行了 1.5s。灰色舰船的反应传递给白色舰船需要 0.5s，一旦该反应消息到达，已经是 2.5s 之后了。此时白色舰船节点处渲染的效果是，炮弹在灰色舰船附近，并且灰色舰船的反应也是在同一时间产生。

从灰色舰船的角度看，事件链是完全不同的，当其知道炮弹发射时，已经过去了 0.5s，但是它被渲染成白色舰船发射。渲染的炮弹现在必须赶上实际炮弹的飞行轨迹，以便保证在 2.0s 时渲染的炮弹和实际炮弹都同时到达灰色舰船，随后其能够对此做出反应并向白色舰船发送该反应。

6. 时间曲面

每个主动实体对仿真世界都有其自己的观察，所有的实体除了与空间坐标 (x, y, z) 相关联，还与时间延迟 t 相关。因此，形成了一个 $3\frac{1}{2}$ 维的坐标系统。本地主动实体当前时刻 $t=0$，远程主动实体对应通信延迟 t。一旦赋予了这些值之后，我们可以为每个主动实体在仿真空间中定义一个时间曲面（Temporal Contour 或 Causal Surface）。该时间曲面为每个空间位置定义了一个合适的通信延迟 t。

如图 2-43 所示，给出了前面例子中白色舰船对应的一个可能的时间曲面。当子弹在 $t_0=0$ 时离开白色舰船，当子弹距离灰色舰船越来越近时，t 的值逐渐增长。

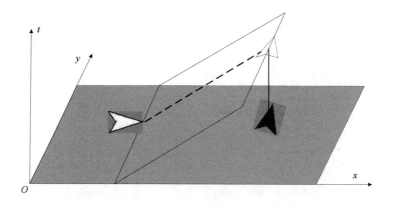

图 2-43 时间扭曲曲面

时间曲面导致的被动实体的运动改变应该尽可能地减少或平滑处理。此外，主动实体和被动实体之间的所有交互应该表现得真实和一致（维护事件的因果关系）。为此，时间曲面的需求可以总结为以下三条规则。

（1）主动实体可以与其附近的实体进行实时交互。

（2）主动实体可以实时观察远程交互，尽管这些交互因为存在网络延迟，已经是过时的了。

（3）主动实体看到的时间扭曲应该尽可能无感。

LPF 最大的局限在于第（1）条规则，主动实体不能与远程主动实体直接交互。主动实体可以通过与被动实体的交互实现关联，但是不能直接交互。

LPF 以我们明确知道通信时延的大小为前提，事实上，网络延迟是随着时间不断变化的。如果抖动过大，被动实体开始发生反复向前向后跳动，不再是平滑地随时间演进。由于远程主动实体定义了时间曲面，它们位置的突然变化或生存状态发生改变，将会给渲染效果产生巨大影响。例如，如果一个远程主动实体离开了仿真，它不会继续对时间曲面产生影响，一些被动实体可能会在时间上突然向前推进，以便能够与更新的时间曲面匹配。

7. 线性时间曲面

接下来我们给出比较典型的线性时间曲面,这里只考虑两个主动实体(p 和 r)和一个被动实体 e。主动实体和被动实体都拥有空间位置状态,主动实体都已知一个通信时延(由网络延迟产生,且不能缩减)。用 i 和 j 表示主动实体或被动实体,$\delta(i,j)$ 表示二者的空间距离,$d(i,j)$ 表示 i 的角度对应的时延。主动实体之间的通信时延在两个方向上不一定相同,即允许 $d(i,j) \neq d(j,i)$。

对于两个主动实体的情形,每个被动实体 e 的延迟函数 d 必须满足:

$$d(p,e) = \begin{cases} 0, & \delta(p,e) = 0 \\ d(p,r), & \delta(r,e) = 0 \end{cases} \tag{2-13}$$

也就是说,如果 e 和 p 在同一个位置,p 对应的延迟为 0,如果 e 和 r 在同一个位置,从 p 传过来时的延迟与从 p 到 r 的通信延迟一致。

这个延迟函数的其余部分可以定义为如下线性函数:

$$d(p,e) = d(p,r) \cdot \max\left\{1 - \frac{\delta(r,e)}{\delta(p,r)}, 0\right\} \tag{2-14}$$

式(2-14)可以用图 2-44 来描述。该延迟函数定义了一个围绕 r 的对称的时间曲面,在渲染被动实体时必须服从该时间曲面。当然,延迟函数也可以是非对称的。图 2-44 给出的分别是一维状态空间对应的时间曲面和二维状态空间对应的时间曲面。

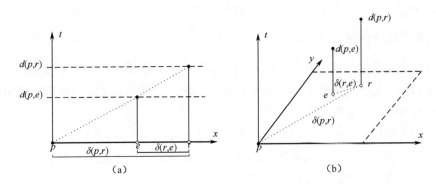

图 2-44　一维状态空间和二维状态空间曲面对应的时间曲面

以图 2-45 为例进行说明,图 2-45(a)和图 2-45(b)分别对应主动实体 p 和 r 的视角。主动实体 p 向着另一个主动实体 r 射出了一枚子弹 e。如果从 p 的视角来看当时的情景,起初其与子弹的距离是 $\delta(p,e)=0$,且延迟 $d(p,e)=0$。当子弹距离 r 越来越近的时候,延迟逐渐增大,直到 $d(p,e)=d(p,r)$,此时 $\delta(r,e)=0$。一旦炮弹穿过 r,延迟逐渐降回至 0。主动实体 p 观察该时间曲面,当子弹沿着曲面向上的时候,其运动是偏慢的,当其沿着曲面向下的时候,其运动则更快。

从 r 的视角看，起初子弹的延迟是 $d(r,e)=d(r,p)$，当 $\delta(r,e)=0$ 的时候，$d(r,e)=0$。也就是说，r 观察到的子弹的运动速度是比其真实速度快的，直到子弹穿过了它。

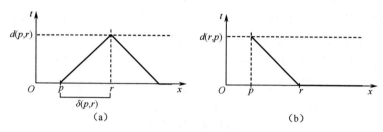

图 2-45   分别从主动实体 p 和 r 的视角看到的时间曲面

如果我们依据式（2-13）定义了一个时间曲面，在渲染输出上我们会发现一个轻微的视觉瑕疵。假设主动实体 p 朝着远方主动实体 r 发射了一个炮弹 e，当 $\delta(r,e)=0$ 时其速度降了下来，此时延迟函数达到最大值且 $d(p,e)=d(p,r)$。然而，当真实的子弹到达 e 时，p 渲染得到的子弹仍然未到达 r（如图 2-44 和图 2-45 所示）。因为时间曲面已经到达了其顶点，子弹在 r 处渲染之前开始加速。这会看起来有些混乱，因为这个改变是在子弹与远方主动实体产生交互之前发生的。直观上，加速应该发生在子弹经过了远方主动实体之后。从主动实体 r 的角度来看，渲染的效果也会产生类似的问题。一旦 r 知道了炮弹信息，其渲染得到的位置不是在 p 附近，而是沿着轨迹前进了一段距离。

8. 线性时间曲面的修正

简单来说，延迟函数是使用真实位置定义的，然而该函数还应该描述被动实体在通信延迟期间的运动。这就意味着，应该对每个被动实体对应的时间曲面进行修正，来减少这种视觉混乱。

为了解决这一问题，需要定义函数 $\delta_e(t)$，表示被动实体 e 在时间 t 移动的距离。该函数依赖速度和加速度信息，但是此处的泛化就能满足需求。定义主动实体 r 的影子 r'，具有如下特性：

$$\delta(r,r')=\delta_e\big(d(p,r)\big) \tag{2-15}$$

影子 r' 表示当主动实体 p 对处于远方主动实体 r 的位置的被动实体 e 进行渲染时被动实体 e 实际所处的位置。现在式（2-14）可以改写为：

$$d(p,e)=\begin{cases}0, & \delta(p,e)=0 \\ d(p,r), & \delta(r',e)=0\end{cases} \tag{2-16}$$

如图 2-46 所示，这意味着我们将时间曲面的顶点向前推进了一段距离

$\delta_e\big(d(p,r)\big)$ 到 r'。之所以使用实际位置，是为了能够保证所有主动实体的位置信息是一致的。

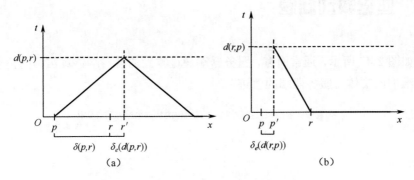

图 2-46　通过实体的通信延迟调整时间曲面

当拥有多个远方主动实体时，每个都拥有自己的延迟函数，为了获得时间曲面，我们必须聚合这些延迟函数，如图 2-47 所示。为了实现这种聚合，我们需要采用以下方法。

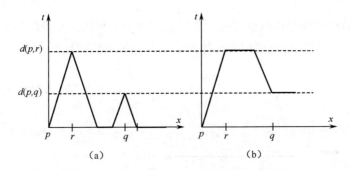

图 2-47　多个远方主动实体的延迟函数聚合方法

（1）尽量减少不在本地时间的（延迟不为 0）被动实体的数量。这意味着一旦一个被动实体经过了一个远方主动实体，其延迟函数变为 0。这样做的目的是尽可能地使情景与真实情景保持一致，并且最适用于被动实体之间存在很多交互的场景。缺点就是一个被动实体会在本地时间和远程时间上来回切换，这使得其运动看起来在来回抖动。

（2）尽量减少延迟的变化次数。一旦一个被动实体达到了某个延迟等级，就保持不变，直到其接近另一个新的远方主动实体。这样可以帮助减少不同时间的阶跃次数，这种阶跃当一个被动实体的运动路线上存在多个远方主动实体时很常见。这种办法的缺点是渲染得到的结果与真实情景不如前一种方法的一致性好。

2.6 延迟抖动问题

如图 2-48 所示，通常而言，服务器端通过收到的客户端仿真实体的位置信息来维护该实体在服务器端的轨迹。

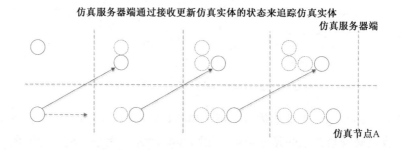

图 2-48 服务器端基于节点数据维护仿真状态

延时抖动和消息过载都可能引起仿真节点中实体的运动表现得不正常，如图 2-49 所示，延时抖动使仿真实体的运动变得不可预测且不稳定。

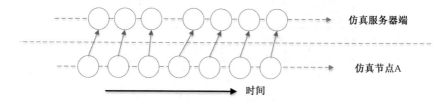

图 2-49 延迟抖动对仿真状态维护的影响

此外，网络抖动会带来降频效应，假设客户端按照固定频率发送给服务器端 7 帧数据，转发给另外一个客户端，如果其余 4 帧几乎同一时间到达，则实际效果类似服务器端发了 3 帧。

接下来本节给出三种缓解延迟抖动影响的措施。

2.6.1 措施一：速度或加速度预测

如图 2-50 所示，改进的策略就是同时更新实体的位置和速度，如果一次更新的到达滞后了，仿真服务器端可以通过预测仿真节点 A 的位置来维护 A 的状态，本质上这与 DIS 中的 DR 算法是相同的原理。

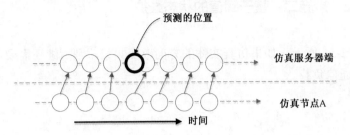

图 2-50　位置和速度同时更新的抖动抑制策略

如图 2-51 所示，如果速度是常数，仿真服务器端可以预测任意时刻的位置。

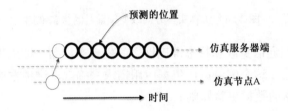

图 2-51　速度为常数时的预测

如图 2-52 所示，如果速度改变了，仿真服务器端需要更新位置和速度。

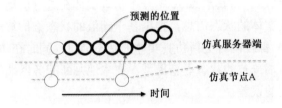

图 2-52　速度改变时的状态预测

如图 2-53 所示，如果速度可能始终在改变（如汽车加速），此时更新时需要发送位置、速度和加速度。值得注意的是，加速度更新时的延迟将导致位置出现更大的误差。

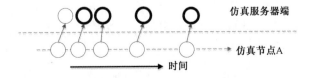

图 2-53　加速度变化对状态预测的影响

2.6.2 措施二：基于阈值的状态维护

如图 2-54 所示，如果仿真实体的方向改变频繁，则后续还需要几次更新，这增加了通信负载。

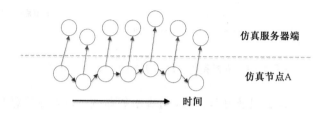

图 2-54 仿真实体方向改变频繁时的状态维护

通常可以在通信负载和状态准确性之间做一个权衡，即当误差较小的时候不需要更新状态。这个阈值可以依据应用需求来确定，这种方法类似 DIS 仿真标准中 DR 算法的数据更新原则。

这种方法的缺点是带来了更高的 CPU 负载，因为一个仿真节点需要模拟它的对手，此外，延时更大的仿真节点会体验到更多的误差，可以通过在仿真服务端加入延时来降低误差。

如图 2-55 所示，仿真节点 A 中一个仿真实体在进行机动，仿真服务器端需要维护该仿真实体的状态信息。根据基于阈值的状态维护算法，仿真服务器端和仿真节点 A 都在同时更新仿真实体的状态信息，同时在仿真节点 A 处还维护了与服务器端一致的状态更新模型，在本地判断服务器端的实体状态与真实实体状态之间的误差。

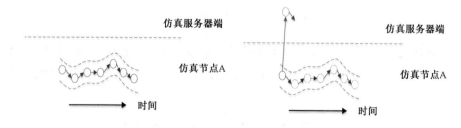

图 2-55 基于阈值的状态维护过程

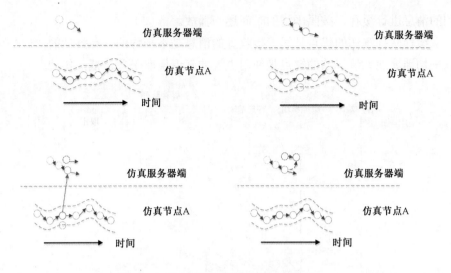

图 2-55　基于阈值的状态维护过程（续）

当服务器端的实体状态与真实实体状态之间的误差超过一定的阈值之后，仿真服务器端接收来自仿真节点 A 的实体状态信息，并更新实体状态信息。为了防止服务器端实体的状态显示突然发生抖动，可以采用平滑策略，使状态信息逐渐逼近真实状态信息。

2.6.3　措施三：缓存队列

单纯的插值算法还不能解决仿真节点状态显示中的顿挫问题或速度跳变问题。仿真节点可以通过缓存队列来缓解速度跳变问题的影响。如图 2-56 所示，仿真节点客户端 B 收到仿真节点客户端 A 的移动协议后，不立即进行处理，而是把协议数据存在队列中，再用固定的频率取出。缓存队列相当于在仿真节点客户端加一层缓存来缓解网络抖动的问题，这样能有效提升用户的应用体验。用户还可以动态调整取出的速率，当队列里积累了较多数据时，可以稍微加快，队列中的数据很少时，可以稍微减缓，从而可以更好地抵抗网络抖动。但比起使用插值算法，缓存队列付出的代价和误差更大。

把远端的数据缓存在一个 buffer 里面，然后按照固定频率从 buffer 里面取出，可以解决客户端卡顿及网络抖动问题。不过缓冲区与延迟是有冲突的，缓冲区越大，证明缓存的远端数据就越多，延迟就越大。

缓存队列与插值算法和预测算法一样，都是相对于最后一条消息做的插值或者预测，在网络延迟或者波动较大时都还是会出现瞬移或者拉扯。可以将收到的消息进行缓存，按照平均的时间逐一播放。

　　缓存队列算法的优点是尽管接收到的消息是不平均的、有抖动的，但是可以平均地展现。该算法的缺点是使用更大的延迟换取平顺、抵消抖动。

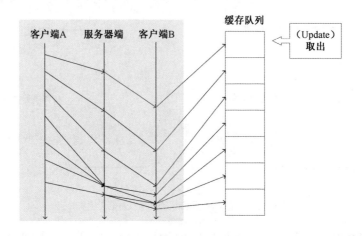

图 2-56　缓存队列的基本原理

第 3 章

NCS 内同步方法

3.1 方法整体设计

内同步机制主要是解决 NCS 内部仿真节点之间的逻辑时间推进和因果关系正确性问题，主要包括保守时间推进机制和乐观时间推进机制两大类，也是最基本、应用最为广泛的机制。

乐观时间推进机制能够最大限度地利用 NCS 仿真系统的并行性，提高整个系统的运行效率。如果发生因果关系错误就要利用"回滚"机制回退到发生错误之前的时刻重新开始执行。乐观时间推进机制允许每个仿真节点可以毫无约束地执行仿真事件，但其通过"回滚"机制解决仿真系统中可能出现的事件时间顺序错误，而频繁"回滚"会严重影响系统的运行效率，进而影响仿真性能。此外，很多人在回路的 NCS 系统不适用于"回滚"机制。因此，本书给出了一种更具有通用性的保守同步方法。

3.1.1 基本思想

本书给出了一种基于逻辑帧的内同步方法，其基本思想是确保仿真节点以逻辑时间递增的顺序协调推进，严格禁止在仿真过程中发生因果关系的错误，保证 NCS 全局的因果关系不会被破坏。通过保证仿真节点按照仿真时间戳大小接收消息，保证仿真节点在推进的过程中永远不会产生冲突。

基于逻辑帧的内同步方法要求 NCS 仿真节点之间的数据传输拓扑结构在仿真运行过程中是明确的，仿真节点发送的数据中的时间戳顺序可以灵活控制，可以先发送大时间戳的数据，再发送小时间戳的数据。在接收端，TSO 类型的事件和数据按逻辑时间戳顺序被提交给接收节点进行处理。

3.1.2 基本原则

1. 停等协议

由于网络延迟的存在，时刻保持 NCS 所有仿真节点的数据一致是不可能的，所以要尽可能在一个回合内保持一致，如果有仿真节点由于网络延迟等而没有同步推进，那么整个 NCS 系统中所有节点就需要等它，本质上说这是一种停等协议。

2. 服务器端转发仿真事件，但不进行事件排序和逻辑控制

服务器端负责转发仿真节点的仿真事件，每个仿真节点在固定的逻辑帧执行该帧所有仿真节点的仿真事件，通过严格一致的时间轴执行同样的命令。在 NCS 中，NCS 内同步需要服务器端收集所有仿真节点发送过来的仿真事件，然后将特定的事件广播发送给每个仿真节点。仿真节点根据收到的输入仿真事件，运行相应的逻辑模型，产生相应的结果。此外，由于服务器端保存了所有仿真节点的操作，可以很容易地实现断线重连和故障恢复。

在这种算法中，仿真节点一直处于收集服务器端发来的指令、处理指令、发送仿真事件的流水线中。采用基于步长的模式进行仿真，在同一个步长内的事件被认为是同时发生的。

至于该算法为什么要发送仿真事件而不是状态，这其实是与网络带宽有关。从原则上说，同步的数据既可以是仿真实体的状态信息也可以是仿真事件，只不过由于占用过多的网络带宽而没有采用。

为了降低服务器端的延时，可以让 NCS 中的服务器端只负责转发仿真节点上传的仿真事件，并不做仲裁和仿真计算，把某个仿真节点上传的仿真事件转发给其他相关的仿真节点后，让仿真节点自己根据这些事件来进行仿真计算过程。但是这种模式虽然降低了来自服务器端的延迟，但是如果网络不好，还是会有延迟。

3. 回合制和固定步长

基于逻辑帧的保守同步就是同步操作要以每帧来计算，通常同步的频率很高。帧同步的重点在于锁，把实时仿真变成快速的回合制模式，一个回合可以理解为一个帧周期。如果一个回合特别快，即帧周期特别短，我们会感觉仿真是实时的。与基于固定步长的仿真不同，在同一个帧周期内，基于逻辑帧的内同步仍然需要区分每个操作的先后顺序。

NCS 内同步算法通过将 NCS 变成基于回合制（本书中将回合称为帧周期）的运行模式，并且帧周期非常短，以此实现仿真状态同步。

4. 仿真节点收集所有事件并排序

帧同步的逻辑排序与控制都在仿真节点客户端进行，所以首先要保证的是不同仿真节点客户端同一帧内收集的仿真事件是相同的。仿真计算任务都是在仿真节点客户端完成，仿真服务器端负责转发操作，其计算量很少。仿真节点产生的事件的时间戳也有具体的要求，即事件的时间戳必须大于或者等于该成

员的当前逻辑时间与前瞻时间之和。

3.1.3 外部交互关系

基于逻辑帧的内同步算法在 NCS 系统底层支撑环境中的逻辑流程如图 3-1 所示。由图 3-1 可以看出，该算法的实现需要基于 NCS 网络通信提供基本数据传输功能，并且能够控制对象管理服务进行对象数据的高效转发控制，也需要控制仿真应用系统的时间推进和状态更新。

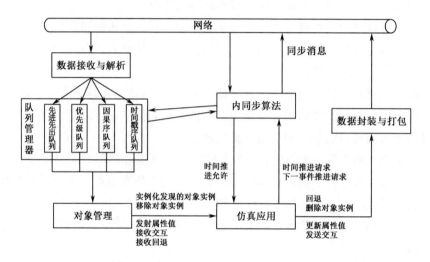

图 3-1 基于逻辑帧的内同步算法在 NCS 系统底层支撑环境中的逻辑流程

3.2 方法机制设计

3.2.1 时间同步规则

NCS 时间同步的动机是在保证正确地实现仿真节点间仿真时间的协同推进和数据交换的前提下，满足 NCS 不同场景下的多样化协同运行需求，包括实时仿真、虚实交互等。为此，NCS 时间同步建立在如下原则之上。

（1）在 NCS 联合仿真中不存在通用和全局的时钟。在 NCS 执行生命周期内的任何时刻，不同的仿真节点可以具有不同的仿真时间或逻辑时间。

（2）NCS 中对象状态的变化、仿真服务请求、交互等都可以看成事件，都是由仿真节点产生的，并且其附加的时间戳数据应该大于或等于仿真节点当前的逻辑时间。

（3）使用逻辑时间的仿真节点不能产生时间戳小于仿真节点当前的逻辑时间的事件，也不能产生时间戳大于其当前逻辑时间与前瞻时间之和的事件。

（4）不要求仿真节点以时间戳顺序产生事件，即产生事件的时间戳不必是递增的，而是根据仿真业务需要随机产生。

（5）NCS 运行过程中，逻辑时间和机器时间可以同时发挥作用，机器时间可以赋值给逻辑时间，但是逻辑时间不可以赋值给机器时间。同一时刻二者可以取不同的值，在事件时间戳排序时只能按照指定逻辑时间排序。

（6）依据仿真业务特点，NCS 系统中的节点可以采用不同的时间管理策略和时间驱动模式，不同类型的数据可以采用不同的消息处理时序。

（7）NCS 中的逻辑时间不考虑网络通信延迟，网络通信延迟可以通过机器时间来影响逻辑时间。

3.2.2　消息处理时序

内同步关注如何在 NCS 仿真运行过程中协调各个仿真节点逻辑时间的推进，保证各节点能以一致的逻辑顺序处理事件，并能协调它们之间的相关活动。时间推进机制必须与仿真节点间的数据交换相协调，以确保仿真节点发送和接收的事件在时间逻辑因果关系上的正确性，从而保证 NCS 各个仿真节点能够按照一致的逻辑时间顺序处理事件。

这里需要说明的是，节点之间需要维护的是接收和发送（通过网络交互的全局事件）事件的逻辑一致性，对于各个节点内部的本地事件，则不做硬性要求。

1. 消息排序

目前，分布式仿真中消息传递排序方式主要包括以下 5 种。

（1）RO 序。NCS 系统按接收消息的顺序将这些消息传递给仿真节点进行处理。RO 序整体遵循 FIFO 队列的工作模式，最新接收的消息被插入 FIFO 队列末端。每次 tick() 函数操作都将队列前端的消息传递给仿真节点进行处理，同时更新队列的内容。RO 序特别适合对实时性要求严格而对消息序一致性要求宽松的 NCS 应用的需求。

（2）PO 序。通过优先级队列的使用来优化消息的接收与处理，通常情况下，优先级队列中的消息优先级是根据消息的产生时间来确定的。因此，优先级队列中时间值越小的消息，将会越早被提交给仿真节点进行处理。PO 序本质上属于一种局部消息排序机制，拥有比以时间值全排序机制更小的计算开销，特别能够满足需要进行一定程度消息排序但对延迟增加较为敏感的 NCS 应用需求。

（3）TSO 序。这是一种非常符合建模与仿真领域技术特点的消息传递机制，是众多仿真运行支撑平台所依赖的主要机制。在 TSO 序中，每个消息既包含仿真事件，又包含该事件产生时的仿真时间戳（也称为逻辑时间）。通常需要中间件等 NCS 的公共运行支撑平台来确保所有消息都是按 TSO 序提交给仿真节点进行处理，也就是仿真事件是按照其产生时的逻辑时间戳顺序进行处理的。TSO 序是绝大部分保守和乐观时间同步算法的实现基础，通过将接收到的消息存在缓冲队列中，通过计算每个仿真节点的 LBTS 来确保不会收到时间戳小于LBTS 的消息，然后将这些消息提交给仿真节点进行处理。

（4）CO 序。CO 序依据消息之间的因果依赖关系，将其划分为因果事件和并发事件。其中，因果事件的处理要符合事件之间的因果关系，在消息被接收后需要对其进行因果关系判断，结果事件一定要在其对应的原因事件之后被提交给仿真节点进行处理。因果事件的作用主要是维护 NCS 中的事件逻辑关系一致性和正确性，构建真实感十足的虚拟仿真空间。

（5）CATOCS 序。CATOCS 序也称为完全序，其本质上是对 CO 序的一种补充和完善。CO 序只保证因果事件的正确性，不对并发事件进行控制，这会使得并发事件在不同仿真节点中的处理顺序不一致，有可能会造成整个 NCS 系统的观测出现异常。CATOCS 序对并发事件和因果事件都进行一致性控制，保证消息都以同一个顺序在 NCS 所有节点中进行提交和处理，是一种全排序的消息传递机制。

2. 不同消息序对比

RO 序消息传递机制使仿真节点按接收消息的顺序处理事件，基本不需要额外的控制信息，即便在大规模、高交互的 NCS 应用中，其时间开销也能够满足实时性要求。但在广域网中，消息的接收顺序很可能与发送顺序不一致，采用 RO 序机制难以保证时间逻辑的正确性。

PO 序消息传递机制的思想是通过优先级队列局部缓冲已接收的消息，并在比较消息的时间戳之后，优先将队列里时间戳值最小的消息传递给仿真节点进行处理。但广域网节点地理分布广泛，如果发生时钟不同步情况，直接比较时间戳值就不能保证筛选出更早产生的消息，对此 PO 序机制缺乏有效的调节能力。另一方面，该机制也无法尽快处理已接收的消息。

TSO 序消息传递机制功能较强，在仿真节点机器时钟同步情况下，TSO 序要想发挥作用，就必须考虑实时性问题。虽然保守时间同步策略可以确保 NCS 所有节点之间事件处理的一致性和正确性，但是其在大规模网络环境下，为了实现一致性控制所产生的时间开销是非常高的，这对 NCS 实时性产生了诸多不利影响。乐观时间同步机制由于弱化了事件的一致性控制计算，其时间开销更小，但是当消息接收顺序与产生顺序错乱时，频繁的回退操作会破坏 NCS 的真实感与连续性，对于人在回路或装备在回路的 NCS 不适用。

CO 序消息传递机制重点维护事件间的因果逻辑关系，也就是仿真时间的先后关系，但是网络延迟、频繁数据交互及系统节点规模不断扩大等因素，导致 CO 序在保证消息处理顺序一致性的同时，其数据信息的传输开销和计算处理开销都很高，因此，其实时性难以满足 NCS 系统要求。如何在保证实时性的同时，提高消息因果关系传递的效率和准确率，是 CO 序推广应用的主要技术挑战。

CATOCS 序消息传递机制的主要任务保证因果事件和并发事件的处理顺序一致性，其实现难度较高。目前，该方法在联合仿真中主要通过使用集中排队器的方式实现，并没有对仿真并发运行过程进行一致处理。在 NCS 规模不断扩大、网络环境日趋复杂的背景下，如何保证因果事件和并发事件在各个仿真节点的处理顺序一致性，是一个技术挑战。

3. NCS 的消息序选择

根据前面章节的时间同步需求分析，适合 NCS 的消息序类型主要是 RO 序和 TSO 序两类。RO 序与 TSO 序之间的差异主要体现在是否按照仿真时间戳顺序将消息提交给接收端的仿真节点。

NCS 系统将多个 RO 消息发送到同一个仿真节点时，该节点不需要对消息进行排序，但是必须确保按照时间戳顺序依次向接收端节点提交 TSO 消息，对于拥有相同时间戳的消息需要进行额外的处理，如设置优先级等。

一个仿真节点如果想发送一个 TSO 消息，必须符合以下条件，除此之外发送的消息为 RO 消息：①预定义类型为 TSO；②发送方必须为时间控制类型；③该需要发送的消息携带逻辑时间。

一个接收的消息为 TSO 消息必须满足两个条件：④消息为 TSO 方式发送的；⑤接收方为时间受限类型。

如果发送的消息为 TSO 消息，但是不满足⑤，则该 TSO 消息会被 NCS 的运行支撑平台转化为 RO 消息发送给接收方，但是 RO 消息永远不允许被转化为 TSO 消息发送到接收方。

TSO 消息仅能被给定仿真节点以时间戳顺序收到，不用考虑消息发出仿真节点的逻辑时间和消息发送的顺序。因此，两个带不同时间戳的 TSO 消息将被每个仿真节点以相同的顺序收到。

3.2.3 时间控制策略

本书中依据对 TSO 消息发送和接收的不同需求，将 NCS 中仿真节点的时间控制策略类型划分为时间控制和时间受限两种。针对 NCS 中每个仿真节点的时间控制策略类型，存在以下 4 种组合情况。

（1）既时间控制又时间受限：该类节点拥有自己的逻辑时间和前瞻值，既能接收 TSO 消息，又可以产生 TSO 消息，NCS 系统在计算 LBTS 时必须考虑这样的仿真节点。

（2）时间控制非时间受限：具有自己的逻辑时间和前瞻值，在计算一个受该仿真节点制约的时间受限类型仿真节点的 LBTS 时，必须考虑该仿真节点。

（3）时间受限非时间控制：由于该类仿真节点只接收时间戳消息而不产生时间戳消息，因此对其他仿真节点的 LBTS 不会产生影响，中间件在计算 LBTS 时可不考虑这样的仿真节点。

（4）既非时间控制又非时间受限：既不接收时间戳消息，也不产生时间戳消息，对其他仿真节点的 LBTS 不会产生影响，在计算 LBTS 时可不考虑这样的仿真节点。

1. 时间控制策略

采用时间控制策略的仿真节点发送带有时间戳顺序的消息，相应的采用时间受限策略的仿真节点接收该时间戳顺序的消息，并且自身的时间推进受发送方仿真节点的影响。时间控制节点的逻辑时间会被用于约束时间受限节点的逻辑时间推进，只有时间控制节点可以发送 TSO 消息。时间控制节点为属性和交互打上时间戳，时间受限节点反射属性和接收交互，使用时间管理服务实现二者的协同。

时间控制策略的使用需要遵从以下规则。

（1）时间控制节点的逻辑时间会被用于约束订阅其 TSO 消息的时间受限节点的逻辑时间推进，在 NCS 中，只有时间控制节点可以发送 TSO 消息。

（2）时间控制节点不需要按时间戳顺序发送 TSO 消息，但所有它发送的 TSO 消息将会被其他节点按时间戳顺序收到。

（3）一个时间控制节点不能发送一个时间戳小于其当前逻辑时间加前瞻时间的 TSO 消息。

（4）非时间控制节点的逻辑时间推进对其他节点的逻辑时间推进没有任何影响。

2. 时间受限策略

为了确保一个时间受限节点永远不会接收到一个时间戳小于逻辑时间的 TSO 消息，在每个时间受限节点中都有一个范围，来限制逻辑时间的推进程度。该范围确保时间受限节点不能推进它的逻辑时间越过特定的时间点，大于该时间点 TSO 消息仍然可以被其他节点发送，但只有时间受限节点才能收到 TSO 消息。如果一个时间受限节点请求推进它的逻辑时间超出了它的最小时间戳下限，该时间推进不会被允许，直到该范围已经扩大超出了该最小时间戳下限。

3. 时间控制策略选择

是否是时间控制策略由能否发送 TSO 消息决定，该仿真节点仿真时间的推进影响到其他仿真节点（尤其是时间受限的仿真节点）。是否是时间受限由能否接收 TSO 消息决定，该仿真节点仿真时间的推进受其他仿真节点（尤其是时间控制节点）的制约。时间控制策略的设置可以参考表 3-1 进行。

表 3-1　时间控制策略的选择方法

策略名称	与其他仿真节点关系		TSO 消息		典型应用
	控制	受制约	发送	接收	
控制且受限	是	是	能	能	ALSP 系统
控制但非受限	是	否	能	不能	定步长仿真节点
非控制但受限	否	是	不能	能	仿真运行管理、状态监控
非控制且非受限	否	否	不能	不能	DIS 系统

3.2.4　时间驱动模式

NCS 中仿真节点的时间驱动模式是触发该节点时间推进并调度相关模型的依据，主要分为时间驱动和事件驱动两种方式。需要指出的是，一个 NCS 系统中的仿真节点可以采用不同时间驱动模式和时间控制策略。

1. 时间驱动

时间驱动方式也称为步长驱动方式，在这种方式中，仿真过程不是由事件驱动的，而是由时间驱动的。采用时间驱动方式的仿真节点不关注其输入数据是否发生改变，始终以固定的仿真时间间隔作为基本驱动信息，依次遍历各实体。

NCS 中采用时间驱动方式的仿真节点只有在其当前仿真步长范围内所有业务计算全部结束时，才将仿真时间推进到下一时间步长。对于这种时间步进式的 NCS 仿真节点而言，固定时间推进步长越小，其仿真结果的可信度和有效性越好。这类方式驱动下的节点的仿真时间往往和机器时间有着一定的比例关系，仿真时间以步长为单位连续推进。

在时间驱动方式下，通常取固定的时间步长递增（至少在一个时间段内步长是固定的），而步长取决于被仿真系统的时间特性和仿真系统的精度要求。在同一时间步长范围内，所有的仿真事件将被认为是在同一仿真时刻发生的，这就是时间采样带来的误差。系统随时间变化越快，步长越小；精度要求越高，步长越小；反之越大。步长越小，意味着系统更快的更新频率，也意味着更大的计算负荷。由于使用了较小的时间步长，仿真系统运行起来给人的感觉像是按照时间连续推进的，更适合模拟连续系统。

时间驱动方式具有算法简单、容易实现、直观、便于可视化、易于实现人在回路或装备在回路的仿真等优点，但也存在执行效率较低的问题。因为无论一个实体模型或业务应用是否需要运行，它在每个仿真时刻都要被访问扫描，这对存在许多低运行频率实体的 NCS 系统而言，资源的浪费是极其严重的。

时间驱动方式的仿真节点的处理过程如图 3-2 所示，仿真节点每推进一步都需要重复完成以下操作：首先检查事件列表内有无事件在该步长内发生，若没有，则仿真时间向前推进到下一步长；若有仿真事件，则处理该事件，同时改变相应的节点状态，然后再向前推进仿真时间。如果同一个步长内有多个事件发生，仿真节点的设计开发人员必须事先规定好处理各类事件的优先级。

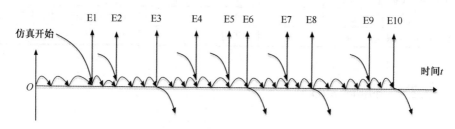

图 3-2　时间驱动方式的仿真节点的处理过程

值得注意的是，时间驱动方式的仿真模型在当前时间步长内不可能安排仿真事件，只能对下一步长（或是更后的步长）内的事件进行安排。

2. 事件驱动

事件驱动方式首先保证仿真节点不是在每个仿真时刻都将内部的实体扫描一遍，而是由事件作为驱动信息来运行仿真节点中的实体。事件驱动算法在仿真节点中定义一个全局时钟变量，每次实体运行后修改该全局时钟，同时确定下一事件对实体的触发时刻，这种仿真时间推进方式的效率比时间驱动方式高很多。

如图 3-3 所示，在事件驱动方式下，每次时间推进的长度是不固定的，具体取决于两个相邻事件之间的时间间隔。因为两个相邻事件之间系统状态不会发生变化，所以仿真时钟可以跨过这些"不活动"的时间段，从一个事件发生时刻直接推进到下一个事件的发生时刻。

事件驱动方式的仿真模型每处理个事件，仿真时间便推进至该事件所带的仿真时间戳，与物理时间不构成任何比例关系。这类驱动的特点是执行速度快，不受物理时间限制。

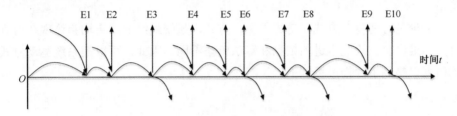

图 3-3　事件驱动方式的仿真节点的处理过程

3. 对比分析

时间驱动和事件驱动两种方式的主要不同点体现在仿真节点的触发方面。事件驱动方式的仿真节点中，通信和处理活动是由那些与规律性事件不同的重要事件启动的，事件驱动方式利用中断机制将重要事件信号传递到计算机的 CPU，由相应的软件处理该事件。而在时间驱动方式中，通信和处理活动是由周期性出现的预定时钟节拍启动的，即时间驱动方式的仿真节点利用行进中的时间驱动所有的活动。

下面以电梯的控制为例进行说明。若电梯控制系统采用事件驱动方式运行，则当按下呼叫按钮时，该事件立即被转发到计算机中断系统，以便启动呼叫电梯动作。若电梯控制系统采用时间驱动方式，则按下呼叫按钮的操作被存储在本地，计算机定期（如每秒一次）查询所有按钮的状态。

从数据传输的角度来看，事件驱动方式特别适合于传输事件信息，而时间驱动方式特别适合于传输状态信息。

这两种驱动方式适用的 NCS 系统类型不同。时间驱动方式适用于连续型 NCS 系统，或者事件的发生在时间轴上呈现出有规律的均匀分布的 NCS 系统。对离散事件类型的 NCS 系统而言，事件驱动方式无疑是具有最高的效率，因此，事件驱动方式适用于对事件发生数目较少的 NCS 系统进行仿真（如排队系统）。对于连续型 NCS 系统而言，事件驱动方式需要把时间的变化转化为事件序列并排队，这往往导致其效率比时间驱动方式还低。

需要指出的是，调整仿真时间推进的是一系列时间推进的请求，而不是时间戳事件的发送，仿真时间推进可以用来控制数据的接收，而数据并不推进时间。

与事件驱动方式的仿真相比，时间驱动方式将每个步长内发生的所有事件均视为在该步长末端时刻发生，使得一些时间间隔较小的事件表现为同时发生，这会导致仿真与实际情况产生较大偏差，而且仿真运行中未必每个时间步都有数据更新，这会造成资源浪费。事件驱动方式的仿真效率较高，目前被广泛采用，但是其设计与实现相对于时间驱动方式更为复杂，需要更复杂的时间管理策略。

无论是时间驱动方式还是事件驱动方式，系统最终的结果均会体现在仿真时间的推进上，只是推进的依据和算法策略不同。因此，可以把系统驱动方式的研究聚焦到事件推进机制上。

3.3 方法功能实现

NCS 仿真中难以实现统一的全局物理时钟，并且仿真节点之间的数据传输存在抖动，因此为了保证各仿真节点的事件一致性，需要进行仿真时间同步。因为单纯的物理时钟同步难以实现，所以采用仿真时间来模拟物理时间，以时间的一致性达到事件的一致性。

要实现在所有节点上事件的一致性，很直接的想法就是这些节点进行时间同步，将每个事件和其产生时间相关联，这样就可以通过时间的比较根据事件的产生顺序进行排序，内同步是事件一致性的关键。只要事件达到了一致，此处所指的"时间"可以是完全对不上的任何时间，因此可以发现这个时间只是广义上的概念。

在 NCS 中，时间推进机制（内同步）可以用来确保仿真结果正确的因果约束关系，即一个事件必须在其原因事件被执行之后才能开始运行。在 NCS 中，内同步的实质就是用事件的逻辑时间戳来维持它们之间的因果关系一致性，确保仿真节点在执行事件时遵循因果关系一致性约束。

逻辑时间同步要求所有仿真节点在采用相同的时间坐标的基础上（时间取值具有完全相同的意义，在系统许可的某一时刻，必须是所有参与仿真节点都认可和采用的），所有仿真节点推进到逻辑时间与全系统视角看到的逻辑时间因果关系一致（一个进程中发生的事件顺序，与在其他任何进程中看到的顺序都完全一致）。

内同步算法本质上是仿真事件的逻辑因果一致性问题，实现的运行效果是

NCS 所有仿真节点的协同推进。内同步也就是仿真时间推进机制，是指仿真系统的逻辑时间取定的算法策略。对分布式仿真而言，由于多个仿真进程均有各自的时间推进策略，当系统集成时，必然涉及多进程时间协调与同步的问题，因此，时间推进与同步是分不开的。

　　NCS 内同步算法其实是很朴素的一种思想，重点解决分布式仿真系统内部所有仿真节点的协同推进问题，很早就被用于计算机仿真模拟、计算机数据同步等领域。后来网络游戏发展起来后，也很自然地被开发者用到了游戏系统设计中。本节介绍内同步方法的核心要素。

3.3.1　内同步过程设计

　　如图 3-4 所示，通常而言，基于逻辑帧的内同步方法主要包括以下三个步骤。

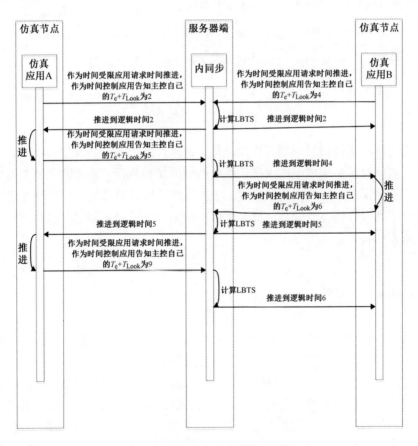

图 3-4　逻辑时间推进的交互过程

（1）仿真节点发送时间推进请求。

（2）判断是否允许该仿真节点进行时间推进，若同意其推进，则将相应的带时间戳数据和所有的无时间戳数据发送到该推进请求的仿真节点，并调用时间推进许可回调服务通知该仿真节点推进到某一逻辑时间；若仿真节点请求推进的时间是不安全的，则挂起该仿真节点后返回。

（3）仿真节点收到时间推进许可回调服务之后，表明推进时间请求获得成功，推进其逻辑时间。

如图 3-5（a）所示，在每个仿真步长内，仿真节点都更新自身状态，发送仿真事件。如图 3-5（b）所示，每个仿真节点中都有一个事件表来负责收集该仿真步长内的更新消息。如图 3-5（c）所示，产生自不同仿真步长的仿真事件可以存储在同一个帧周期的事件表中。

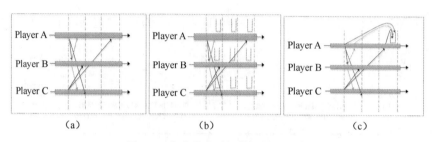

图 3-5　仿真节点时间推进过程示意

通过消息附带的时间戳可以知道每条消息产生于哪个仿真步长，当到达帧的执行时间时，事件表中的消息依照时间戳顺序被执行。未来哪个帧中的事件表用于存储消息，即帧周期的长度，主要依赖于仿真节点之间的网络延迟。仿真节点之间可以相互告知其计算处理事件和节点间的网络延迟，这样就可以确定帧周期的长度。

3.3.2　逻辑帧

这里的帧对应的是一个轮班计时器，将事件存储在一个队列中。如果轮班的长度是 200ms，则将此 200ms 之内的所有事件都存储在一个缓冲区中。当 200ms 结束时，这个仿真节点的所有事件将通过网络传输给其他所有仿真节点。这个方法的另一个关键点是两个轮班之间的执行延迟。如一个仿真节点客户端在第 50 轮发出的命令直到第 52 轮时才被执行，在 200ms 轮班长度的情况下，这意味着输入延迟可能要高达 600ms。

注意，帧周期不同于仿真步长，仿真步长通常是指每个仿真节点状态更新的最小更新周期。一个仿真节点的帧周期通常对应一个或多个仿真步长。

最小帧周期 $T_{\min s}$ 是指在仿真全过程中最大的仿真模型（或应用）计算时间与帧同步时间之和。即

$$T_{\min s} = \max_{i \in \{1,2,\cdots,n\}} (T_{fi}) + T_{\text{sync}} \tag{3-1}$$

式中，T_{fi} 为第 i 个仿真步长的计算时间，T_{sync} 为每帧中用于控制帧同步的时间开销，n 为仿真系统（或仿真节点）在整个仿真过程中的仿真步长总数。

在实时性要求苛刻的实时 NCS 仿真中，如果出现 $T_c > T_f$ 的情况（T_c 为计算时间，T_f 为预设的仿真步长），表示发生了溢出现象，在不优化时间同步算法的情况下，基于当前的计算机软硬件环境是不能实现 NCS 实时运行的。

在实时运行的 NCS 系统中，每个仿真节点在完成当前仿真步长的仿真计算之后，要调用时钟查询函数查看当前步长内仿真计算所消耗的机器时间 T_c，然后根据当前的 T_c 是否等于仿真步长 T_f 来决定是否推进仿真时间到下一仿真步长。如果查看到 T_c 大于仿真步长 T_f，则发生了溢出。

如果帧同步周期太短，网络传输速率很可能会达不到要求。如果帧同步周期太长，就会导致系统运行不流畅。通常而言，对于人在回路的 NCS 而言，帧周期定义为 100ms 左右，人是无法感知到卡顿的。

如图 3-6 所示，我们把 NCS 系统内的时间分成三个等级：逻辑帧、仿真步长和 Tick 周期。一个仿真步长包含整数个 Tick 周期，而一个逻辑帧包含整数个仿真步长。一个逻辑帧包含的仿真步长数一般取决于该 NCS 系统中运行速度最慢的仿真节点。Tick 周期是仿真节点计算机的本地回调函数的触发时间，由仿真支撑平台主线程触发，因此 Tick 周期与仿真应用业务逻辑调用有关，不同的仿真应用业务对应不同的 Tick 周期。

在 NCS 系统内部，时间同步算法能够实现逻辑帧同步，而不是 Tick 周期同步。如果 NCS 系统内部的所有节点是时间同步的，那么它们的逻辑帧标号是相同的，但各个节点的逻辑帧所包含的仿真步长数量可能不同。另外，即使在同一个节点内，每个仿真步长包含的 Tick 周期数量也会不同。

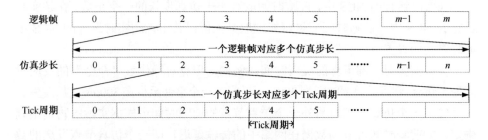

图 3-6　仿真时间的层次化表示

3.3.3 前瞻时间

1. 基本概念

如果仿真节点在仿真时刻 T 仅能发送仿真（或逻辑）时间戳值至少为 $T+L$ 的数据，则称 L 为该仿真节点的前瞻时间（lookahead）。

前瞻时间代表了仿真节点对其自身产生事件的一种预测能力，即节点可以预测未来一段时间以后的事件。前瞻时间能够给仿真节点施加一个时间受限，保证在前瞻时间内不会产生新的事件。这样各个仿真节点可以使用前瞻时间将自己产生事件的仿真时间戳信息更早地通知给其他节点，以加快 NCS 系统的并发处理、避免死锁。

通过前瞻时间，可以知道该节点只能够发送某一时间段的数据，进而可以知道请求时间推进的其他仿真节点在哪个时间段是安全的。

如图 3-7 所示，一个仿真节点的当前逻辑时间为 T，前瞻时间为 L，则事件 B、C 和 D 能够被该仿真节点发送，而事件 A 不能够被该节点发送。

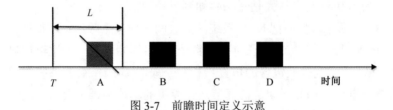

图 3-7 前瞻时间定义示意

2. 前瞻时间的确定

前瞻时间是仿真节点而不是整个 NCS 所具有的特性。因为前瞻时间与发送的 TSO 消息有关，只有能够发送 TSO 数据的仿真节点（时间控制节点）才有有效的前瞻时间，非时间控制节点的前瞻时间可设为∞。

1）设置

在实时运行的 NCS 中，前瞻时间取远小于仿真步长的一个正数。在超实时运行的 NCS 中，前瞻时间应尽可能地取最大值，其中，超实时运行的 NCS 中前瞻时间的设置可以有以下几种方法。

（1）实体对外部事件的反应时间：例如，坦克对操作者"命令"的反应时间为 500ms，则可设前瞻时间为 300ms，说明下一个事件至少在 300ms 之后发生。

（2）一个仿真节点对另外一个仿真节点的前瞻时间可根据实际的物理限制确定，如前瞻时间可取为数据在网络中的传输延迟，即一个仿真节点发送的数据至少在经过该网络延迟时间之后才会影响另外一个仿真节点。

（3）依据仿真节点对时间误差的容忍性确定前瞻时间，如通常人的眼睛无法区分 100ms 之内的两个事件，则可以将前瞻时间设置为 L=100ms。

（4）依据时间推进步长设置前瞻时间，实时运行的 NCS 大多是基于固定步长的推进时间的，这时可以将前瞻时间设置为时间推进步长，该仿真节点在某个周期内发送的数据至少在下一个周期之后才会影响到另外一个仿真节点。从技术实现上来说，这类仿真节点的前瞻时间并不重要。

（5）依据非抢占性行为确定前瞻时间，如若一个匀速运动的坦克在 10min 内不会受其他因素的影响，则可直接发送 T+10 的数据，该数据是安全的，不会因为在 10min 之内收到其他更小时间戳的数据"后悔"发送该数据。

理论上，前瞻时间越大，NCS 仿真的效率越高，但在实际应用当中，很难确定前瞻时间。多数情况下，为避免 NCS 运行过程中出现阻塞现象，通常将前瞻时间取为步长或更大。

2）前瞻时间为 0

通常情况下，NCS 仿真节点的前瞻时间不能为 0，否则会导致 NCS 系统无法向前推进，同时也会影响 NCS 系统的性能。但是在一些特殊的 NCS 应用中，常常需要将前瞻时间设置为 0，因为这样可以解决下列问题。

（1）当其他仿真节点通过发送数据的方式来查询本仿真节点的当前状态时，本仿真节点需要把当前状态以数据的形式发送给其他仿真节点。但倘若不允许前瞻时间为 0，则该仿真节点就无法发送表示当前状态的数据，而只能发送未来某一时刻的状态数据。

（2）一个仿真时间步长内的交互事件。对于实时运行的 NCS 而言，如果将前瞻时间取得很大，则仿真节点就无法将当前仿真时间步长内发生的事件发送给其他仿真节点，其他仿真节点也只能在后面的时间步中获取该仿真节点的数据。

（3）同时事件。同时事件指的是在物理上同时发生的事件，但从不同仿真节点的角度看来，则是不同的事件。

3）假设条件

本书给出的基于逻辑帧的协同推进方法，其前瞻时间需要基于下列几个假设。

（1）每个仿真节点预先知道需要向哪些节点发送数据，以及从哪些进程接收数据。

（2）每个仿真节点以非递减的时间戳顺序发送数据。

（3）网络能够确保同一类型的 TSO 数据，先发送的数据被先接收到（FIFO）。

（4）NCS 的通信网络是可靠的。

3.3.4　LBTS

基于逻辑帧的内同步方法通过确定事件推进区间来保证事件一致性，并通过仿真节点之间发送的时间信息来确定时间推进的范围，保证时间推进过程中各节点不会收到过时的消息，从而避免 NCS 系统中出现不一致现象。

1. 概念定义

解决问题的重点在于时间推进区间的计算，该区间的边界值被称为时间戳下限（Lower Bound on Time Stamp，LBTS）。LBTS 是指仿真节点能够安全推进的最大逻辑时间，表示仿真节点可能接收的带有时间戳消息的最小时间戳值，也就是该仿真节点能够安全推进的最大逻辑时间，主要用来确保应用程序处于安全状态，将来不会再接收到（仿真）时间戳小于该值的数据。

NCS 的内同步方法要求一个仿真节点在仿真运行过程中的任何时刻不能接收到一个过时（比仿真节点的当前逻辑时间小）的数据。因而，在仿真节点进行时间推进时，必须确保仿真节点的时间推进不能超过 LBTS 这个时间界限值，否则在未来的逻辑时间里有可能接收到一个过时的数据。

NCS 仿真节点的时间推进与 LBTS 的关系如图 3-8 所示。

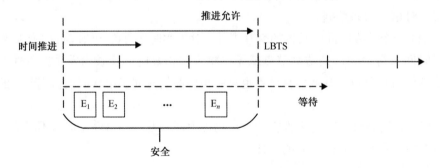

图 3-8　时间推进与 LBTS 关系示意

在 NCS 的内同步过程中，仿真节点发送数据时可以先发送大时间戳的数据，再发送小时间戳的数据；但是数据一旦发送到接收节点，接收节点必须保证 TSO 队列中的所有数据按照时间戳由小到大的顺序依次进行处理。因此，如果仿真节点请求推进到某一时间点 T，但 T 之前的个别数据可能还没有到达，则仿真节点必须等待，直到所有 T 之前的数据都已经到达为止。

2. 分层的LBTS计算

基于逻辑帧的内同步方法通过计算LBTS来确定仿真节点可以推进的仿真时间范围，以及安全处理的TSO事件集合。仿真节点可以推进到小于其LBTS的仿真时间，所有时间戳小于LBTS的事件是该仿真节点当前可以安全处理的事件，这些事件的处理不会造成后续仿真出现不一致现象。

NCS系统中必须确保仿真节点的时间推进不能超过该节点对应的LBTS，才能够确保将来不会接收到时间戳小于该值的TSO消息。仿真节点的LBTS通常由仿真服务器计算，也可以由节点自己进行计算，二者的计算方法和结果相同。时间受限仿真节点i的LBTS为

$$\mathrm{LBTS}(i) = \min\{T(j) + L(j)\}, \quad i \neq j \tag{3-2}$$

式中，$T(j)$为仿真节点j的当前仿真时间，$L(j)$为仿真节点j的当前前瞻时间，j表示除i之外的任意仿真节点。不是时间受限类型的仿真节点的LBTS可以取为∞。

在本书提出的内同步方法中，每个仿真节点的单独进程负责计算每个TSO数据发送者的LBTS，该LBTS表示特定TSO数据发送者后续能够接收的消息的时间戳下限。计算LBTS的时候需要考虑与该节点产生TSO数据交互的所有时间控制节点的逻辑时间和前瞻时间。该进程还要负责管理TSO消息队列和RO消息队列，并且该进程永远不能被阻塞。

由于NCS系统多涉及多个不同层级的异构系统的互联，本书给出一种基于分层的LBTS计算方法。如图3-9所示，将参与仿真计算的节点按照其所隶属的体系结构的不同进行分组，同一体系结构下可以依据参与仿真的系统的不同来进行分组，但是每一个系统对应一个适配器。

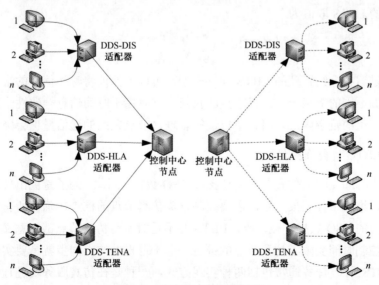

图3-9　仿真节点的部署结构

如果节点的时间信息发生改变导致 LBTS 值发生改变，那么首先在组内进行计算，得出该组的最小时间值和次小时间值，然后对各组的最小时间值和次小时间值组成的集合进行全局计算，得出全局的最小时间值和次小时间值，最终根据节点的时间推进状态以及全局时间求出各个节点的 LBTS 值。

设系统中存在 m 个适配器 $\Theta_G=\{G_1, G_2, G_3, \cdots, G_m\}$，每个适配器负责 $n_h(1 \leqslant h \leqslant m)$ 个仿真节点的时间同步协调。则所有仿真节点分作 m 组，每组数量为 $n_h(1 \leqslant h \leqslant m)$ 个，对任意一个节点 N 拥有时间值 t 和承诺时间值 σ，可得如下集合 $\Omega_1, \Omega_2, \cdots, \Omega_m$：$\Omega_1=\{\sigma_{1,1}, \sigma_{1,2}, \sigma_{1,3}, \cdots, \sigma_{1,n_1}\}$，$\Omega_2=\{\sigma_{2,1}, \sigma_{2,2}, \sigma_{2,3}, \cdots, \sigma_{2,n_2}\}$，$\cdots$，$\Omega_m=\{\sigma_{m,1}, \sigma_{m,2}, \sigma_{m,3}, \cdots, \sigma_{m,n_m}\}$。

对于节点集合 Ω_k，$1 \leqslant k \leqslant m$，通过各个节点的承诺时间值 σ 可以确定适配器 C_k 的两个变量值 (λ_k, δ_k)，它们分别为组内节点承诺时间值 σ 的最小值和次小值，计算方法为：$\lambda_k=\sigma_{ki}$，满足 $(\sigma_{ki} \in \Omega_k) \wedge (\forall j(\sigma_{ki} \leqslant \sigma_{kj}))$；$\delta_k=\sigma_{ki}$，满足 $(\sigma_{ki} \in \{\Omega_k - \{\lambda_k\}\}) \wedge (\forall j(\sigma_{ki} \leqslant \sigma_{kj}))$。进而得到集合 Φ，表示为 $\Phi=\{\lambda_1, \delta_1, \lambda_2, \delta_2, \lambda_3, \delta_3, \cdots, \lambda_m, \delta_m\}$。

令 $\mu_k=\lambda_k$，$\mu_{k+m}=\delta_k$，可得 $\Phi=\{\mu_1, \mu_2, \mu_3, \mu_4, \cdots, \mu_{2m-1}, \mu_{2m}\}$。对于集合 Φ，可以确定两个变量值 (ψ, ξ)，ψ 和 ξ 分别为集合 Φ 中的最小值和次小值，它们的计算方法为：$\psi=\mu_k$，满足 $(\mu_k \in \Phi) \wedge (\forall j(\mu_k \leqslant \mu_j))$；$\xi=\mu_k$，满足 $(\mu_k \in \{\Phi - \{\psi\}\}) \wedge (\forall j(\mu_k \leqslant \mu_j))$。

通过全局计算的结果，得到承诺时间最小的节点集合 $\Phi_{\min}$，以及变量值 (λ_k, δ_k) 最小的适配器节点集合 $C_{\min}$，$\Phi_{\min}=\{N_i | \sigma_i=\psi\}$，$C_{\min}=\{C_k | \lambda_k=\psi\}$。

最终确定的变量值 ψ 和 ξ 就是要求的各个节点的可以推进的时间的上限，对于承诺时间值最小的节点，其上限为 ξ，其他节点的上限为 ψ。因此可以得到各个节点的 LBTS 取值为

$$\text{LBTS}_i = \begin{cases} \psi, & N_i \notin \phi_{\min} \\ \xi, & N_i \in \phi_{\min} \end{cases} \tag{3-3}$$

通过这种分组管理的 LBTS 计算模型，可以方便地将时间信息的维护和计算分配到不同的节点上，减轻节点的负载，同时由于时间信息一致性维护的区域缩减到组的范围内，以组为单位进行管理，节点之间的通信量也会降低。

3. LBTS 计算任务分配

由于时间受限类仿真节点需要接收 TSO 数据，因此，为了避免出现逻辑时间错误、维护事件因果关系，需要控制该类仿真节点的推进，确保所有发送给该类节点的 TSO 数据都被接收。LBTS 并不是对所有仿真节点都有意义，其主要用于控制时间受限类仿真节点的推进。基于逻辑帧的内同步就是要实现该功能。LBTS 计算任务通常包括两种实现方式，一种是在仿真服务端进行各个时

间受限节点的 LBTS 计算，另一种是在各个时间受限节点本地进行 LBTS 的计算。两种方式需要依据网络环境情况进行选择。

1）网络环境良好

网络环境良好的时候，可以将 LBTS 的计算任务分配给各个时间受限节点。基于逻辑帧的内同步要求所有时间控制仿真节点在请求仿真时间推进的时候，同步向时间受限节点声明其前瞻时间和当前仿真时间，以此告知受其影响的时间受限节点在哪个时间段不会再收到 TSO 数据。时间受限节点收集对应的所有时间控制节点的前瞻时间和当前仿真时间，然后在本地计算 LBTS，由此判断是否可以推进仿真时间。如果 LBTS 小于请求推进的仿真时间，则需要继续等待并不断更新 LBTS，直到 LBTS 大于请求推进的仿真时间。

2）网络环境较差

网络环境较差时，网络延迟较大且可能存在丢包现象，LBTS 的计算任务可以分配给仿真服务器端，即由仿真服务器端为所有时间受限类仿真节点计算其对应的 LBTS。当时间受限类仿真节点请求推进的仿真时间小于 LBTS 时，向该节点发送允许时间推进请求，随后仿真节点推进仿真时间到申请的时间。

需要说明的是，如果一个仿真节点选择的时间管理策略是时间控制的，并且不是时间受限的，即不接收 TSO 数据，其仿真时间推进不受 LBTS 限制，发出的时间推进请求可以影响接收 TSO 数据的时间受限节点的 LBTS 计算和仿真时间推进。

3.3.5　多仿真步长协同

1. 逻辑时间推进

在 NCS 内同步过程中，时间控制类节点的逻辑时间每推进一步，所有时间受限类节点都计算一次 LBTS。对于复杂的 NCS 系统，各仿真节点计算步长不一致并且在仿真过程中会动态地产生事件，需要一种多仿真步长的混合推进的解决方案。

该时间推进方案可由图 3-10 所示的例子表示：假设 4 个仿真节点均为时间控制且时间受限类型的节点，当前逻辑时间相同，均为 T_0，图中用实心圆表示。各节点的默认推进步长分别为 $L_1 < L_2 < L_3 < L_4$ 且 $L_2 = 2L_1$。图中三条虚线表示事件队列中的三个事件。各节点在 T_0 处同时发出第一次时间推进请求，请求推进到各自的下一时间点，并保证在自己请求的推进时间内不会产生新的事件。

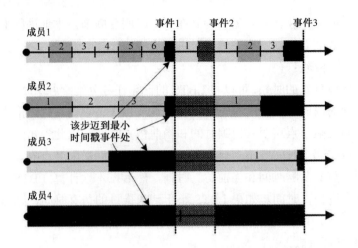

图 3-10 LBTS 应用案例

根据前面提出的 LBTS 计算方法，此时节点 1 的 LBTS 为 T_0+L_1，其他三个节点的 LBTS 均大于该 LBTS。由于只有 T_0+推进步长小于 LBTS 的节点可以被批准推进，因此节点 2、3、4 不能推进，节点 1 可往前推进一步。当节点 1 发出第二次推进请求时，节点 1 的当前时刻为 T_0+L_1，其他节点的当前时刻依旧是 T_0，此时 NCS 中节点 1 和节点 2 的 LBTS 为 $T_0+L_2=(T_0+L_1)+L_1$，节点 1、2 可向前推进一步，节点 3、4 不能向前推进，以此类推。当节点 1 完成 6 次推进时，节点 2 完成 3 次推进、节点 3 完成 1 次推进，如图 3-10 所示，当各节点再一次发出推进请求时，当前 NCS 所有节点的 LBTS 最小值为事件 1（最小时间戳事件）的时间，此时所有节点均按照时间管理指定的步长往前推进，直接推进到最小时间戳事件处。由此可见，各节点的逻辑时间在事件 1 处找齐，而后又从同一逻辑时间处发出推进请求，过程与前述的相同。

简而言之，多种仿真步长的 NCS 系统的逻辑时间推进过程如下：仿真节点提出时间推进请求，仿真服务器端或仿真节点本地通过对事件队列动态管理以及 LBTS 的确定，判断其是否满足推进条件。

（1）若节点的当前时间 T_i+推进步长 $L_i<$LBTS，则允许其按照步长推进到下一时间点。

（2）若节点的当前时间 T_i+推进步长 $L_i>$LBTS 且 LBTS 不是事件点，则不允许其推进。

（3）若节点的当前时间 T_i+推进步长 $L_i>$LBTS 且 LBTS 为最小时间戳事件点，则通知节点进行受限制的时间推进，推进步长为最小时间戳事件时间减去当前时间 T_i，同时将该事件从事件队列中移走。

节点在自己的推进过程中可以调度事件（创建新事件）。整个过程如表 3-2 所示。该推进方案要求各仿真节点模型步长可变，否则无法在事件处进行对齐。各个节点的 LBTS 更新过程如表 3-2 所示，其中 T 为当前逻辑时间，L 为前瞻时间（这里可以是仿真步长）。

表 3-2　各个节点的 LBTS 更新过程

节　点	仿真节点 1			仿真节点 2			仿真节点 3			仿真节点 4			备　注
时间量	T	L	LBTS1	T	L	LBTS2	T	L	LBTS3	T	L	LBTS4	
第 1 帧	0	1	2	0	2	1	0	3	1	0	6	1	允许节点 1 推进
第 2 帧	1	1	2	0	2	2	0	3	2	0	6	2	允许节点 1 和 2 推进
第 3 帧	2	1	3	2	2	3	0	3	3	0	6	3	允许节点 1、2 和 3 推进
第 4 帧	3	1	6	4	2	4	3	3	4	0	6	4	允许节点 1 推进
第 5 帧	4	1	6	4	2	5	3	3	5	0	6	5	允许节点 1 推进
第 6 帧	5	1	6	4	2	6	3	3	6	0	6	6	节点 1 产生新事件 events=6.5
第 7 帧	6	0.5	8	6	2	6.5	6	3	6.5	6	6	6.5	允许节点 1 推进
第 8 帧	6.5	1	8	6	2	7.5	6	3	7.5	6	6	7.5	允许节点 1 推进

2. 数据交互

不同的异构系统仿真步长大多不一致，如在导弹半实物仿真中，导弹数字仿真系统的仿真步长是 1ms，目标模拟系统的仿真步长为 10ms，而火控仿真系统的仿真步长为 62.5ms，NCS 仿真节点客户端必须在这些系统之间做好协调，让各个异构系统"感觉"其他系统仿真的步长和自身一致。

一般而言，内网（异构系统）的仿真步长较小，属于快系统，而外网的仿真步长较大，属于慢系统。因此，数据由内网输出到外网时，相当于"采样"，而数据由外网输入到内网时，要进行"保持"。

内网至外网：由于内网仿真步长小，系统状态变化快，因此，只需在慢系统进行数据更新时将内网数据发送到外网。

外网至内网：快系统在每步仿真过程中，都应该查询是否有慢系统的数据更新，如果有，就以收到的更新数据作为 DR 外推的初值；否则，以上次的外推值为起始值做递推计算，以得到当前时刻的状态值。

3.4 方法评价与指标

3.4.1 性能指标

对于 NCS 系统内同步性能的测试,通常采用每秒到达网络接口的报文数量来描述。通常而言,TCP/IP 堆栈为每个到达的 UDP 报文产生一个操作系统中断。处理这个中断存在时间的消耗,这就很容易导致网络接口设备驱动程序、TCP/IP 堆栈、操作系统忙于响应中断,没能在用户应用中分析处理报文。因此,测试客户端每秒接收到的报文数量并不能完全反映仿真系统真正的性能,往往反映的是操作系统、TCP/IP 堆栈和网络接口接收发送数据的性能。在本节中,给出描述 NCS 内同步性能的一些指标。

1. 时间推进速度

时间推进速度(Time Advance Speed,TAS)指仿真节点在单位时间内的时间推进次数,用于衡量节点进行一次时间同步协调的效率,单位为次/秒。

设在 t_1 到 t_2 时间段进行了 $n_{\text{timeAdvance}}$ 次时间推进,则 $TAS=n_{\text{timeAdvance}}/(t_2-t_1)$。

测量时间推进速度的过程通常是使用包含 N 个仿真节点的联合仿真系统,每个节点使用同一个时间参数重复请求时间推进。此时,用机器时间的 1s 内每个仿真节点收到的时间推进许可的数量描述时间推进速度。

2. 空载网络带宽占用量

空载网络带宽占用量(Vacant Network Bandwidth Occupied,VNBO)指仿真运行过程中,在没有事件报文的情形下,单位时间内分布式仿真运行支撑平台时间推进所占用的网络带宽量,用于衡量主机节点和时间同步的网络带宽,单位为 Mbps。在 t_1 到 t_2 时间段内,设主机通信的报文共有 n 个 $\{m_1, m_2, m_3, \cdots, m_n\}$,每个报文的长度分别为 $\{l_1, l_2, l_3, \cdots, l_n\}$,则 $VNBO = \sum_{i=1}^{n}(m_i \times l_i)/(t_2 - t_1)$。

3. 丢包影响率

丢包影响率(Loss Effect Rate,LER)指组播发生丢失时节点的推进速度与没有发生丢包时节点推进速度的比值,用于衡量组播丢包率对时间管理的影响程度,单位为百分比。

设组播丢包率为 x%时的节点时间推进速度为 TAS_{lostx}，组播丢包率为 0%（不发生丢包）时，节点的时间推进速度为 TAS_{noLoss}，则 $LER=TAS_{lostx}/TAS_{noLoss}$。

4. 仿真节点规模

仿真节点规模（Simulation Member Node Scale，SMNS）指仿真节点进行时间同步推进时节点数量与系统推进速度的关系，用于测试分布式仿真运行支撑平台时间管理对仿真节点规模的支持。

3.4.2　方法评价

1. 已有方法分析

根据服务器端的输入输出内容，NCS 同步方案可以分为三大类，即"输入指令，输出指令""输入指令，输出状态""输入状态，输出状态"，NCS 中可能会采用其中的一种或几种方案的组合。服务端既可能接收"指令"或"状态"的输入，也可能输出"指令"或"状态"。本书提出的基于逻辑帧的内同步就属于"输入指令，输出指令"的同步方案类型。

三种同步方案的对比如表 3-3 所示。

表 3-3　三种同步方案对比

同步方案	客户端运算能力	服务器端运算能力	场景举例
输入状态，输出状态	客户端进行仿真运算，服务器端负责转发 优点：即时表现，用户体验好 缺点：容易作弊	负责转发 优化策略：可以在服务器端做一些校验来减少作弊	对一些网络化的射击训练，实时性要求高，用户打出一枪后期待马上看到效果，用客户端运算的方案，用户能够即时反馈。由于同一个场景中节点可能很多，因此不适合采用本节的方法
输入指令，输出状态	优化策略：在客户端先进行部分计算	服务器端进行仿真计算 优点：有效杜绝作弊 缺点：服务器端负载压力大	同一个场景中的角色较多，不适合使用本节的方法，如果需要较好地防止作弊，且开发时间充裕，可以选择该方案
输入指令，输出指令	客户端进行仿真计算 优点：可以同步大量角色 缺点：容易错乱	优化策略：可以在服务器端做一些校验来减少作弊，负责转发	如果使用状态同步，则意味着需要同步大量数据，而该方案只需要同步小部分指令； 对公平性要求较高即对误差的要求较高的场景，该方案可以保证多个客户端的误差很小

2. 方法优点

本书给出的基于逻辑帧的内同步方法具有带宽占用量小和计算处理量小等突出优点。NCS 内同步方法同步的是能改变状态的 TSO 仿真事件,通常而言,小规模的 NCS 应用逻辑帧同步效果最好。

(1)带宽占用量小。基于逻辑帧的内同步方法所需要交互的 TSO 数据都包含逻辑时间信息,单次传输时所占据的网络带宽并不大。在进行内同步时,除非 NCS 系统中仿真节点数目为天文数字或仿真步长极小,该方法中的带宽问题一般不会导致通信吞吐量降低。

(2)计算处理量小。基于逻辑帧的内同步方法的计算量是比较小的,服务端在接收仿真节点的时间推进请求时,所需要的计算也仅仅是对所有仿真节点的逻辑时间加前瞻时间进行排序,所以,NCS 中的同步计算也不会过多地占用 CPU。如果是在时间受限仿真节点本地进行 LBTS 计算,其占用的计算资源通常也不会对业务应用造成大的影响。

在应用层面,该方法还具有以下优势。

(1)方便实现实时对战类 NCS 交互仿真,适用于弱网络下的同步问题,即用尽可能少的消息就能维持战斗的继续。

(2)提升开发效率,由于服务器端能够只做数据的转播,仿真节点客户端在开发中也能够先脱离服务器端单独进行。

(3)在仿真节点表现方面能够得到更好的表现力,由于仿真节点得到了更多的表现管理权限,没必要被数据硬性驱动。

(4)能够很方便地做一些军事类 NCS 中的战斗复盘,有了战斗初始信息及战斗帧列表,就能够完美复现战斗过程。

(5)NCS 内同步方法可以无视客户端或服务器端,开发方便、易维护、易移植,对于人在回路的单兵技能训练的打击感反馈好,网络流量小。

3. 方法缺点

本书提出的基于逻辑帧的内同步方法存在以下不足。

(1)基于该方法的 NCS 内同步需要等待最慢的仿真节点客户端,保证所有节点状态一致,即一个节点卡了,所有节点都会卡。只有当服务器端收集齐了所有仿真节点的操作指令,才可以进行计算,进入下一个帧周期。每个仿真节点的延迟等于延迟最大的仿真节点客户端的延迟。

(2)NCS 内同步的另一个问题就是很难保证命令一致的情况下,所有仿真节点的计算结果完全一致,只要任何一个帧周期出现了一点点误差就可能产生蝴蝶效应,使仿真节点后面的结果截然不同。这个问题听起来容易,实际上执行起来却有很多容易被忽略的细节，如 RPC 的时序、浮点数计算的偏差、容器排序的不确定性、随机数值计算不统一等。浮点数的计算在不同硬件（跨平台更是如此）上很难保持一致，可以考虑转换为定点数，并且使各个仿真节点上使用相同的随机种子，在一定程度上能够满足需求，但是具体实现起来可能还有很多问题，需要在不断试错之后才能真正解决。

（3）当仿真节点客户端数量增加时，网络引发故障的概率也相应增加，网状网络总的连接数为 $O(N^2)$，仿真节点客户端数量递增时，网络复杂度高，总体流量大。

（4）仿真节点计算压力大，需要每个逻辑帧计算所有仿真实体的逻辑状态，即使实体不是仿真关注的重点。它需要仿真节点的接收端口在一个步长内被迫接收所有节点的 TSO 数据。当仿真节点规模大时，数据排队过长及接收端口存储容量的限制会导致整个 NCS 系统效率低下甚至卡死。

需要指出的是，本节的方案不适合 NCS 联合模拟训练中的射击类应用场景，该类场景要求即时反馈，所以通常采用在仿真节点客户端进行仿真计算、服务器端进行状态转发的方案。这个方案可以保证仿真节点客户端只需要关注自身周围相关的事物即可，计算量小。

本节提出的基于逻辑帧的内同步方法，在实现上还需要克服以下两大难点。

（1）保证所有仿真节点客户端的逻辑计算结果一致。从仿真节点客户端的角度看，各客户端的硬件配置和软件环境不同，要保证"同样的输入"能有"同样的输出"，需要自行实现客户端的循环机制，规范好逻辑写法。例如，同样是"移动 0.1m"，由于浮点数精度不同，有些机器会用 0.0999999999999979 表示 0.1，有些则会用 0.0999755859375 表示。一次次的误差积累，时间久了，不同客户端的状态就会出现很大的差异。

（2）本节的基于逻辑帧的协同推进方法对网络质量的要求很高，如果一个周期是 0.1s，意味着如果延迟大于 100ms，那基本上就无法正常运行了。100ms 是最大值，这就要求大部分的延迟要低于 50ms。

第 4 章

NCS 外同步方法

4.1 虚实结合的 NCS 运行

1. 概念定义

依据装备试验、模拟训练和分析评估等不同领域的应用需求，可以把真实物理世界与虚拟仿真系统深度融合的联合仿真方法，即虚实结合的 NCS 方法定义为：一种综合利用真实物理世界与虚拟仿真系统两类资源和过程开展的联合仿真方法，以 LVC 一体化联合仿真技术为基础，以充分有效利用虚拟仿真系统和真实物理世界的资源为核心，集成优化真实物理世界与虚拟仿真系统各种仿真资源、按需组合，达到仿真效益最大化的目的。

虚实结合的 NCS 方法本质上是指真实物理世界与虚拟仿真系统互利共生和深度融合的联合仿真方法，在真实物理世界的运行实施过程中融入了仿真模拟的要素，同时在虚拟仿真系统的运行实施过程中也加入了实兵实装仿真资源。

从技术实现的角度看，虚实结合的 NCS 方法指的是虚拟仿真系统直接从真实物理世界获取相应的测量数据，并通过数据同化等技术动态校正仿真系统中的仿真状态和模型参数，然后基于最新仿真状态和仿真模型参数进行仿真预测。与此同时，虚拟仿真系统可以反作用于真实物理世界的对象，指导和控制真实物理世界的运行过程。

2. 主要内容

虚实结合的 NCS 方法重点强调两方面内容。

一方面是联合真实物理世界和虚拟仿真系统资源的 LVC 一体化联合仿真运行，重点关注不同种类 LVC 仿真资源之间的互联、互通和互操作。具体地讲，就是联合真实物理世界、人在回路模拟器和全数字化仿真等各类 LVC 仿真资源，将分布在不同地理位置的靶场和仿真站点通过有线/无线通信宽带连接，构建分布式的 NCS 环境，开展虚实结合的分布式仿真运行环境。

另一方面是真实物理世界和虚拟仿真系统之间的互利共生和深度融合，保证二者之间是一个相互促进、相互利用的过程。就是从应用层面上，强调虚拟仿真系统利用真实物理世界的真实状态数据和测量数据来提高自身可信度和准确性，同时虚拟仿真系统可以为真实物理世界提供仿真设计、结果分析、效能评估、过程控制、辅助决策、状态预测、故障诊断、状态识别等功能支持。

从互操作性的角度来讲，虚实结合的 NCS 方法强调以实兵实装和仿真系统构成的 LVC 一体化联合仿真环境为基础，以真实物理世界和虚拟仿真系统的结合为途径，从而实现技术性能仿真向体系作战效能评估仿真的拓展。虚实结合的 NCS 方法通过测量系统和执行器将虚拟仿真系统和真实物理世界相互关联起来，实现它们之间的互操作。测量系统为虚拟仿真系统提供真实物理世界的相关状态数据信息，执行器允许虚拟仿真系统对真实物理世界施加控制与决策支持影响。

3. 基本过程

在虚实结合的 NCS 方法中，虚拟仿真系统与真实物理世界的交互过程如图 4-1 所示。通过测量过程，虚拟仿真系统可以获得关于真实物理世界的测量数据，然后通过决策与控制功能动态触发仿真运行过程，利用分析与优化功能分析测量数据并生成一个或多个仿真剧情，然后开始运行仿真剧情。分析与优化功能还可以分析处理仿真结果，向决策与控制功能提交分析结果，最后由该模块决定向真实物理世界过程输出哪种操作，这些操作可能是一些控制命令，也可能是供外部决策者使用的决策选项。

图 4-1 中虚拟仿真系统与真实物理世界形成一个闭环回路。在很多虚实结合的仿真中，可能不存在虚拟仿真系统向真实物理世界的反馈过程，即二者之间是一个单向的开环回路。

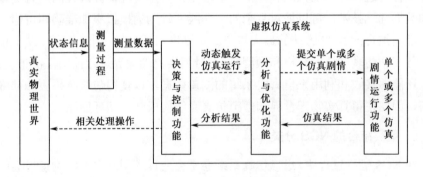

图 4-1　虚拟仿真系统与真实物理世界的交互过程

4. 基本优势

与单纯的真实物理实验方法或虚拟仿真分析方法相比，虚实结合的 NCS 方法能够同时具有真实物理实验和虚拟仿真分析的技术优势，也能够克服这两种方法存在的瓶颈，主要表现在以下方面。

（1）虚实结合的 NCS 方法是在实现 LVC 各类仿真与仿真资源的互联互通和互操作技术上的仿真方法，能够既使用已有历史数据或静态数据，又可以对实时动态数据加以利用。它支持对相关仿真模型的状态和参数的动态校正，通过对动态测量数据的有效利用提高仿真的可信度和准确性。

（2）虚实结合的 NCS 方法可以在确保具有较高仿真精度的前提下，最大限度地降低仿真难度和仿真成本。虚实结合的 NCS 方法能够利用仿真模型或模拟器代替实际的武器装备，可以有效地减少武器装备试验、训练和分析所需的实际武器装备数量，并且成功克服了大量实际装备难以集结的困难，同时极大地节约了试验、训练和分析成本，使仿真周期也相应地缩短了。

（3）虚实结合的 NCS 方法不仅可以对武器装备性能进行评估和鉴定，还可以提出武器装备作战使用的参考意见，从新技术中为军队提炼出最好的军队结构、组织和作战方法，能大大提高联合作战能力。此外，虚实结合的 NCS 方法还可以揭示武器装备作战使用的缺陷，提出改进意见。

（4）虚拟仿真系统既可以通过使用数据同化技术来利用真实测量数据，提高仿真结果的准确性和可信度，也可以选择直接使用真实测量数据表征的系统状态作为仿真计算结果，这样使得一些计算量较大的求解过程被省略，直接由真实数据给出仿真计算结果，这样可以加速仿真模型的运行。

（5）用于武器装备试验、训练和分析的仿真系统往往需要对复杂的、非线性的行为进行建模与仿真，但受到现有建模与仿真水平的限制，仿真系统很难对该类行为进行准确的预测和模拟。借助来自真实物理世界过程的实时测量数据和数据同化技术，可以使对复杂的、非线性行为的模拟更加准确和可信。

虚实结合的 NCS 方法的最大特点就是高度自适应性，因为仿真系统不仅能够进行多个仿真剧情的分析和预测，进而对真实物理世界进行控制与决策支持，同时还能够接收和利用来自真实系统的测量数据，以使得仿真结果更加准确和可信，因此使得真实物理世界和虚拟仿真系统构成一个闭环回路。

5. 虚实结合的 NCS 分类

在 NCS 运行过程中，虚拟仿真系统通常会通过利用来自真实物理世界的实时测量数据来提高仿真运行速度和准确性。虚拟仿真系统反过来会对真实物理世界提供分析预测、状态识别、决策支持等功能，但它对真实物理世界的作用效果并非总是有利的。这里依据虚实结合的效果和形式对虚实结合的 NCS 进行分类。

1）按互利形式分类

虚实结合的 NCS 中强调最多的就是"虚"与"实"之间的互利共生，指的是虚拟仿真系统与真实物理世界之间互相促进、取长补短。然而，通过深入研究武器装备试验、联合模拟训练和作战方案评估等仿真应用领域的实际情况可以发现，NCS 过程中的虚实结合同时还可能拥有其他几种情形，包括偏利共生和寄生。其中，偏利共生指的是虚拟仿真系统与真实物理世界中一方从另一方的运行当中获益，并且不影响另一方的正常运行；寄生指的是虚拟仿真系统与真实物理世界中一方从另一方的运行当中获益，同时会给另一方的正常运行带来不利影响。因此，我们可以依据"虚"与"实"之间的结合效果对虚实结合的 NCS 进行分类，可以分为互利共生、偏利共生和寄生三种类型的虚实结合 NCS。

2）按结合形式分类

通过对以上三种虚实结合 NCS 内涵的分析，又可以按照"虚"与"实"结合的形式把虚实结合的 NCS 分成闭环形式的虚实结合 NCS 和开环形式的虚实结合 NCS 两大类。在闭环形式的虚实结合 NCS 中存在一个从虚拟仿真系统到真实物理世界的反馈控制过程，"虚"与"实"之间构成一个闭环回路。在开环形式的虚实结合 NCS 中就不存在这种反馈过程，虚拟仿真系统不会对真实物理世界过程造成影响，所以这种开环形式的虚实结合 NCS 是一种偏利共生的虚实结合关系。在闭环形式的虚实结合 NCS 中，虚拟仿真系统既可能对真实物理世界产生有利的影响，也有可能产生不利的影响，这就涉及互利共生和寄生两种虚实结合类型。

4.2　外同步的需求分析

4.2.1　机器时间对齐问题

NCS 的外同步也称为时钟对齐或机器时间同步，其必要性可以通过图 4-2 所示的例子来说明。对于一些实时运行的 NCS 系统，如果不进行外同步，则会产生图 4-2（b）所示的结果。节点 A 发出的运动事件传递给仿真服务端，然后转发给节点 B。机器时间没有对齐，节点 B 无法依据事件的时间戳进行预测和插值，导致服务器端和节点 B 的状态与节点 A 的真实状态不一致。

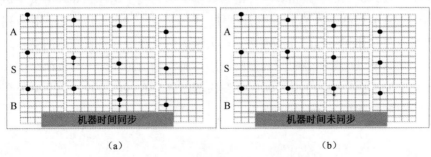

（a）　　　　　　　　　　　（b）

图 4-2　机器时间同步与未同步效果对比

机器时间同步的主要挑战在于时钟源和通信网络在现实中都不是理想的，这就导致了不精确问题，需要进行补偿。对于时钟源而言，量化、频率变化（受温度影响等）、晶振的随机抖动、老化效应等都是导致机器时间同步不精确的因素。对于网络通信而言，网络延迟的变化、处理时间的变化都是导致机器时间同步不精确的因素。

NCS 外同步研究的难点还包括以下几点。

（1）网络传输延迟的不确定性使得仿真节点无法准确得到标准远程机器时钟的即时时间值（机器时间值）。

（2）每个机器时钟都存在漂移率，使得多个仿真节点的机器时钟即使在同一个标准时间启动，它们也不可能长期保持同步，这对于长时间运行的 NCS 系统是有影响的。事实上，影响时钟漂移率的因素有很多，如晶体质量、生产工艺、温度变化、环境变化、老化程度等，两个时钟时间的不同会随着时间的流逝而改变。

（3）在 NCS 的机器时钟同步中，要确保单个仿真节点具有容错和自适应的能力。当通信网络发生抖动甚至通信中断等异常情况时，仿真节点的机器时钟也能够最大限度地保证在允许的误差范围内正确运行。

由于构成 NCS 的各个仿真节点根据各自的实时性约束要求所采用的仿真框架不一致[这里的仿真节点既可以是单台计算机，也可以是分布式的应用系统（整体视为一个仿真节点）]，因此在进行多个节点的联合仿真时需要解决以下两个问题。

（1）仿真节点间时统零点不齐。由于各仿真节点内部都设计了自身机器时钟去驱动自身运行，并以仿真节点仿真开始时刻的机器时钟值作为仿真的时统零点，因此进行多节点混合仿真时如果各节点采用本身配备的机器时钟，必然会带来各仿真节点间仿真开始时刻的时统零点不齐。

（2）仿真节点推进不同步。各仿真节点根据实时性约束的要求，其仿真步长也不一致。例如，视景仿真节点的仿真步长约为几十毫秒，导弹半实物仿真节点的仿真步长可以达到 1ms 到几毫秒，而在混合的 NCS 仿真运行时，视景仿真节点与导弹半实物仿真节点间存在大量的仿真命令和仿真数据的交互，如果两个仿真节点内部机器时间的定时间隔、时统输出时序误差导致两个仿真节点机器时间不同步，由于其逻辑时间与机器时间具有强相关性，因此可能会出现逻辑时间的因果关系混乱的情况。

4.2.2　系统实时运行问题

1. 实时仿真的内涵

关于"实时"的定义，目前较为公认的有两个：①实时系统是这样一类系统，即计算的正确性不仅取决于计算的逻辑正确性，而且取决于输出计算结果的时间；②实时系统必须在确定的最终期限（deadline）到达之前完成规定的任务，否则将导致灾难性后果或系统失败。

实时表示具有确定性的响应，即在给定的时间周期内，对某个事件做出可靠、准确的响应的能力。简单地说，实时是用来描述 NCS 应用的定时要求的。由于机器时间的推进是和仿真业务计算的调度相关联的，因此从实现的角度看，NCS 的实时性主要体现为仿真业务计算过程的（等间隔的）周期性调度。

在虚实结合的 NCS 应用中，通常只有部分参与仿真的节点是用软件算法实现的纯虚拟系统，而另外一些仿真节点则可能是具体的物理设备，或者是真实的人。通常称前者为半实物仿真或硬件在回路仿真（Hardware-In-The-Loop），后者被称为人在回路仿真（Man-In-The-Loop）。在这类虚实结合的 NCS 应用中，真实世界中的人或设备被融入仿真空间中，因此，自然时间和仿真时间之间产生了关联关系。对于有实兵实装加入的 NCS 应用而言，其运行要符合实兵实装的实时性要求，因此也属于实时仿真。

根据目前仿真界通用的定义，典型的实时仿真系统要求仿真时间 ST 和自然时间 RT 保持一致，即 $ST=RT$。进一步扩展实时仿真的范围，当存在常数 $\lambda \neq 0$，使得 ST 和 RT 满足比例关系：$ST=\lambda \times RT$，$\lambda=1$ 则称该仿真系统为实时仿真系统，特别地，对 $\lambda>1$ 的情况称为超实时仿真，而 $\lambda<1$ 的情况称为欠实时仿真，因此，仿真系统就是通过对仿真时间的控制来实现实时仿真的。

2. 实时仿真的特性

对于 NCS 的实时仿真运行，需要满足以下特性需求。

1）及时性

及时性（timeliness）是评价 NCS 系统与真实自然时间保持同步推进能力的标准，通常描述为 NCS 系统中事件的逻辑时间与对应的机器时间之间的差值，即延迟（delay）。由于仿真负载的影响，仿真事件的调度时间（通常是逻辑时间与自然时间保持一致的取值）可能会超过其对应的应该被调用的机器时间。

2）响应性

响应性（responsiveness）描述了 NCS 系统响应来自外部真实系统输入信息

的能力，通常用外部事件产生时间与事件被 NCS 系统处理的时间之间的差值来描述。对于人在回路的 NCS 仿真，系统的响应性不必太高，通常为 100ms 即可。对于硬件或软件在回路的仿真，如网络基础设施的仿真，其响应性通常要求在毫秒级以内，这样才能确保仿真结果的准确性。

3）一致性

一致性（consistency）是指所有仿真节点对共享状态数据有一致的理解，不仅是指 NCS 系统内部各个节点之间的一致理解，还包括 NCS 系统与真实物理系统之间对状态数据的一致理解。

对于仿真节点 j 的每个写入事件，对应的标签为 g_j，用 g_i 表示对应节点 i 的接收事件的标签，如果没有对应的接收事件，则 g_i 为 ∞。从 j 到 i 的不一致性 $\bar{C}_{ij}$ 定义为

$$\bar{C}_{ij} = \max\left[\tau(g_i) - \tau(g_j)\right] \tag{4-1}$$

式中，最大值运算针对的是仿真节点 j 上所有的写入事件。如果仿真节点 j 上没有写入事件，则 $\bar{C}_{ij} = 0$。通常 $\bar{C}_{ij} \geqslant 0$。如果 $\bar{C} = 0$，则表明是强一致性的。这种强一致性是以牺牲可用性为代价的。

需要注意的是不一致性测量的是两个逻辑时间的差值。

4）可用性

可用性（availability）指的是系统响应用户请求和/或修改共享变量的能力，在 NCS 中，可用性还包括 NCS 系统响应外部物理设备输入的能力，通常用响应时间来描述。

在 NCS 系统中，不可用性（unavailability）$\bar{A}$ 是指系统响应用户请求所花费的时间。用户请求是产生自系统之外的外部事件，这里外部事件可以泛化为来自物理设备的输入，而不仅仅是用户的请求，事件的响应还包括驱动外部物理设备。

假设一个用户请求或者物理设备输入触发了仿真节点 i 的一个读取事件，对应标签为 g_i，对应时间戳为 $\tau(g_i)$ 是当外部事件发生时本地逻辑时间的取值。用 T_i 表示读取事件的机器时间，也是读取事件被处理时的机器时间。因此，$T_i \geqslant \tau(g_i)$。

对于仿真节点 i 的每个读取事件，对应的标签为 g_i，机器时间为 T_i（为事件被处理时的时间）。仿真节点 i 不可用性定义为

$$\bar{A}_i = \max\left[T_i - \tau(g_i)\right] \tag{4-2}$$

式中，最大值运算针对的是用户请求触发的仿真节点 i 的所有读取事件。如果仿真节点 i 没有读取事件，则 $\bar{A}_i = 0$。

由于这里仅考虑 NCS 系统外部触发的读取事件，因此，$\tau(g_i) \leqslant T_i$，且 $\overline{A}_i \geqslant 0$。如果 $\overline{A}_i = 0$，则表示拥有了最大可用性，也就是外部事件的触发立即得到了响应。

4.2.3　虚实交互因果维护

1. 虚实结合的模型分类

在传统建模与仿真领域中，可以按照逻辑时间推进方式和模型状态改变方式的不同，将仿真模型分为连续时间模型和离散事件模型两类。

1）连续时间模型

在对导弹飞行力学、控制系统等连续系统进行建模与仿真时，通常使用数值积分方法（如龙格-库塔法、欧拉法等）将连续模型进行离散化处理。因此，该类仿真系统中的仿真时间是以积分步长为单位向前推进的。在这类仿真系统的运行过程中，系统状态可以看作是在时间上连续改变的，系统的行为可以用一组微分方程描述，这类仿真模型也被称为连续时间模型。

2）离散事件模型

在作战推演、人工社会等一些离散事件仿真应用中，仿真模型的状态只在离散时间点上发生改变，两个相邻发生的事件之间系统状态保持不变。在这类系统的仿真运行过程中，仿真时间可以跨过这些不活动时间段，跳跃式地向前推进。离散仿真中仿真模型把物理系统看成只在仿真时间的离散点上改变状态，这些离散时间点具有不确定性。离散模型可以细分为时间步进和事件驱动两种时间推进方式。

从系统运行的角度出发，包含实兵实装要素的 NCS 应用属于典型的人在回路或硬件在回路的仿真，人、装备也要参与 NCS 的运行过程，要与虚拟仿真模型产生数据和事件的交互。通常情况下，可以将实兵实装与虚拟仿真模型之间的协同运行问题类比为连续时间模型与离散事件模型的协同运行问题。

在实际的应用当中，许多复杂的 NCS 系统既不是单纯的实兵实装（连续时间模型），也不是单纯的虚拟仿真系统（离散事件模型），而是两者的结合，此时需要用到连续离散混合系统仿真。混合系统仿真应该要把实兵实装和虚拟仿真系统有机地结合起来。有两种方法：一种是将实兵实装的模型嵌入虚拟仿真系统的离散行为描述中；另一种是将虚拟仿真系统的离散行为描述嵌入实兵实装的模型中。

2. 虚实交互因果维护问题

离散事件模型是瞬时推进的，意味着在运行过程中时间是不进行推进的。下一次仿真运行激活的时间可以通过事件表中的下一事件获取。

连续时间模型在仿真运行过程中推进仿真时间。连续时间模型的执行时间被划分为多个固定长度的时间步长，只有模型完成在该步长的计算任务，才会推进仿真时间。

连续时间系统仿真过程按照时间连续推进，离散事件仿真过程按照离散步长进行推进，寻找合适的时间点来进行二者之间的数据传递和同步是连续时间模型与离散事件模型混合仿真的核心问题，也是 NCS 中虚实交互需要解决的核心问题。其难点在于离散事件模型与连续时间模型的协同通常伴随状态的不连续变化，使得仿真计算和分析难以进行。

虚实结合的 NCS 运行的因果维护问题，核心的就是解决时间步进（CT）与事件驱动（DE）两种时间推进方式的因果逻辑关系问题，其本质是连续时间模型与离散事件模型的协同运行问题。

4.2.4　外同步性能指标

常用的时钟对齐性能衡量指标包括时间误差、时间间隔误差、最大时间间隔误差和时间偏差等，它们可以从时间同步精度、稳定度等方面来评估时钟对齐的性能，具体如下。

1. 时间误差

时间误差（Time Error，TE）用来衡量被测时钟的时间与标准时间之间的偏差。在数学上，被测时钟的时间 $T(t)$ 与参考时钟 $T_{ref}(t)$ 之间的时间误差函数 $x(t)$ 可以定义为

$$x(t) = T(t) - T_{ref}(t) \tag{4-3}$$

时间误差是计算其他时间同步性能评价指标的基础。由于连续的时间误差函数 $x(t)$ 在实际中是无法获得的，因此常使用等间距的样本序列 $x_i = x(t_0 + i\tau_0)$ 来表示。

2. 时间间隔误差

时间间隔误差（Time Interval Error，TIE），是指被测时钟提供的时间间隔测量值与参考时钟提供的同一时间间隔测量值之间的差值。时间间隔误差函数 $TIE(t, \tau)$ 的数学表达式为

$$\text{TIE}(t,\tau) = \left[T(t+\tau) - T(t) \right] - \left[T_{\text{ref}}(t+\tau) - T_{\text{ref}}(t) \right] = x(t+\tau) - x(t) \quad (4\text{-}4)$$

式中，τ 是时间间隔，通常被称为观察间隔。

3. 最大时间间隔误差

最大时间间隔误差（Maximum Time Interval Error，MTIE）表示给定的时间信号在测量周期（T）内，相对理想时间基准的所有观测时间的最大峰-峰值变化。在一个观测时间（$\tau = n\tau_0$）内，其数学表达式如下：

$$\text{MTIE}(n\tau_0) \cong \max_{1 \leqslant k \leqslant N-n} \left[\max_{k \leqslant i \leqslant k+n} x_i - \min_{k \leqslant i \leqslant k+n} x_i \right], \ n = 1, 2, \cdots, N-1 \quad (4\text{-}5)$$

4. 时间偏差

时间偏差（Time Deviation，TDEV），是对时间信号的变化积分得到的度量，可以提供信号相位（或时间）噪声的频谱分量信息。根据时间误差样本序列，TDEV 计算方法如下：

$$\text{TDEV}(n\tau_0) \cong \sqrt{\frac{1}{6n^2(N-3n+1)} \sum_{j=1}^{N-3n+1} \left[\sum_{i=j}^{n+j-1} \left(x_{i+2n} - 2x_{i+n} + x_i \right) \right]^2} \quad (4\text{-}6)$$

式中，$n = 1, 2, \cdots, \text{integerpart}(N/3)$，$x_i$ 是时间误差，N 是总的样本数量，τ_0 是时间误差间隔，τ 是积分时间，为 TDEV 的自变量，n 是积分时间 t 内的采样间隔数。

5. 时间同步精度

时间同步精度（precision）T_{pre}，指在任意时刻各仿真节点的机器时间的最大误差。时间同步精度的要求是针对整个网络仿真的所有仿真节点而言的，保证时间同步精度就是要确保在任意时刻，各个仿真节点的机器时间保持一致。即对 n 个仿真节点，满足

$$\max_{i,j \in \{1,2,\cdots,n\}} | f_{\text{ST}i}(t) - f_{\text{ST}j}(t) | \leqslant T_{\text{pre}} \quad (4\text{-}7)$$

NCS 系统的外同步主要是实现该式，其中，$f_{\text{ST}i}(t)$ 为第 i 个仿真节点的机器时间。

6. 时间同步精确度

时间同步精确度（accuracy）T_{acc}，指仿真节点的机器时间与自然时间的最大偏移误差。

$$T_{\text{acc}} = \max_{t \in \mathbf{R}} [f_{\text{ST}}(t) - f_{\text{MT}}(t)] \quad (4\text{-}8)$$

时间同步精确度的要求是针对网络仿真中的每个仿真节点而言的，保证时间同步精确度就是保证每个节点仿真的实时性，即要求每个节点的机器时间与自然时间要保持一定的线性关系：

$$|f_{\text{ST}i}(t) - T_{Si} + \lambda_i \times t| \leqslant T_{\text{acc}} \qquad (4\text{-}9)$$

式中，T_{Si} 为第 i 个仿真节点的仿真初始时间，λ_i 为时间比例因子，t 为自然时间，对 NCS 而言，要求各仿真节点的 λ_i 及 T_{Si} 都相等。

4.3 基于递阶混合的机器时钟对齐

4.3.1 整体方案

1. 技术要求

在外同步的实现上，通常要求存在一个高精度的时钟或定时器作为基准时钟（机器时间的基准），并且能够确定或预测仿真服务执行时间及消息传输时间。NCS 系统的时钟对齐通常有以下技术要求。

（1）精度。主节点与从节点之间不能通过同步进行补偿的时间偏差应该尽可能小。为此需要定义两个参数，即主从节点之间的时间偏差（offset）和频率差异（skew）。前者的补偿称为同步（synchronization），后者的补偿称为谐振（syntonization）。通常而言，对频率进行校正相较于时间偏差校正更容易实现，因为频率偏差更容易确定。

（2）可扩展性和带宽效率。进行消息同步的过程一定会带来额外的网络负载，当消息同步过程占用的网络带宽越小时，用于仿真业务处理的带宽就越有可能增加。这对于整个 NCS 系统的扩展性有着重要影响，因为受到带宽的影响，所有节点的同步恐怕难以实现。

（3）计算效率。时钟同步需要占用节点的一部分计算处理资源，用于同步计算的计算资源越少，用于仿真业务计算的计算资源就越多。

（4）硬件资源。时钟同步需要一些硬件资源的支持，包括终端节点的网卡及网络交换机，部分 NCS 系统可能还需要北斗授时设备的支持。

除了上述需求，时钟对齐还具有健壮性和安全性要求。不同的要求之间往往需要进行权衡。

需要说明的是，时钟对齐能够使得 NCS 中的所有仿真节点具有大致相同的全局（机器）时间，即任意两个节点的全局时间之差都在规定的偏差范围内，这一点是时间驱动方式运行的 NCS 的最基本的前提条件。

2. 仿真节点的适配器

NCS 系统通常由多个节点或子系统构成，这些节点或子系统往往是地理上分散部署的异类异构系统，在进行联合仿真时，需要解决时钟对齐问题。在本书中，NCS 的时钟对齐考虑更复杂的场景，即 NCS 中包含多个子系统的互联互通，每个仿真节点对应一个子系统，子系统通过适配器接入 NCS，即适配器作为仿真单元接入 NCS 系统的接入节点。

NCS 系统中的仿真节点有时不单单指的是一台计算机，更多的时候是一个仿真应用系统，该系统可以是在局域网基础上构建的分布式系统。针对这类仿真系统，通常设置一个计算机节点作为直接接入 NCS 的客户端，称为适配器。适配器担负的功能如下。

（1）基本网关功能：作为智能翻译器，负责所代理仿真应用与外界信息的交互，将数据转换为其他系统可识别的格式。

（2）过滤数据功能：具备数据识别的功能，确保其他系统收到的确实是其感兴趣的数据。

（3）状态监控功能：实时监控所代理的仿真资源"在线"状态及网络连接中断等突发事件，能够将状态反馈到总控计算机。

（4）过程控制功能：能够响应总控计算机的请求，访问所代理仿真应用的本地数据并回传消息，管理所代理仿真应用中仿真应用程序的启动、退出。

3. NCS 的实时性分层

非实时运行的 NCS 系统通常采用事件触发机制，实时运行的 NCS 系统一般采用时间触发机制，通常表现为固定步长推进，需要在网络当中建立一个统一的时间基准（机器时间的基准）。外同步主要任务是使仿真时间、机器时间和自然时间保持同速率推进，其关键在于保证所有仿真节点机器时间的同步。

外同步的机器时钟对齐的核心问题是将地域分散的仿真节点的时钟对齐（也称为同步），将所有分散的仿真节点的机器时钟值调整到满足一定的准确度或误差范围。不同仿真节点间存在数据传输延迟、计算延迟、时钟不同步等情况，可能会导致 NCS 系统中的机器时间和空间状态与实际情况不一致。

不同仿真应用和不同用户的定时要求不尽相同，因此，事务的实时性没有一个统一的时间限制。为了更加精确地定义系统的实时性能，本书根据不同的实时性约束要求将 NCS 中各仿真节点划分为非实时层、弱实时层、实时层和超实时层 4 个层次，分析了具有不同实时性要求的模型计算和数据通信。

1）非实时层

非实时层主要用于与时间受限无关的离线处理，主要包括资源管理系统、想定生成系统、仿真实验设计系统、离线数据分析与评估系统等无实时性要求的仿真节点。

2）弱实时层

弱实时层指 NCS 运行过程中的实时性能要求不高的部分，实现"感觉实时"的仿真节点。主要包括一些态势显示、导调控制、辅助决策等业务系统的互联，具有体系化运行、可扩展性强、业务相互衔接等特点。通常是人在回路的联合仿真，同步精度要求通常在 300ms 以内。一些实时性能要求略弱的仿真模型，典型的包括情报侦查和指挥模型，也可以归类为弱实时层。这些模型间并非是每个仿真步长都交互数据，而是不确定的数据传递，可以通过时间戳机制进行数据处理、推算和时间补偿。实施弱实时的仿真节点可以有不同的响应速率，而且不会影响整个 NCS 系统的整体功能。

3）实时层

实时层通常指实时仿真中存在严格实时性约束的部分，是 NCS 系统实时运行的实现主体，包括真实武器装备的接入、与实装密切相关模型的实时计算等，可以为弱实时层提供作战行动结果数据和武器装备状态数据等必要信息。要求严格与自然时间保持同速率，同步精度通常为 50～100ms。在这一层的时间同步，最好的策略就是直接基于 TCP/IP 等链路层通信协议进行数据传输，尽可能降低网络传输延迟。基于插值、DR 算法或直接使用上一帧数据来获得弱实时层系统的状态更新。

4）超实时层

超实时层主要指 NCS 中可以快速推进的数字化仿真系统，这类节点通常由仿真引擎等仿真平台驱动。这类节点的推进速度很快，推进速度可以达到毫秒级。在 NCS 实时运行过程中，这类节点通常需要在每次更新之后等待其他仿真节点的推进，即主动降低其运行速度。

4. 机器时钟对齐方案

如图 4-3 所示，本书提供一种递阶混合的机器时钟对齐方法，即对 NCS 中的每个仿真节点内部的局域网设置一台时钟服务器，并给每台时钟服务器配备 GPS/BD 授时系统，从而保证其与 NCS 全局时钟服务器的时间同步，这种同步称为硬同步；同时，在仿真节点局域网内部采用 NTP 作为同步算法，通过在时钟服务器与仿真节点内部各个仿真计算机之间的网络数据交换机制实现每台仿真计算机的实时时间同步，这种同步模式属于软同步。

时钟服务器接入 GPS 时统设备，通过硬件接口（串口）广播标准时间，各客户端通过分频算法将标准秒脉冲信号分成不同频率的同步信号，满足异构系统对不同时间粒度的需求。

整个 NCS 应用的时间同步分为仿真节点之间时间同步和仿真节点内部时

间同步。仿真节点之间时间同步指的是所有仿真节点适配器之间的时间同步，是由适配器将自己对外部时间的观测强加到下属所有节点实现的；仿真节点内部时间同步是指在适配器充当仿真节点时钟服务器的前提下，仿真节点内部包含的其他计算机与适配器的时间进行同步。

这两种时间同步都是通过仿真节点适配器来完成的，而适配器直接与中间件等分布式运行支撑平台产生交互，因此需要专门实现适配器的外同步功能模块，来实现整个 NCS 系统的机器时间同步。

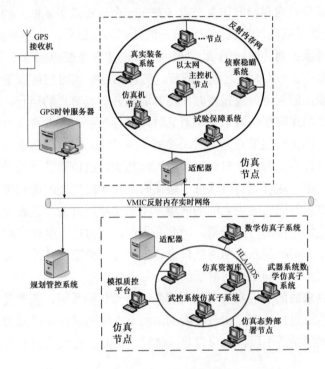

图 4-3　递阶混合的时钟对齐策略的系统架构

本书提出的递阶混合同步方法需要处理不同实时性层次内部同步和层间同步。

1）层次内部同步

在仿真节点内部局域网中采用软件算法，通过仿真节点适配器与仿真节点内部的其他仿真计算机之间的网络数据交换机制实现每台仿真计算机的实时时间同步。在同一实时性层次的仿真节点之间，依据其实时性需求采取针对性的策略。"层内时间同步"主要包括以下三个层次。

（1）超实时层的时间同步。超实时层的仿真节点之间同步主要依托内同步机制，并融入了延时等待等额外的处理方法。

（2）实时层的时间同步。实时层仿真节点之间同步主要依托与 GPS/BD 等授时系统进行，所有节点的仿真时间都与自然时间保持同速率。

（3）弱实时层的时间同步。这一层中的仿真节点可能采用了 HLA、DDS 等标准架构，也可能是态势显示等业务系统，由于实时性要求不高，可以基于以太网和软件时钟同步算法实现时间同步。

2）层次之间同步

在 NCS 系统中设置一个 GPS 时间同步系统，该系统根据实时性约束要求选择以太网或反射内存网向仿真节点（对应一个分布式子系统）的时钟服务器（通常是适配器对应的计算机）发送统一的外部时序信号，从而保证 NCS 中仿真节点的时钟服务器的时间同步。"层间时序同步"主要包括以下方面。

（1）超实时层与实时层之间的同步。在 NCS 中，实时层可以采用外部 GPS 时钟服务器输出的同源、高精度时序信号驱动各仿真节点的运行，能够有效保证其实时性。超实时层仿真节点不对其时间进行控制，需要将其时间管理策略设置为受限，由实时层节点作为时间控制策略节点。实时层仿真节点按照固定的时间步长（该步长与自然时间同速率）向超实时层仿真节点发送时钟信号，控制其推进速率。这样就有效保证了超实时层和实时层之间的同步。

（2）实时层与弱实时层之间的同步。考虑实时层直接与设备交互，相比弱实时层具有更加严格的时间受限，因此必须保证实时层不受弱实时层的时间推进影响，这在弱实时层系统中将接口设计为"时间受限"特性即可，即要求弱实时层的时间推进单向地被实时层约束。

实时性要求弱的节点向实时性要求高的节点传输数据，需要使用 DR、插值等方法对数据进行处理。实时性要求高的节点向实时性要求弱的节点传输数据，可以采取降频等手段，也可以直接传输，但是会造成资源浪费。

4.3.2　设置标准时钟源

NCS 在保证了任务间因果关系的基础上，还需要确定仿真事件相对于真实世界的发生时刻，这就需要引入标准的外部时钟源，用来同步各个仿真节点的本地机器时间，即机器时钟对齐。对于 NCS 而言，其不同于网络游戏的地方在于当有实兵实装(L)类资源加入仿真时，整个 NCS 系统需要采用实时的方式运行。

1. 设置标准时钟源的原因

在 NCS 的机器时钟对齐中，如果采用软件同步方法建立全局时间，同步工作量大，同步偏差容易累积。通常在 NCS 系统中引入一个外部标准时钟源，维持相对"封闭"时空的统一时间，节点通过与外部标准时钟的时间同步，实现整个 NCS 系统的机器时间同步，也就是机器时钟对齐。

为了使仿真节点内部的全局时间与外部标准时间相联系，有一个共同的时钟服务器是必要的。时钟服务器是一个外部时钟源，它以时间报文形式周期性地播报当前的基准时间，如图 4-3 所示，我们为 NCS 系统配置了一个 GPS 时钟服务器作为公共的时钟源。GPS 时钟服务器能够提供统一的精确时间信息，并且它的功能不受具体时间和空间环境的限制。GPS 时钟服务器输出的是标准秒脉冲，这种秒脉冲信号可以通过反射内存网（RFM）等高速网络进行实时传播。时间报文要在仿真节点内部的适配器中引发一个同步事件，并依据约定的时间标度标识此同步事件。

配置在仿真节点适配器上的时统卡接收到秒脉冲后，产生中断。适配器上的时间同步服务模块利用该中断的回调函数，以此为基准进行分时，产生本仿真节点的仿真推进信号。由于并不对各异构仿真节点的时间推进进行统一管理，因而易于实现各异构仿真节点的动态加入和退出，同时降低仿真节点建设成本和开发难度。

在 NCS 的实时运行中，最关键的问题是要使 NCS 系统的机器时间与真实世界的时间同步。为了达到较高的同步精度，一般采用外部时钟源的方式。本书提出的方法是采用 GPS 或 BD 提供一个全局时钟，在 NCS 系统中设置一个时钟服务器，专门用来实现机器时间与自然时间的同步。

时钟服务器控制着整个 NCS 系统的时间推进，按照预先设定的仿真步长向 NCS 系统发送时间同步消息推进仿真进程。在仿真过程中，时钟服务器按照预定周期向各仿真节点发送时间同步消息，仿真节点依照本地局部时钟完成仿真计算，当仿真节点完成计算以后，不立即实现下一个步长的仿真推进，而是等待时钟服务器的命令。时钟服务器根据设定的仿真步长控制仿真节点的推进，当到达仿真步长时向各个仿真节点发出推进控制命令，实现仿真的推进，完成 NCS 系统的机器时间同步。

利用 GPS/BD 时钟服务器为整个 NCS 系统的各仿真节点提供高精度、高分辨率的统一时钟信号，协调各仿真节点的时间推进方式，确保 NCS 系统中不同实时性约束要求的仿真节点与时间相关事件的逻辑性，从而使得 NCS 系统在进行混合仿真时具备一个全局一致的机器时间或逻辑时间（因为此时逻辑时间的取值为机器时间）。

2. 时序信号的作用

在仿真节点层面，通过使用 GPS/BD 时钟服务器来接收 GPS/BD 信号，并且输出时序信号。在进行 NCS 仿真运行时，GPS/BD 时钟服务器采用 UTC 时间输出时序信号，该时序信号主要有以下三个用途。

（1）时间戳信息：由于存在仿真节点间时间同步误差和网络传输延迟误差，仿真节点之间进行仿真信息交互时用 GPS/BD 时钟服务器输出的时序作为时间戳信息来标记仿真信息发送时刻，同时可以选定时间戳的某一位作为时间是否已经同步的标志位。

（2）驱动实时仿真引擎：以导弹半实物仿真子系统为例进行说明。由于 GPS/BD 时钟服务器输出的时序信号周期能够达到 0.01ms，并且秒脉冲（1PPS）信号输出精确度可以达到 1μs 甚至更高，因此可以用 GPS/BD 时钟服务器输出的时序信号来直接驱动导弹（或其他对地武器装备）等半实物仿真子系统的仿真引擎，同时通过采用反射内存网来传输时序信号，网络传输延迟只有 10ns，对于导弹半实物仿真子系统 1ms 的仿真步长来说，网络传输延迟对仿真运行的影响可以忽略不计。

（3）仿真节点适配器校时基准：适配器能够将其适配的仿真节点的仿真时间与 GPS/BD 时钟服务器提供的时序同步，使得该仿真节点内部也在统一的外部时钟驱动下运行。适配器通过设置时间同步模块充当相应仿真节点的时钟服务器。适配器通过反射内存网等高速网络接收时统设备端的秒脉冲信号和时间信息，并根据其所适配仿真节点的仿真步长，产生相应分辨率的时间同步信号，以共享内存的方式将信号传递给仿真节点内部的管理调度节点。仿真节点内部的管理调度节点在接收到时间同步信号后，完成整个仿真节点内部各个组成部分的时间同步。

由 NCS 系统指定的时钟服务器来发布全局的统一时间，各个节点根据全局的统一时钟来校准自己的本地时钟（对应机器时间），达到各个节点上机器时间的一致。这类算法对节点的机器时间进行定期同步，算法本身和事件没有关系，但节点可以依据这个机器时间进行事件排序以达到一致。

3. 时钟服务器算法

目前，常用的机器时间同步方式（时钟服务器算法）主要有三种：基于卫星导航（Global Positioning System，GPS）的硬同步技术、IEEE 1588 标准精密时间协议（Precision Time Protocol，PTP）和基于互联网授时协议（Network Time Protocol，NTP）的软同步技术。三种方式的对比如表 4-1 所示。

表 4-1　三种机器时间同步方式的对比

同步方式	GPS/北斗	PTP	NTP
精度	纳秒	微秒	毫秒
代价	高	中	低

同步方式	GPS/北斗	PTP	NTP
可靠性	中	中	中
接口	串行端口	以太网	以太网

时钟服务器算法有主动和被动两种方式。

1）主动方式

仿真节点主动向时钟服务器发出同步请求，时钟服务器接收到同步请求信号后，响应该节点。节点收到回复的响应消息后，计算响应消息所附带的全局时间与本地机器时间的偏差，若出现时间偏差，对本地机器时间进行补偿，以完成时间同步。

主动方式的原理如图 4-4 所示，系统中有一台时钟服务器，其他所有的仿真节点与它同步。算法的流程为仿真节点进程向时钟服务器发送消息，请求当前 NCS 系统的全局时间，时钟服务器将其当前的时间回发给仿真节点进程。仿真节点进程将收到的全局时间加上传输时延，和本地时间进行比较，若本地时间值小，则加快本地时钟频率，反之，则减慢本地时钟频率。仿真节点和时钟服务器的传输时延可以通过报文中携带的机器时间进行 RTT 计算得到。

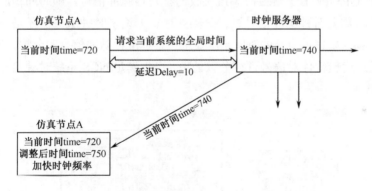

图 4-4　主动方式的时钟服务器

2）被动方式

服务器主动地定时向仿真节点发送时间同步信号，相应地，各仿真节点被动地接收同步信号，同步信号附带 NCS 系统全局时间，当全局时间与本地机器时间的差值大于预先设定的可容忍的同步偏差时，调整本地机器时间，以实现仿真节点的时间同步。

如图 4-5 所示，时钟服务器是主动询问 NCS 系统中每个仿真节点的时间，然后基于这些回答，计算出平均值作为 NCS 系统的全局时间，并告诉所有的机器，将它们的时钟拨快或拨慢到一个新的值。

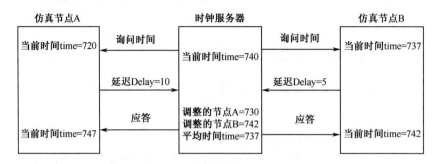

图 4-5　被动方式的时钟服务器

时钟服务器算法的原理简单，易于实现。但是网络延迟具有不确定性，RTT本身也有误差，使得"统一的对时结果"并不可靠。另外，大面积高频率地进行对时是不可行的，这就使该方法的时间的精度较低，而 NCS 应用往往要求实时性，这就使得该方法在 NCS 中的应用受到了一定限制。

4. 标准秒脉冲信号分频

由于 GPS 或 BD 等授时系统接收的都是秒脉冲信号，即时间精度最多是 1s，因此，需要对秒脉冲信号进行分频处理。无论是时钟服务器还是仿真节点适配器，都需要根据自身的时间精度要求进行标准秒脉冲信号的分频。如图 4-6 所示，通过代理软件对信号进行分频处理，产生满足 NCS 系统时钟信号精度的时间信息。

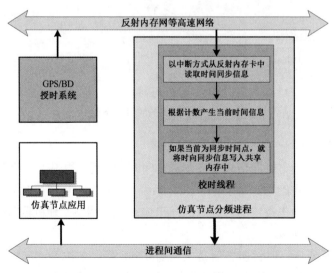

图 4-6　标准秒脉冲信号分频模块原理

在 NCS 系统中，仿真节点如果是一个分布式的异构系统，通常需要设置适配器来使该系统接入 NCS 系统。适配器作为该仿真节点的接入节点或模块，具备对该仿真节点的数据映射与转发功能，也需要具备对该仿真节点的时间同步管理功能。适配器对所在仿真节点的时间管理控制主要包括以下三点内容。

（1）以当前的外部时间初始化该仿真节点及其内部包含的计算机节点。

（2）周期性地调整仿真节点的全局时间速率，使其与外部时间和时间测量标准保持一致。

（3）将当前外部时间通过时间报文周期性地发送给仿真节点内部的计算机节点，使恢复通信的计算机节点能够重新初始化其外部时间值。

适配器通过周期性地发送带有速率修正字节的时间报文完成这个任务。适配器中的模块负责计算速率修正字节。首先利用适配器节点的本地时基测量相关重要事件发生时间之间的差别，如时钟服务器内整秒的准确开始时间和仿真节点内全局时间整秒的准确开始时间之间的差别，然后计算出必要的速率修正值。速率修正值不能大于规定的最大速率修正值。

如图 4-7 所示，适配器计算机配置了时统卡来接收秒脉冲信号，产生中断。适配器的时间管理模块利用该中断的回调函数，并以此为基准进行分时，产生仿真节点仿真推进信号，这属于仿真节点内部时间同步范畴。同时适配器也接收反射内存网等高速网络上的其他适配器的时间信息，对本地机器时间进行校正，这属于仿真节点之间的时间同步范畴。

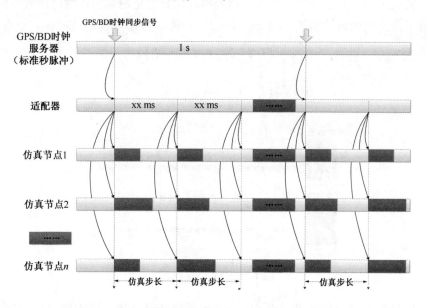

图 4-7　GPS 标准秒脉冲的分频策略

5. NTP

网络时间协议（Network Time Protocol，NTP）是用于互联网中机器时间同步的标准协议，能够提供数十毫秒（广域网）和亚毫秒级（局域网）的时间同步精度。NTP 属于基于主从模式的时间同步方法，比较适合本书提出的基于 C/S 架构的 NCS 系统。

1）同步过程

仿真节点 A 希望同步到时钟服务器 B，需要维护一系列时间变量 T_n，T_{n+1}，T_{n+2}，T_{n+3}，$n=1,2,\cdots$，分别表示发起（origin）、接收（receive）、发送（transimit）和到达（destination）时间戳。仿真节点维护 org、rec 和 xmt 三个状态变量，而时钟服务器不需要维护状态变量。

如图 4-8 所示，仿真节点 A 首先读取自己的时钟得到时间戳 T_1，保存在 org 中，然后把包含 T_1 的数据包发送给时钟服务器 B。接收到数据包后，B 立即读取自己的时钟得到时间戳 T_2。B 在准备好传输数据时再次读取自身时钟得到 T_3，然后将包含 T_1、T_2 和 T_3 的数据包发送给仿真节点 A。收到数据包时，A 立即读取自身时钟得到时间戳 T_4，保存在 rec 中，并将 T_3 保存在 org 中。A 获得了 4 个时间戳 T_1、T_2、T_3 和 T_4，在任意时刻 T_i，$i=4, 8, 12,\cdots$，可以进行如下估计：

$$T_{i-2} = T_{i-3} + \theta + \delta_1 \tag{4-10}$$

$$T_i = T_{i-1} - \theta + \delta_2 \tag{4-11}$$

假定时钟服务器和仿真节点通信网络时间延迟是对称的，则时钟服务器和仿真节点之间的时钟偏差（Clock Offset）和传播时延（Clock Delay）分别为：

$$\theta_i = \frac{1}{2}\left[\left(T_{i-2} - T_{i-3}\right) + \left(T_{i-1} - T_i\right)\right] \tag{4-12}$$

$$\delta_i = \frac{1}{2}\left[\left(T_i - T_{i-3}\right) - \left(T_{i-1} - T_{i-2}\right)\right] \tag{4-13}$$

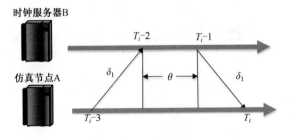

图 4-8　NTP 协议原理图

时钟服务器和仿真节点各自在 NTP 运行过程中的主要实现流程如图 4-9 所示。

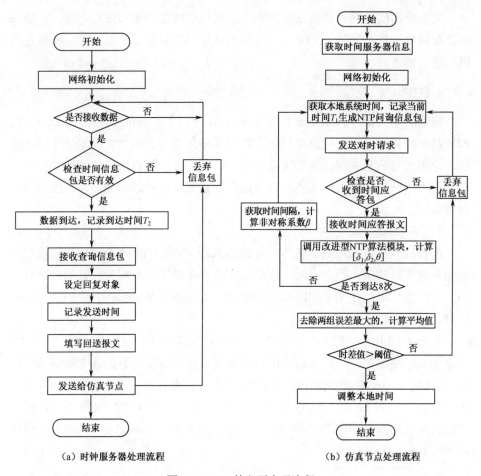

（a）时钟服务器处理流程　　　（b）仿真节点处理流程

图 4-9　NTP 的主要实现流程

2）误差分析

在时间同步过程中，主从时钟之间通过双向数据包交换，大大减小了时间同步数据包的传输时延对时间偏差值计算的影响，有效提高了时间同步精度。但是，由于时间同步协议无法直接获得双向交互过程中具体的上、下行时延，只能通过假设双向时延相等来进行估算，导致网络传输过程中的时延不对称，对时间同步精度的影响十分严重。

这种不对称的主要来源包括：上下行时间同步路径使用不同的路由，节点处时变的随机排队时延，链路长度变化，不同链路带宽和多厂商设备等。在网络中的任何阶段引入的不确定性延迟将增加时间同步协议计算中的误差。网络时间同步面临主从时钟数据包交互过程中上下行时延不对称与时钟数据包时延变化不确定的重要挑战。

同步准确度受网络负载状态影响，局域网中能达到毫秒级准确度，广域网中的准确度为几十毫秒。NTP 是一种纯软件层面的协议，所以不需要对底层的网络进行修改。

6. PTP

精确时间协议（Precision Time Protocol，PTP）对应的标准是 IEEE 1588，PTP 是一种对标准以太网终端设备进行时间和频率同步的协议，集成了网络通信、分布式对象和本地计算等多项技术，可以提供亚微秒级的时间同步精度。PTP 可以以纯软件的方式实现，也可以用能够提供更高时间同步精度的专门硬件实现。

1）基本原理

与以纯软件方式对数据包加时间戳的 NTP 不同，PTP 不会对同步协议软件施加任何实时约束，因此，同步应用程序的优先级不再影响时间戳的准确性。PTP 守护进程可以作为非实时操作系统（如 Linux 或 Windows）上的后台进程运行，同步精度不受影响。

如图 4-10 所示，PTP 在同步链路中分为主从时钟同步结构，总体上分为主时钟和从时钟两个部分。从时钟的自激振荡器锁定到主时钟的参考振荡器。如图 4-10 所示，在 PTP 网络链路结构中定义了 5 类时钟，其中单端口设备可作为同步源（主时钟），也可以作为同步参考设备（从时钟）的称为普通时钟（Ordinary Clock）；可实现时钟功能转发的边界时钟（Boundary Clock）及透明时钟（Transparent Clock）。

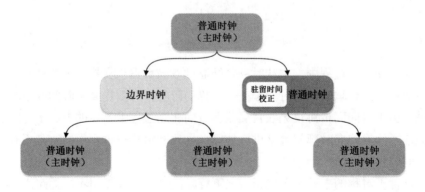

图 4-10　PTP 网络链路结构

如图 4-11 所示，在同步报文上，PTP 定义了 7 种基于 UDP 协议的报文，以及端到端（End-to-End）、点到点（Peer-to-Peer）两种测量方式。其中，Sync、Follow_up、Delay_Request、Delay_Response 是 E2E 机制功能报文，在 Sync、

Follow_up 之上 IEEE 1588-2008 提出了 P2P 机制，增加了 Pdelay_Req、Pdelay_Resp、Pdelay_Resp_Follow_Up 三种报文。两种机制中主从时钟均在网络中向一个特定的广播地址发送相应的 PTP 报文，主从时钟通过报文交互传递彼此的时间信息。请求应答报文交换过程如图 4-11 所示，报文交换步骤如下。

（1）主节点发送 Sync 消息（传输时间戳 t_1），随后把 t_1 嵌入 Follow_up 报文消息中发送到从节点。

（2）从节点接收 Sync 消息（接收时间戳 t_2），紧接着接收 Follow_up 消息得到 t_1，然后发送 Delay_Request 消息（传输时间戳 t_3）。

（3）主节点收到从节点发送的 Delay_Request 消息（接收时标注时间戳 t_4），主节点发送带有 t_4 的 Delay_Response 消息。

（4）从节点接收 Delay_Response 消息，从节点使用得到的时间戳（$t_1 \sim t_4$）开始计算主从节点的时延。

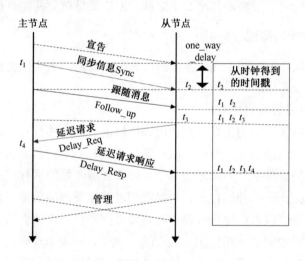

图 4-11 PTP 报文交换过程

经过上述 4 个步骤后，从时钟获得了 t_1、t_2、t_3、t_4 4 个时间戳，根据这些时间戳可计算出从时钟相对于主时钟的偏移量 Offset；线路延迟 Delay，即报文传输所用的时间。由图 4-11 可知，当从时钟获得时间戳 t_1 和 t_2 时，在 t_2 这个时间点上，可以得到下式：

$$\text{Offset} + t_2 = t_1 + \text{Delay} \tag{4-14}$$

当延迟请求应答报文 Delay_Response 到达从时钟时，获得时间戳 t_4，在时间戳 t_4 这个时间节点上，可以得到下式：

$$t_4 = t_3 + \text{Offset} + \text{Delay} \tag{4-15}$$

由式（4-14）和式（4-15）可以计算出偏移量 Offset：

$$\text{Offset} = \frac{t_1 - t_2 + t_4 - t_3}{2} \qquad (4\text{-}16)$$

同时可计算出线路延迟 Delay：

$$\text{Delay} = \frac{t_2 - t_1 - t_3 + t_4}{2} \qquad (4\text{-}17)$$

此处的线路延迟可细分为两部分，一部分为主到从，另一部分为从到主。在 PTP 时钟同步线路中时间偏差的计算是建立在主从线路延迟相等的基础上，即主到从的延迟时间和从到主的延迟时间相等，所以有偏移误差。在假定往返链路相等下，主从端口间交换对等延迟请求 Pdelay_Req 报文、Pdelay_Resp 报文和 Pdelay_Resp_Follow_Up 报文计算精确的线路延迟，从而进一步缩小误差。

NTP、IEEE 1588 等本质上都是基于消息传递的软同步，这些协议主要工作在系统网络层或数据链路层，难以克服协议开销及网络传输延时的不确定性；同步误差往往达到毫秒级，甚至数十毫秒，无法满足苛刻的实时仿真要求。

7. NTP 的接口实现

本小节从软件实现的角度出发，给出几个主要接口的实现流程，主要是开始机器时间同步和机器时间同步两个接口。

1）开始机器时间同步

需要机器时间同步的仿真节点调用该接口函数创建并打开时钟步服务器，开始监听同步时间请求。时钟同步服务器需要长时间不间断地运行，为了不影响调用者线程的继续执行，同时也为了方便控制服务器的运行状态，将时钟服务器的监听放在一个单独线程中。当接收到被同步节点的同步请求时，创建一个新的会话线程，以后时钟服务器与客户端的同步交互在该会话线程中进行。开启机器时间同步的活动图如图 4-12 所示。其中，同步请求列表存储了与被同步节点的会话信息，设置该列表的目的是方便对同步会话的管理。

2）机器时间同步

被同步成员调用该接口函数向同步成员请求时间同步。客户端向服务器端发起连接请求，服务器端受理请求后创建一个会话线程与客户端进行同步会话。同步会话参考 PTP 同步的工作原理，为了减小同步的误差可采用多次同步，最后对结果进行拟合处理。机器时间同步会话过程如图 4-13 所示。

如图 4-13 所示，每次同步都可以根据式（4-17）计算出一个时间偏差，设同步的总次数为 N，同步完成时可以得到一个偏差序列 $\Delta T_1, \Delta T_2, \cdots, \Delta T_{N-1}$，对该偏差序列做如下处理，得到最终的时间偏差 ΔT。具体的计算过程如下。

（1）计算偏差序列 $\Delta T_1, \Delta T_2, \cdots, \Delta T_{N-1}$ 的均值 ΔT_{avrg}。

（2）计算偏差 ΔT_i（$0 \leqslant i \leqslant N$），相对 ΔT_{avrg} 的绝对偏差 ΔR_i（$0 \leqslant i \leqslant N-1$，$\Delta R_i \geqslant 0$）。

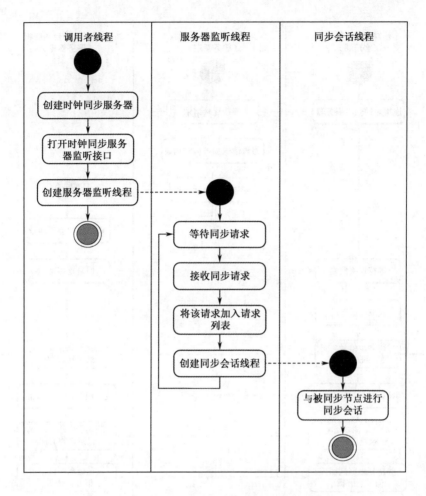

图 4-12 开启机器时间同步的活动图

（3）按照ΔR_i从小到大的顺序对偏差序列进行排序，得到排序偏差序列ΔT_{S1}，ΔT_{S2}，…，ΔT_{SN-1}。

（4）剔除排序偏差序列中末尾的 N/D 个最大偏差值得到有效偏差序列ΔT_{S1}，ΔT_{S2}，…，ΔT_{Sr}（$r=N-N/D$），其中，D 为奇异率（建议取 1/6～1/5）。

（5）计算有效偏差序列的均值 ΔT 。

设本地时间修正值为ΔT_{set}，得到时间偏差ΔT 后，获取本地时间ΔT_{local}，则$\Delta T_{set}=\Delta T_{local}-\Delta T$，按照$\Delta T_{set}$设置本地时间，即完成与同步成员的时间同步。

由于操作系统时钟精度较低，同步后的时钟很容易产生漂移，所以需要定时进行时间同步，以保证仿真节点间以较小的时间偏差保持相对的同步。

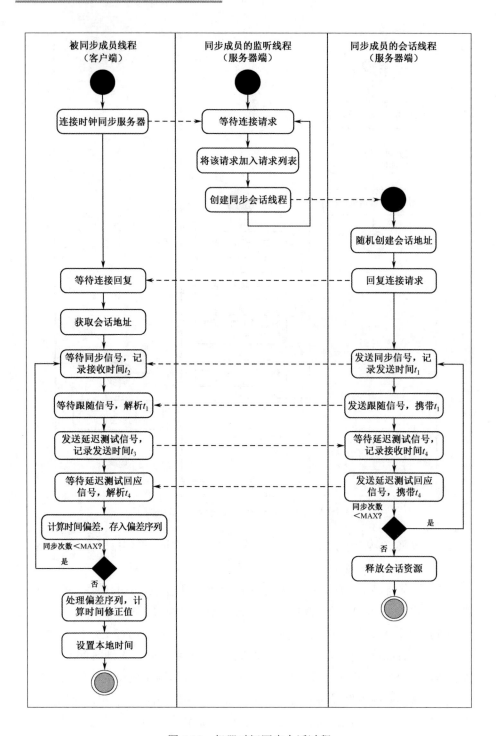

图 4-13 机器时间同步会话过程

4.3.3　网络延迟测量

网络延迟测量是进行时钟对齐的基础，本节给出一个简单的网络延迟测量算法。

1．基本假设和步骤

本书中网络延迟的测量与 NTP 网络时间同步协议一样，都基于以下三个假设。

（1）仿真节点之间及仿真节点与时钟服务器之间的时间同步数据包传输延迟可以看作一个随机变量。

（2）仿真节点之间及仿真节点与时钟服务器之间的时间同步数据包的传输延迟彼此独立且服从相同的概率分布。

（3）仿真节点之间及仿真节点与时钟服务器之间的时间同步数据包的传输具有对称性。

网络延迟测量原理如图 4-14 所示。

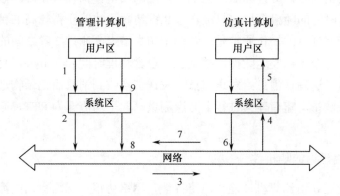

图 4-14　网络延迟测量原理

为了更细致地分析网络延迟测量过程中存在的误差，这里以一个基本的网络延迟测量算法为例进行分析，给出一种主从式概率同步算法，该算法的测量过程如下。

（1）时钟服务器计算机接收测量延迟时间的通知后，首先读出本机机器时间 T_1，然后向指定的仿真节点计算机发送时间测量数据包。

（2）时钟服务器计算机将数据包复制至输出网络端口。

（3）数据包在网络中传输到指定的仿真节点计算机。

（4）仿真节点计算机将数据包从输入网络端口复制至系统缓冲区。

（5）仿真节点计算机检测到输入数据包，启动转发应答数据包。

（6）仿真节点计算机将应答数据包复制到输出网络端口。

（7）应答数据包在网络中传输到时钟服务器计算机的网络端口。

（8）时钟服务器计算机将应答数据包从网络输入端口复制至系统缓冲区。

（9）时钟服务器计算机检测到应答数据包，将数据包读入用户缓冲区，计算读出本机机器时间 T_2，则网络延迟 $\hat{d}=(T_1-T_2)/2$。

测量的误差主要来自以下两个方面。

首先是在第（1）步和第（9）步，两次读时间都存在误差，可采用测量多次传输的时间延迟，即重复（2）～（9）步 n 次，再取均值可降低时间函数精度带来的误差。

其次是网络数据检测时间波动的影响。从上述过程看，第（1）、（2）、（4）、（6）、（8）步操作时间开销主要取决于计算机的性能（计算速度和 I/O 速度）；第（3）步和第（7）步主要取决于网络速度。这些开销都是相对固定的，具有较好的可重复性。而在第（5）步和第（9）步，计算机对网络输入数据包的检测算法则较为复杂，根据检测算法的不同，其时间延迟的波动是有所不同的。

本书提出的时钟对齐算法是基于节点之间网络传输耗时相等的假设，这种处理忽略了网络的随机拥堵，只能在理想的情况下才能获得较高的精度。

测量网络延迟的操作通常是设置两个仿真节点，测量二者之间的 RTT。一个节点向另一个节点发送数据，数据包上包含物理时间和 N byte。另一个节点收到数据后发送确认消息给发送节点，发送节点收到消息后记录物理时间，由此完成一次测量。随后连续进行上万次测量，取平均值即为 RTT，则网络延迟为 RTT 的一半。

2. 网络延迟的随机性

网络延迟 d 由计算机性能、网络性能、网络协议及网络数据的流量决定。理论上，d 是一个服从一定分布的随机值。将 d 分解为两部分：一是确定性部分，即根据计算机的 I/O 速度及网络速度加上软件开销（协议解释）得到的时间开销 d_p；另一部分是指由计算机的系统调度、网络阻塞等因素带来的时间延迟 d_v，具有不确定性。

从上述过程看，第（1）、（2）、（6）、（8）步操作时间开销主要取决于计算机的性能（计算速度和 I/O 速度），第（3）步和第（7）步主要取决于网络速度。这些开销都是相对固定的，具有较好的可重复性，而在第（5）步和第（9）步，计算机对网络输入数据包的检测算法则较为复杂，根据检测算法的不同，其时间延迟的波动是有所不同的。

3. 网络数据检测方式

网络数据检测包括中断方式、采用 Windows 的消息异步响应机制和软件查询方式。

1）中断方式

中断方式指的是网络中到达的数据包产生中断，然后由中断响应函数对到达的数据包进行处理的方式。该方式具有较快的响应速度和更小且确定的时间开销。针对 Windows 操作系统，该中断方式实现难度高，其原因在于操作系统提供的网络中断程序功能过于复杂，同时包含物理层的数据复制、网络各层的协议转换和应用层的数据提取与分发等多种功能，但是我们只需要其中的一小部分功能来实现该中断方式。由于操作系统的实现机制对用户是透明的，因此将二者有机地融合是难以实现的。

除了要考虑在操作系统下的实现问题，还要考虑中断处理程序的引入对仿真执行流程带来的影响，这涉及操作系统的内核，因此，此方法的可行性取决于操作系统，实现的工作量和难度都比较大，而且其实现是不具有可移植性的。

2）采用 Windows 的消息异步响应机制

Windows 的消息异步响应机制，是从网络中到达的数据包定义一个专门的预定义消息，当操作系统检测到网络数据包到达时就发送该消息，操作系统通过截获该消息对到达的网络数据包做出响应。

这种方式与中断方式类似，相当于由 Windows 操作系统对中断方式加了包装，也是 Windows 系统推荐使用的一种方式，但消息机制需要涵盖消息发送、消息监测和响应等多个环节，其实时性能严重依赖操作系统的调度机制和仿真应用程序的具体实现，这导致时间延迟的不确定性，尤其是在多进程的情况下时间延迟的波动更大，因此，在具体算法实现时要对活动进程进行控制。显然，这种方式实现的精度不高。

3）软件查询方式

软件查询方式，即由仿真应用软件以循环的方式检测网络输入缓冲区，直至收到所需的数据包才返回。同中断检测算法一样，这种方法也具有确定性的优点，程序实现也比较方便。缺点是系统资源开销较大，在软件查询阶段计算机一般不能从事其他计算任务。

考虑前两种方式难以避免的弊端，我们选择第三种方式实现数据检测。由于实时仿真开始之前没有其他计算任务，因此能满足软件查询方式独占系统资源的要求。

4.3.4 机器时间校正算法

本小节给出一种 NCS 系统的机器时间校正算法，该算法可以对仿真节点的机器时间进行校正，使得 NCS 中全局机器时间同步。

仿真节点机器时间的修正模型为：

$$f_{\text{WCT}}(t) = T_{\text{w}_0} + \varepsilon(t) \times T_{\text{w}} \times [t/T_{\text{w}}'] \tag{4-18}$$

式中，T_{w} 为计算机时钟部件振荡周期的标称值，T_{w}' 为计算机时钟部件的实际振荡周期，T_{w_0} 为计算机时钟部件的初始时间偏移，$\varepsilon(t)$ 为时钟部件的机器时间漂移的补偿系数。

1. 机器时间零点对齐

时间对齐指的就是确定时钟部件的初始时间偏移 T_{w_0} 的过程。仿真节点与 GPS/BD 时钟服务器之间采用类似低频对齐的软件对齐方法，由仿真节点在每个仿真帧时间到来时刻启动时间对齐操作，即

$$T_{\text{w}_0} = f_{\text{WCT}}\left(T_{\text{request}}\right) - f_{\text{RT}}\left(T_{\text{request}}\right) \tag{4-19}$$

式中，T_{request} 为仿真节点申请授时时间点。

为了提高运行效率，只需在特定的时间点（通常是仿真节点每次执行动作的时刻）进行时间对齐操作，从而消除弱时间误差。时间对齐操作分为"初始零点对齐"和"实时零点对齐"两阶段进行。

首先，仿真节点用 GPS/BD 时间 $f_{\text{GT}}(t)$ 作为自然时间，对齐本地计算机的机器时间 $f_{\text{MT}}(t)$：

$$T_{\text{m}_0} = f_{\text{MT}}(t) - f_{\text{GT}}(t) \tag{4-20}$$

T_{m_0} 的对齐误差等于 t 时刻机器时间 $f_{\text{MT}}(t)$ 的误差与 GPS/BD 时间 $f_{\text{GT}}(t)$ 误差的代数和，即 $d(T_{\text{m}_0}) = d(f_{\text{MT}}(t)) + d(f_{\text{GT}}(t))$，其中，$d(f_{\text{MT}}(t))$ 等于仿真节点计算机的机器时间函数的精度 T_{funp}，$d(f_{\text{GT}}(t))$ 等于 GPS/BD 时间在时刻 t 上的最大可能误差。

对仿真节点计算机而言，T_{funp} 是不可避免的，也是可以接受的，而 GPS/BD 授时系统接收的是低频高精度的时间脉冲，即时间脉冲精度高，但分辨率低（一般为秒级）。有两种策略来执行对齐操作：一种是分频（将低频 GPS/BD 脉冲扩充至高频）；另一种是"低频对齐"的方法，由低频的 GPS/BD 授时脉冲在接收时间点上启动时间对齐操作。此时 T_{m_0} 的对齐误差也减小到可接收的仿真节点计算机的时间函数精度上。

1）初始零点对齐

考虑仿真运行前各仿真节点间不产生数据交互，网络负载较小，因此在进行初始零点对齐操作时采用前面给出的主从式概率同步算法，通过多次时间数据包的发送和接收来从概率意义上消除网络传输时间波动的影响。

初始零点对齐过程如图 4-15 所示。在 NCS 系统开始运行之前，GPS/BD 时钟服务器启动初始化零点对齐操作，各个仿真节点响应该过程，完成节点计算机与时钟服务器（这里当作自然时间）的初始零点对齐；然后各个仿真节点计算机启动所代表的子系统的初始零点对齐过程，完成节点计算机与子系统其他设备的零点对齐，并最终实现整个 NCS 系统的初始零点对齐。

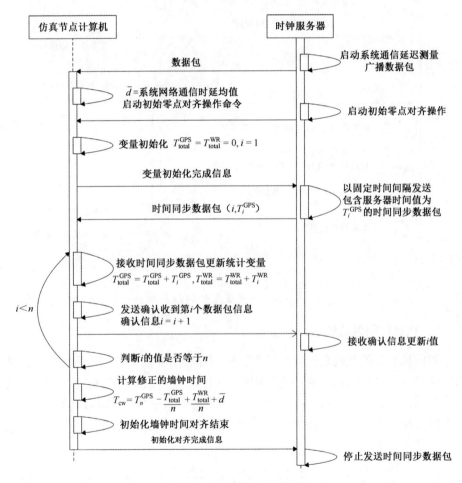

图 4-15　初始零点对齐过程

图 4-15 中，T_{total}^{BD} 和 T_{total}^{WR} 分别是仿真节点接收数据包时的机器时间总和及 GPS/BD 时钟服务器发送数据包时的机器时间总和。最终得到的是仿真节点的

修正机器时间 T_{cw}。

2）实时零点对齐

如图 4-16 所示，在 NCS 系统运行过程中，当发现机器时间模型产生的时间与 GPS/BD 标准时间出现偏差 δ 时，需要通过修正机器时间模型的时间零点偏移量 $T_{w_0} = T_{w_0} + \delta$，达到消除偏差的目的。

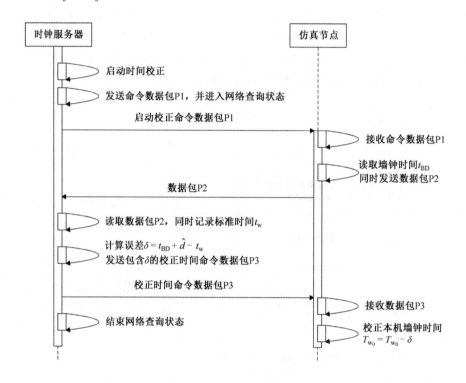

图 4-16　实时零点对齐过程

2. 机器时间偏差校正

时间校正指的是确定计算机的机器时间漂移的补偿系数 $\varepsilon(t)$。仿真节点的机器时间是石英晶体的振荡来产生时间脉冲信号，用 T_w 表示计算机的时钟器件的标称周期，用 T_w' 表示仿真节点从初始化零点对齐之后开始计时时钟器件的第 i 个振荡周期，那么仿真节点的机器时间的偏差就是 T_w' 与 T_w 的差值产生的，可以用下式表示 T_w'：

$$T_{iw}' = \frac{\varepsilon'}{p_{iw}'} = \frac{\varepsilon'}{(p_w + p_{ti} + \delta_i)} = T_w \times \frac{\varepsilon'}{1 + T_w \times (p_{ti} + \delta_i)} = T_w \times \varepsilon_i' \quad (4\text{-}21)$$

式中，ε' 是适配器的时钟器件的初始频率误差，p_{ti} 是时钟器件的频率漂移偏差，δ_i 是时钟器件的随机扰动。当 NCS 系统运行时间较短时，初始频率偏差 ε' 是机器时间偏差产生的主要原因，这时可以忽略 p_{ti} 的影响，这时就可以把 ε_i 看作固定常数 ε'。

计算 ε' 的方法是：在 NCS 系统开始运行前，GPS/BD 时钟服务器以 T 间隔发送两次时间数据包，仿真节点接收这两个时间数据包并记录这两个数据包之间的机器时间间隔 T'，则可以求出时间偏移系数 $\varepsilon' = T'/T$。

采用实时漂移校正的方法对定常参数 ε' 进行修正。机器时间偏差校正过程如图 4-17 所示。

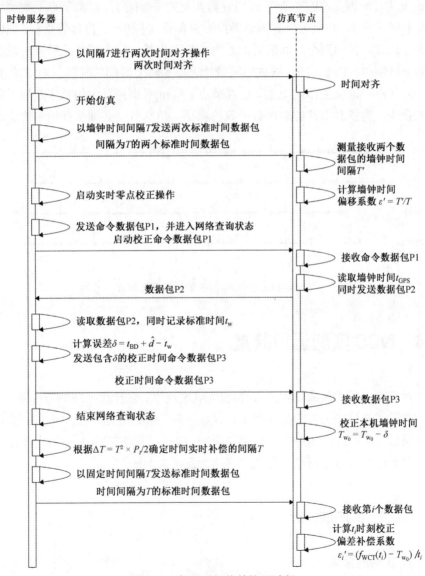

图 4-17　机器时间偏差校正过程

4.3.5 关于时基的说明

假设两个事件 e_1、e_2 的时间间隔小于 $3g$，g 为全局时间粒度，不同的仿真节点为两个事件标注了时间戳。如果不应用约定协议，那么建立两个事件的时序关系是困难的，甚至连建立一致的顺序都不可能。

例如，在图 4-18 所示的情形中，事件 e_1、e_2 相隔 $2.5g$。仿真节点 j 观测事件 e_1 发生在时间 2，仿真节点 m 则观测其发生在时间 1。仿真节点 k 观测事件 e_2 发生在时间 3，并把这个观测结果报给仿真节点 j 和 m。仿真节点 j 根据时间戳进行计算，得知两个时间的时间差为 1 仿真步长，认为事件几乎同时发生，不能分辨顺序。而节点 m 根据时间戳计算得到两个事件的时间差为 2 仿真步长，认为 e_1 一定发生在 e_2 之前。仿真节点 j 和 m 对事件发生的顺序产生了不一致的看法。为了对事件的顺序有一致的看法，仿真节点必须执行约定协议。

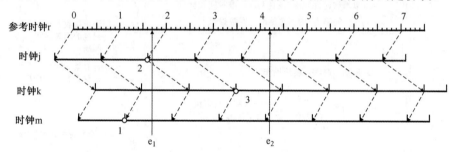

图 4-18　事件 e_1 和 e_2 的不同观测顺序

4.4　NCS 实时运行技术

对于有实兵实装或真实的人参与的 NCS 而言，在计算处理能力有限、内存资源有限、通信能力有限等条件下，保证响应的实时性是主要的难点。尤其是网络通信占用资源给实时交互带来了限制，这一点需要在 NCS 应用设计过程中就加以考虑，应该尽可能地降低网络通信需求。

4.4.1　实时性分析

1. 实时的含义

当时间尺度因子设为 1 时，对于运行速度快于真实自然时间的 NCS 仿真，可以降低运行速度使其以确定的、实时的方式执行；对于运行速度慢于真实自然时间的 NCS 仿真，为了使运行能够继续，通常定义一个合适的帧溢出允许时间量。当帧溢出小于该允许时间量时，发出溢出警告后仿真继续进行，否则报告严重错误并终止仿真（相当于发生灾难性后果或系统失败）。

根据仿真计算时间的不确定性程度，可将系统进一步划分为确定性硬实时 NCS 系统、可预测硬实时 NCS 系统和软实时 NCS 系统，如图 4-19 所示。

（1）确定性硬实时。当仿真计算时间（处理任意事件所需的时间）完全确定时，称之为确定性硬实时。

（2）可预测硬实时。当仿真计算时间不确定，但是可以保证不会超出可以承受的最后期限时，称之为可预测硬实时。

（3）软实时。当仿真计算时间具有相当的不确定性，虽然大部分仿真计算时间都小于预定的最后期限，但是偶尔也会超过，这样的情形称之为软实时。

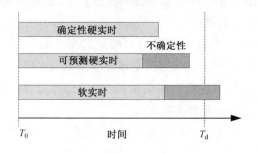

图 4-19   硬实时与软实时示意

必须指出的是：能否实现硬实时仿真并不完全取决于仿真调度服务算法，还取决于仿真调度服务自身能否实时运行。虽然实时仿真调度服务能够保证在仿真进程内对仿真任务（一般为线程）进行"实时"调度，但是通用操作系统，如 Windows 和 Linux 操作系统，基于抢断式的调度算法并不能保证实时仿真调度服务进程能够实时运行。因此，"实时"的实现还取决于采用何种操作系统。

理论上，由于事件产生和被调度时间的不确定性，基于事件的调度服务一般不能用于实时仿真。但如下文所述，通过良好的软件设计和施加某些限制条件，基于事件的调度服务也可以用作基于逻辑帧的实时仿真调度。

2. 实时运行的前提条件

为了实现 NCS 的实时运行，通常需要保证以下几点。

（1）各仿真节点的计算任务必须在规定的仿真步长内完成，否则将导致整个仿真的实时运行无法实现，仿真结果失去意义。

（2）仿真节点之间通过网络交换数据，必须尽可能提高通信速度，而且时间延迟应当可以预知。

（3）在网络环境不稳定、带宽受限的情况下，尽可能减少通信量/节省带宽。

（4）每个仿真节点在处理输入、输出数据包时，必须确保输入变量必须在本步长的计算引用该变量之前更新，输出变量必须是当前步长更新后的变量值。

（5）数据接收必须及时且准确，每个仿真节点在进行第 n 步仿真计算之前，必须接收到其所需的、其他仿真节点在上一步长（也就是第 n-1 步）发送的所有输出数据包。

（6）避免数据的超前接收，即每个仿真节点在第 n 步仿真计算时，不能接收（响应）其他仿真节点在第 n 步及以后发送的数据包。

3. 时间描述

物理时间表示为 $T \in \mathbb{T}$，即前面所说的机器时间，是对真实时间的一次测量，$\mathbb{T}$ 包含所有可能的机器时钟值。

定义 g 为一个标签（tag），可以用来描述逻辑时间，取值为有序集合 $\mathbb{G}$。当两个事件拥有相同的 g 时，认为这两个事件是逻辑并发的。

定义 τ：$\mathbb{G} \to \mathbb{T}$ 给出了逻辑时间向机器时间的映射。对于任意一个标签 g，$\tau(g)$ 表示该标签对应的机器时间戳。

对于一个外部输入，如用户输入或查询，会被赋予一个标签 g，因此有 $\tau(g)=T$，其中 T 就是从本地时钟得到的对机器时间的一次测量。

对于任何一个标签 g，在实时的 NCS 系统中时间 $\tau(g)$ 也可以作为逻辑时间，对于输入给 NCS 系统的事件，它可以从机器时间中获得，即将机器时间赋值给逻辑时间。

仿真过程中的第 k 个事件对应一个标签 g_k 和一个机器时间 T_k。T_k 是当事件开始被处理时对应的本地机器时间。g 和 T 都是单调递增的，$g_k \leqslant g_{k+1}$，$T_k \leqslant T_{k+1}$。

在每个仿真过程中，读取事件（对应标签 g）会针对共享变量 x 产生一个数值。通常共享变量是本地复制，其取值通过先前调用的写入事件或者接收事件获取。一个接收事件是指从网络中接收变量对应的数据更新值。一个标签为 g 的读取事件会产生一个数据值，该数据值是由拥有最大标签 g' 的写入事件或接收事件赋值的。通常情况下，$g' \leqslant g$，如果 $g'=g$，则需要 $T'<T$，T' 是写入事件或接收事件对应的机器时间，T 是读取事件对应的机器时间。以上需求确保了读取事件获得的数据是在最近的机器时间点上写入的。

一个发送事件对应的是向网络中发送一个共享状态变量 x 的数据更新。与读取事件相似，发送事件对应的标签也应该大于等于其发送数据对应的写入事件或接收事件对应的标签，对应的机器时间也应该大于写入事件或接收事件。

一个接收数据更新的接收事件标签也应该大于等于对应发送事件的标签，但是接收事件的机器时间与对应的发送事件的机器时间是没有限制的，原因在于机器时间值对应的是机器时间，来源于各自不同的计算机物理时钟器件。

4. 关键指标

1）处理偏移（Processing Offset）

NCS 需要每个仿真节点按照标签（g）顺序处理事件，这样对于整个仿真而言就具备了因果一致性。

如果事件 e_1 和 e_2 之间存在因果关系 $e_1 \rightarrow e_2$，且 e_2 的影响反映在本地状态变量 x 的改变，这意味着 e_1 的作用效果也应该被反映出来。为了保持因果关系，每个仿真节点需要按照标签递增（逻辑时间递增）的方式进行事件处理，即由外部输入触发的读或写事件的机器时间戳 T 可能大于其标签时间戳 $\tau(g)$。$\tau(g)$ 是由外部输入产生的机器时钟时间确定的，事件被实际处理的机器时钟时间只能在 $\tau(g)$ 之后，这样才能保证因果关系正确性。由此，将仿真节点 i 的处理偏移 O_i 定义为：

$$O_i = \max[T_i - \tau(g_i)] \tag{4-22}$$

式中，T_i 和 g_i 分别是仿真节点 i 外部输入触发的写入事件的机器时间和标签。O_i 是所有写入事件的时间差的最大值，如果没有写入事件，则 $O_i=0$，即 O_i 的取值大于或等于 0。处理偏移与前面定义的不可用性相似，但是前者与写入事件相关，后者与读取事件相关。

2）时延（latency）

从仿真节点 j 对共享变量写入数据，到仿真节点 i 接收事件后触发了一个对共享变量数据备份的写入，需要经历一些时间。因此，用 g_j 表示仿真节点 j 上写入事件的标签，该事件由外部输入触发，用 $\tau(g_j)$ 表示外部输入时的机器时间。令 T_i 表示仿真节点 i 上对应的接收事件的机器时间。如果 $i=j$，则假设 T_i 与写入事件的机器时间是一样的。从 j 到 i 的通信对应的时延 L_{ij} 为：

$$L_{ij} = \max[T_i - \tau(g_i)] \tag{4-23}$$

式中，对仿真节点 j 上的所有写入事件取最大值，如果过没有写入事件，$L_{ij}=0$。

T_i 和 $\tau(g_i)$ 分别对应两个不同时钟的机器时间，因此只有当这些时钟都完全同步之后，这个时延才会是真正的时延。因此，这种时延可能会有负数。尽管这些数值来自不同的时钟，如果标签与消息一同被发送，这种时延还是可以测量的。时延是以下 4 个部分的总和：

$$L_{ij} = O_j + X_{ij} + N_{ij} + E_{ij} \tag{4-24}$$

式中，X_{ij} 是节点 j 向节点 i 发送消息的运行处理时间，N_{ij} 是从 j 到 i 的网络延迟，E_{ij}是同步误差。后面三个量是难以区分的，且经常以总和的形式出现，所以将延迟划分为这种形式没有意义。当$i=j$时，$L_{ij}=O_j=O_i$，即任何一个节点的时延就是其处理偏移。

因此，保证实时性需要解决的问题就是仿真事件的计算和数据的输入输出。实时仿真运行要求在满足及时性（timeliness）的前提下保证仿真质量和正确性，并且能够及时地对数据进行处理。

5. 影响因素

对于硬件或人在回路的 NCS 系统，实时性是全系统必须满足的约束条件，包括系统自身每个节点的实时时间同步，多节点之间互操作的数据握手和同步，系统和多实装、标准时钟源之间的时间同步，以及系统的实时性能检测等。而且针对不同的试验设备，其空间分布和数据互通模式及实时时间同步约束精度是有差异的，实时时间同步设计需要在苛刻的时间同步精度和长时间同步保持两个方面都满足仿真约束需求。

实时仿真要求 NCS 系统和真实物理世界的时间推进速度高度一致。这类 NCS 系统主要用来进行训练、试验等任务。如 SIMNET、DIS、TENA 等仿真系统，其时间管理方式主要以服务器时间为基准，对各节点时钟进行广播同步。有时在进行远程互联时，可采用 GPS 等硬件设备对节点授时。其间，仿真节点通过采用 DR 算法外推其订阅仿真节点的参数变化，以此达到时空同步的目的。影响 NCS 系统实时性的因素主要包括以下几个方面。

（1）操作系统。目前，大部分操作系统都属于支持多任务的时分系统，而不是专用的实时系统。如果允许非实时进程和其他非实时仿真应用产生的中断抢占计算机处理器优先运行，则会导致需要实时运行的仿真模型或应用产生的仿真结果变得难以预测，NCS 系统实时性将很难得到有效保证。

（2）计算机处理器。虽然实时仿真运行并不意味着是仿真模型高速运算，但是拥有较高处理性能的计算机处理器却是实现仿真实时运行的物质基础。

（3）网络通信。高带宽的网络通信环境并不能表示 NCS 系统一定能够实时运行，两个仿真节点间单次通信的时间开销通常由驱动程序开销、协议解析开销和数据传输时间开销构成。由此可见，高带宽的网络通信环境只能保证较小的数据传输开销，数据传输开销占比较小，并不表示其能有效减少节点间的通信开销。

（4）时间函数。时间函数是对机器时间的一种显式实现。NCS 系统所采用的时间函数的精度将直接影响其实时运行的效果。

（5）仿真步长。仿真步长是反映 NCS 系统实时性能的主要指标，仿真步长越小，实时性越好。一般仿真步长都采用 NCS 系统中耗时最大的仿真模型的计算时间。但是，当系统中个别模型计算过于复杂，计算时间远远超过系统中其他模型的计算时间时，如果仍采用最大模型计算时间作为仿真步长，会影响仿真的精度。而对于有些状态信息变化比较慢的模型，没必要频繁进行计算，对于这类模型，为了减少网络信息流量，可以将模型计算周期定得长一些。仿真步长的选择要确保该仿真节点能够在每个仿真步长内完成业务处理，如果业务处理耗时很多，则仿真步长就必须相应地增加。

NCS 系统的实时运行本质上是要保证仿真节点模型计算或业务处理的实时性，要求在规定的仿真步长内完成模型计算和业务处理。如果某些模型计算或业务处理工作在 1 仿真步长内无法完成，通常需要对模型进行简化，对业务处理流程进行优化。当然，也可以通过选用具有高性能处理器的计算机来运行仿真模型，即通过提高运算速度来保证在仿真步长内完成模型计算和业务处理。如果计算速度仍然无法达到要求，则需要在保证 NCS 系统性能要求的前提下适当增加仿真步长。

实时仿真中的前瞻时间设置，无论是采用事件驱动还是时间驱动的方式，前瞻时间应取为远小于仿真步长的一个正数，因为前瞻时间设置得越大，则对于自己的约束越大，表示自己只能够发送未来更大时间戳的消息。

实时仿真的正确性不仅仅依赖于计算结果是否正确，还依赖于产生结果所需要的时间。对于一个 NCS 系统而言，其实时性主要表现在其对各种服务请求的响应速度上，其中最重要的是时间推进请求（TAR）的响应速度和消息的传送速度。

4.4.2　内外同步与实时运行

1. 实时运行流程

NCS 实时仿真系统推进的整个过程如图 4-20 所示，实现实时仿真运行的方式是基于机器时间以定步长的方式控制事件的执行。当仿真支撑平台发现事件表中下一个事件的时间戳比当前机器时间大的时候，它需要暂停自身运行，直至机器时间大于下一事件的时间戳时才继续推进。

2. 仿真时间推进算法

NCS 的逻辑时间推进受到采用时间控制策略的仿真节点的控制，如果一个采用时间控制策略的仿真节点停止推进它的仿真时间，那么整个联合仿真都会停止推进；如果一个采用时间控制策略的仿真节点只在对应的墙钟时间到来时推进它的仿真时间, 那么其他仿真节点的逻辑时间推进都将与机器时间保持一致。

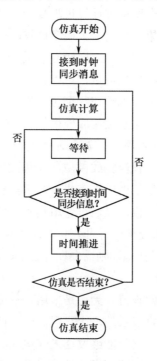

图 4-20 虚实结合的 NCS 实时运行流程

我们假设联合仿真的逻辑时间推进速度可以快于机器时间, 一个仿真节点负责根据机器时间步调推进仿真时间, 该仿真节点以适当的步长 S 推进它的仿真时间。其时间推进算法如表 4-2 所示, 其中, logicalTime 代表仿真时间, S 代表推进步长, R 代表推进比率。

表 4-2 NCS 中时间控制节点的时间推进算法

循环开始:
设置变量 timeBeforeAdvanceRequest 为当前机器时间;
调用时间推进请求服务, 请求推进仿真时间到 logicalTime;
等待分布式仿真支撑平台的允许时间推进许可;
设置变量 timeAtGrant 为当前机器时间;
休眠 timeBeforeAdvanceRequest+S/R-timeAtGrant;
timeBeforeAdvanceRequest 增加 S/R;
logicalTime 增加 S;
循环结束。

3. 内同步中的实时控制

前面在 NCS 内同步方法中,我们知道时间控制节点对时间受限节点有制约作用,如果一个采用时间控制策略的仿真节点将要发送一个逻辑时间为 t 的数据,则接收该数据的时间受限仿真节点的逻辑时间一定不能大于 t,否则该仿真节点将会因为收到一个过时的数据而出现逻辑错误;而两个既控制又受限的节点必定互相制约。在此基础上,我们提供了一个基于保守机制的实时运行算法,核心就是保证所有仿真节点以等时间间隔同步推进仿真。

(1)NCS 系统中的仿真节点都设置为时间控制策略的,且将前瞻时间设置为 0 或小于仿真步长的一个值。同时,所有仿真节点也都设置为时间受限策略的,可以保证所有仿真节点均相互制约。0 或小于仿真步长的前瞻时间能够确保没有一个仿真节点能够超前于其他仿真节点,即所有仿真节点一定同时向前推进仿真。

(2)每个仿真节点以固定时间间隔(以本地物理时钟为准)周期性地请求时间推进;由于前瞻时间设置为 0 或小于 1 仿真步长的值,因此,只有当接收到所有仿真节点的推进请求时,才能够允许仿真节点向前推进,从而实现了 NCS 所有仿真节点的同步推进。

4. 仿真时间与机器时间的协同

如图 4-21 所示,假设机器时间每推进 1s,仿真时间(也就是逻辑时间)推进量为 r。在墙钟 t_0 时刻,仿真节点处于允许时间推进状态,仿真时间为 t;在墙钟 t_c 时刻,仿真节点请求推进仿真时间到 $t+s$。在墙钟 t_1 时刻,仿真节点的时间推进请求被批准,仿真节点将休眠等待,休眠的时间间隔 $t_c+s/r-t_1$(机器

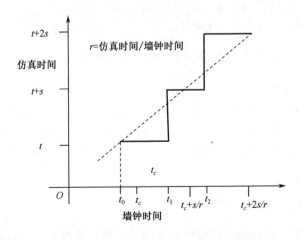

图 4-21 时间推进算法运行过程

时间）。在 t_c+s/r 时刻，仿真节点请求推进仿真时间到 $t+2s$。在墙钟 t_2 时刻推进请求被批准，仿真节点将休眠到 t_c+2s/r 时刻（休眠的时间间隔为 $t_c+2s/r-t_2$），接着请求推进仿真时间到 $t+3s$。

依据不同逻辑时间推进机制，NCS 实时运行通常划分为固定步长模式和事件驱动模式两类。

1）固定步长模式

如果仿真节点的逻辑时间推进机制是基于固定步长的方式，则实现实时仿真运行的原理如图 4-22 所示。这里所指的固定步长是指固定的仿真时间步长，不是机器时间或自然时间。如图 4-22 所示，在机器时间 t_c 时刻仿真节点开始计算仿真时间 $t+1$ 时刻的状态，在机器时间 $t_c+0.2$ 时刻，仿真节点完成计算，并且转入等待状态，同时仿真时间推进到 $t+1$ 时刻。直到机器时间 $t_c+1.0$ 时刻，仿真节点发布 $t+1$ 时刻的状态更新，并且开始计算 $t+2$ 时刻的状态，如此反复进行，保证了 NCS 的实时运行。

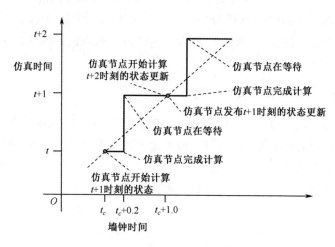

图 4-22 固定步长模式的实时仿真运行

2）事件驱动模式

对于采用事件驱动方式推进逻辑时间的仿真节点，其实时仿真运行过程如图 4-23 所示。从图 4-23 中可知，虽然逻辑时间是动态推进的，但是仿真节点调度下一事件时，需要根据事件的逻辑时间进行等待，以此与机器时间在推进速度上保持一致。

5. 单个步长的阶段划分

机器时间通过物理部件对自然时间感知，然后将感知信息转换为仿真系统可以得到的时间计数，因此在虚拟的仿真时空和真实的自然时空之间，机器时间是重要且唯一的连接。这样，可利用机器时间为中介，将仿真时间和自然时间关联起来，从而达到控制仿真时间、实现 NCS 系统实时运行的目的。

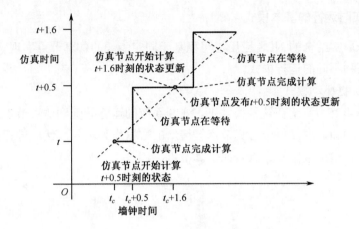

图 4-23　事件驱动模式的实时仿真运行

通常而言，实时仿真需要具有可重复性，所有仿真节点按照固定步长模式以相同时间步长 Δt 周期性地运行。如图 4-24 所示，在每个时间步长中，仿真节点的运行分为 5 个阶段：接收阶段，数据进行反射和提交给仿真节点；仿真计算阶段，即仿真节点内部状态的更新；发送阶段，数据发送；以及同步阶段和空闲阶段。

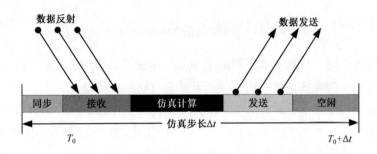

图 4-24　仿真步长的阶段划分

图 4-24 中的仿真步长的阶段划分对于所有节点都是相同的，在同步阶段，针对的是各个仿真节点的物理（机器）时钟不同步的问题，有以下三种不同的方法。

（1）使用机器时钟，并基于 BD 或 GPS 时钟服务器授时。

（2）由高速运转（更新周期最小）的仿真节点向其他所有仿真节点发送交互，进而控制所有仿真节点的执行。

（3）使用时钟同步服务来管理所有仿真节点之间数据的传递，并同步所有节点的步长。通过使逻辑时间推进受到物理时钟的限制，来保证实时性。

6. 实时运行的基本模式

对于虚实结合的 NCS 应用，可以基于固定步长的仿真节点实现实时运行，有以下两种不同的运行模式。

1）数据驱动模式

如图 4-25 所示，在这种模式下，NCS 系统的运行只受到仿真节点之间通信数据的驱动和调度，每个仿真节点等待新的数据作为输入，然后进行仿真业务处理，再将输出数据发送给其他仿真节点。

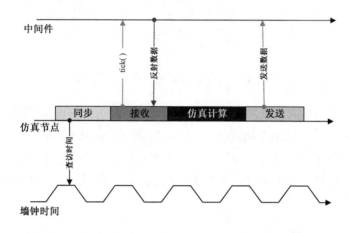

图 4-25   周期性数据流的仿真节点步长

在接收阶段，仿真节点在调用了 tick( )函数之后等待数据反射回调，在收到了所有期望的数据之后，仿真节点开始进行仿真业务处理。

这种模式不适用于新仿真节点加入的情况，也不便于已有仿真节点向其他NCS 的移植。这种模式不能保证运行过程中的安全性，如果调度出现问题，可能导致一个仿真节点持续处于阻塞状态（如等待期望的数据）。因此，需要特别注意确保整个 NCS 的可靠运行。

2）时间管理模式

如图 4-26 所示，在这种模式下，在 NCS 系统运行过程中，每个仿真节点的仿真业务处理和数据通信都是基于时钟同步服务进行的。通常需要基于逻辑时间作为时间基准来实现时空行为的一致性。对于各个仿真节点物理时钟不同步的 NCS 而言，这种方式最适用。

最简单的基于时间管理模式的实时仿真实现方式如图 4-26 所示，仿真节点在下一周期开始时调用时间推进请求服务，中间件等运行平台首先调用所有可用的反射数据回调接口，然后同意逻辑时间推进请求，最后通过调用允许时间推进回调函数接受时间推进。一旦仿真节点完成了自身的状态更新，该节点就调用发送数据接口来对外发送数据。

更常见的情况是在一个周期内存在多个接收阶段，接收的数据还有可能在下一个周期才被使用。

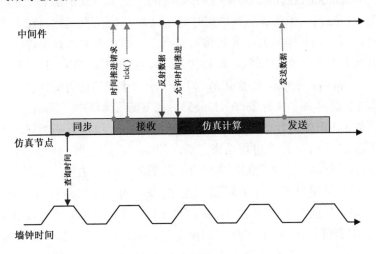

图 4-26　时间管理模式的同步实现

依据前面章节中的时间管理策略，所有硬件相关的实时仿真节点都应该设置为既受控又受限的，所有显示相关的实时仿真节点应该设置为受限的。

7. 虚拟仿真节点的实时事件调度算法

如表 4-3 所示，这里给出每个虚拟仿真节点上逻辑进程的实时时间调度算法。首先做如下定义：ξ_p 表示节点 p 上的逻辑进程集合，每个逻辑进程维护一个仿真时钟和一个事件表。e 表示事件表中的一个事件，$t(e)$ 表示这个事件的时间戳。τ_x 是逻辑进程 LP_x 的事件队列中最小时间戳事件的时间戳，如果事件表为空，τ_x 取值为无穷大。

在每个仿真节点 p，逻辑进程 LP 的调度器维护两个优先级队列，用 R_p 表示节点 p 上已经准备好运行的 LP 的集合。当 LP 的仿真时钟小于 LBTS 时，该 LP 就具备了运行条件。依据每个 LP 中最小时间戳事件的时间戳对 LP 进行排序，对 R_p 中的 LP 进行排序，对应一个优先级队列。用 $\tau(R_p)$ 表示 R_p 中所有准备好的 LP 中的所有最小时间戳事件的时间戳，即 $\tau(R_p) = \min\limits_{LPx \in R_p} \{\tau_x\}$。

使用 W_p 表示那些具备执行条件但是由于实时性限制仍然被锁定的进程集合。

211

也就是说，当机器时间没有达到外部交互事件成为 LP 事件表中的最小时间戳事件时，该 LP 需要被锁住，直至真实时间达到要求。与 R_p 类似，我们通过一个优先级队列对 W_p 中的 LP 依据各自的最小时间戳事件的时间戳进行排序。用 $\tau(W_p)$ 表示 W_p 中所有 LP 的最小时间戳事件的时间戳，即 $\tau(W_p) = \min\limits_{LPx \in W_p}\{\tau_x\}$。

LP 的实时调度算法如表 4-3 所示。仿真在 0 时刻开始，用 t_{sync} 表示当前同步窗口（Synchronization Window）的开始时间。用 T_{start} 表示仿真开始时对应的机器时间（Line1）。当仿真达到结束时间 t_{term} 时结束仿真运行。在每个同步窗口开始时，所有仿真节点开始互相传输数据，这样未来的仿真事件（拥有比同步窗口开始时间更大的时间戳）能够传递给相应的仿真节点（Line3）。仿真节点进行一次 min-reduction 来确定 h，即下一个同步窗口的开始时间（Line4）。起初所有 LP 都具备了执行条件（Line5）。在 while 循环中（Line6～Line24），仿真节点的 LP 调度器处理所有具备执行条件的 LP，包括那些当前由于实时时间限制而锁定的 LP。这个过程结束之后，同步窗口推进到下一步（Line25）。

在 while 循环中，LP 调度器先检查当前的真实时间 T_{now}，通常是通过减去仿真开始时的机器时间，然后除以加速比 γ 得到的，如果是实时仿真，则 $\gamma=1$（Line7）。如果当前真实时间 T_{now} 已经超过了所有 LP 的最小时间戳事件的时间戳，LP 调度器解锁这些 LP 并将它们移动到 ready 队列中（Line8、Line9）。如果 ready 队列为空，LP 调度器不需要进行任何处理，只需等到真实时间的推进（Line11）。否则，在 ready 队列顶端的 LP 拥有最小时间戳事件，需要被选择执行（Line13）。

在事件循环（Line14～24）中，LP 调度器在处理每个时间之前都获取当前的机器时间（Line15）。如果真实时间已经超过了一个被锁住的 LP 的最早的时间戳，需要中断该事件循环，这种情况下需要解锁这个 LP，并将其移动到 ready 队列中（Line17）。如果事件表顶端的事件的时间戳超出了当前的同步窗口，表明我们已经完成了本轮仿真推进中该 LP 的事件处理，需要结束事件循环（Line20）。如果一个事件是内部仿真时间，或者该事件是一个时间戳小于当前机器时间的外部交互事件，可以对该事件进行处理（Line22）。否则，需要依据实时性条件延迟该 LP 的执行，并将该 LP 移动到 W_p 集合中延迟处理（Line24）。

表 4-3 虚拟仿真节点的实时调度算法

1:	$W_p \leftarrow \phi$, $t_{sync} \leftarrow 0$; $T_{start} \leftarrow$ wallclock()
2:	WHILE ($t_{sync} < t_{term}$) Do
3:	所有仿真节点之间交互未来事件
4:	$t' \leftarrow \min\limits_{LPx \in \xi_p}\{\tau_x + \delta, t_{term}\}$; $h \leftarrow$ min-reduction(t')
5:	$R_p \leftarrow \xi_p$

6:	WHILE ($\|R_\mathrm{p}\|+\|W_\mathrm{p}\|>0$) Do
7:	$T_\mathrm{now}\leftarrow$(wallclock()-T_start)/γ
8:	WHILE ($\tau(W_\mathrm{p})< T_\mathrm{now}$) Do
9:	LP$x\leftarrow$delete-min(W_p); insert(R_p, LPx)
10:	IF ($R_\mathrm{p}=\phi$) THEN
11:	sleep until $T_\mathrm{start}+\tau(W_\mathrm{p})$
12:	ELSE
13:	LP$x\leftarrow$delete-min(R_p)
14:	WHILE (LPx eventlist is not empty) Do
15:	$T_\mathrm{now}\leftarrow$(wallclock()-T_start)/γ
16:	IF ($\tau(W_\mathrm{p})< T_\mathrm{now}$) THEN
17:	insert(R_p, LPx); break
18:	$e\leftarrow$peek-min-event(LPx)
19:	IF ($t(e)>h$) THEN
20:	break
21:	ELSE IF (e is simulated event OR $t(e)\leqslant T_\mathrm{now}$) THEN
22:	remove-min-event(LPx); process-event(e)
23:	ELSE
24:	insert(W_p, LPx); break
25:	$t_\mathrm{sync}\leftarrow h$

4.4.3　实兵实装集成

实兵实装的运行过程不可能随意干预，如真实导弹发射时，不能中途暂停导弹的运行或者缩短导弹的运行过程。实兵实装的运行是实时的，在有实兵实装参与的 NCS 系统中，要求所有的仿真应用都必须实时运行，对这类系统的管理与控制就没有暂停、加速/减速、回放等一般仿真管理所具有的功能。必须考虑仿真计算的实时性、数据传输的实时性等，进而保证整个仿真的实时运行。

1. 实兵实装集成的层次划分

实兵实装、数据链系统无缝集成是实现 NCS 实时仿真运行的重要内容，在技术实现上，自底向上包括 4 个层次的内容，如图 4-27 所示。

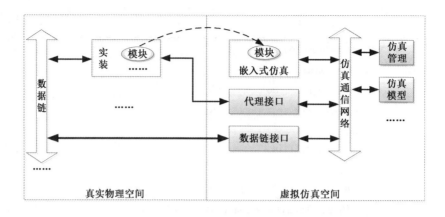

图 4-27　NCS 实兵实装无缝集成的层次化实现

第一层次是模块层次。为确保实装的安全性和提高 NCS 互联效率与可信度，要进行仿真系统的自测试和实装的逻辑功能接口测试，需要在模块层次对实装核心模块进行嵌入式的集成测试。通过选择通用的仿真平台模拟实装的计算机平台及嵌入式模块，将实装核心模块嵌入仿真系统构建的模拟平台中进行独立的仿真测试，即为嵌入式仿真技术。

第二层次是实装层次的集成。即针对单一特定实装，根据其接口特点，通过接口计算机和实装匹配的通信模块实现仿真系统和实装系统的连接，通过协议转换实现功能的互通，这是最直接有效的模式，对已有实装和仿真系统的改动最小，即为系统实现中的代理接口技术。

第三个层次是实装的通信链路上实现集成。可以针对特定的通信链路，在仿真系统中嵌入相应的数据链模块，并实现通信协议加入通信链路，同时与该通信链路下的多台实装实现互联集成，更有效提升了系统集成效率和模块的重用性。

第四个层次是在整体综合层次上实现和实装、通信链路的集成，即将实装所在的真实物理空间和仿真系统的虚拟仿真空间构成平行系统，从整个应用的整体层次实现与真实物理空间的平行运行。

2. 实兵实装仿真代理

虚实直接交互需要解决作战数据接口和仿真数据接口间的映射与转换问题，实兵实装仿真代理是实现实兵实装和虚拟仿真"无缝结合"和"可相互替代"的关键技术。其中，"无缝结合"指的是在 NCS 仿真运行过程中用户对于实兵实装和虚拟兵力装备的感知是无差别的、透明的；"可相互替代"指的是针对同一仿真要素既可以采用真实物理实体（如实兵实装），也可以采用虚拟仿真模型的方式。

　　实兵实装和虚拟仿真模型在存在形式和运行机制方面有很大区别。在存在形式上，实兵实装存在于真实物理世界，虚拟仿真模型存在于虚拟仿真空间。在运行机制上，实兵实装是连续的客观行为，其运行效果可以用连续时间模型来描述，虚拟仿真模型是对客观行为的离散抽象仿真，其运行效果可以用离散事件模型描述。因此，为了实现 NCS 中实兵实装与虚拟仿真模型的联合运行，实兵实装仿真代理需要解决以下问题。

　　（1）时间一致：作战等真实过程对时间要求非常严格，其数据流具有很强的时效性。实兵实装的运行及其对数据的处理都是按照自然时间进行，虚拟仿真模型则按照仿真逻辑时间运行。因此，时间一致是实兵实装与虚拟仿真模型能够有机融合、协同运行的前提，也是保证 NCS 全系统数据有序处理的前提。进行实兵实装仿真代理控制和协调实兵实装与虚拟仿真模型的时间推进，进而实现整个 NCS 系统的时间一致。

　　（2）实兵实装的虚拟映射：实兵实装代理将实兵实装在虚拟仿真空间生成映射实体，有时也称其为影子模型。映射实体是实兵实装在虚拟仿真空间的实时镜像，实兵实装通过其映射的虚拟实体参与 NCS 系统运行。

　　（3）数据一致性：虚拟兵力装备建模时，根据仿真要求可建立不同分辨率的模型，运行中虚拟兵力装备的行为和结果数据均受到模型分辨率的影响。实兵实装则按照作战实体的真实能力和行为产生相应的结果。虚拟仿真模型若想感知和处理实兵实装产生的数据，必须通过实兵实装代理对实兵实装的数据进行一致性处理，同时，虚拟仿真模型的数据若想被实兵实装感知和处理，也同样需要实兵实装代理模块的解析和转换。

4.4.4　多节点实时调度

　　正确理解"实时仿真"应从"任务"的概念入手。在实时系统理论中，任务可分为两类：周期性任务和非周期性任务。周期性任务具有固定的执行频率（相当于固定步长仿真）；非周期性任务是周期有所变化的执行代码（相当于变步长仿真），或者是对随机事件的处理（相当于基于事件的调度仿真）。

1. 事件调度与逻辑帧结合

　　理论上，对于非周期性任务，基于事件的调度算法是无法实现实时仿真的。由于在任意时刻任务或事件的数量是不确定的，故系统的负载也是不确定的。因此，无法确切地知道系统在某一时刻是否能够及时完成所有任务。

在基于事件的调度算法中引入帧的概念，可在一定程度上简化和解决这一问题。其出发点较为简单，即当仿真应用不需要与外部世界进行时间同步时采用基于事件的调度算法；而当需要与自然时间进行同步时，则规定每个仿真任务都必须按固定的更新周期或频率执行，且所有任务的更新周期都必须是最小任务周期的整数倍，不包含随机事件调度代码。所有周期的最小公倍数乘以最小周期就可以得到逻辑帧。显然，每个逻辑帧周期的起始最小任务周期内系统负载最大，而其他最小任务周期内系统负载相对较小。这种系统负载的"时间不平衡"，带来的好处是可以获得具有相同更新周期的多个仿真任务调度的确定性。

如图 4-28 所示，仿真节点 1、2、3 分别代表三个仿真节点的更新任务，更新周期分别为 T_1、$2T_1$ 和 $4T_1$。显然，最小任务周期为 T_1，逻辑帧为 $4T_1$。仿真服务端通过向仿真节点发送允许事件推进需求，触发仿真节点的仿真计算函数使节点状态得以更新，仿真调度的最小时间单位为最小任务间隔，即最小任务周期 T_1。

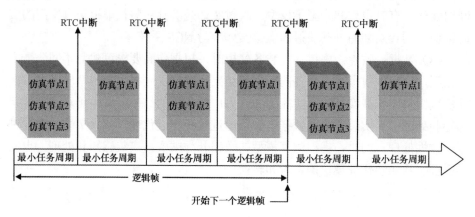

图 4-28   基于帧的多节点实时调度周期

2. 同周期多节点时间推进处理

若同一最小任务周期内有多个仿真节点需要请求时间推进，则允许其时间推进的顺序如下。

（1）优先级：级别高的仿真节点先于级别低的仿真节点执行，更新频率高优先级也高。

（2）逻辑依赖关系：按照指定的或隐含的仿真节点之间的逻辑依赖关系决定执行的顺序。初始化阶段，调度服务会自动判断、记录仿真节点的空间依赖关系。例如，飞机携带导弹执行攻击任务时，导弹发射之前在空间关系上依赖飞机（随载机平台一起运动）。因此，飞机节点的执行顺序要先于导弹；而发射之后导弹独立飞行，则导弹对飞机的空间依赖关系自动解除。此时，由于导弹的更新频率通常大于飞机，因此相同帧内导弹反而可能先于飞机节点执行。

（3）剧情文件中出现的先后：如果两个仿真节点的更新频率和优先级均相同，且无任何逻辑依赖关系，则根据二者在剧情想定文件中出现的先后决定执行顺序。

3. 算法的执行过程

调度服务与执行仿真节点之间通过信号量和条件变量确保每个 CPU 上的帧调度能够正确同步。实时调度仿真服务功能则在每个最小任务周期或其整数倍结束前，通过实时时钟中断对仿真时间的推进进行同步检查。如图 4-29 所示，实时仿真时间同步检查机制描述如下。

（1）设置时间同步间隔和最大允许帧溢出时间量。

（2）记录仿真开始时刻的系统时间，作为仿真参考时间。

（3）按照（1）中设置的同步间隔对仿真时间的推进做周期性同步检查：

① 若当前仿真时间大于当前机器时间，则表明同步成功，等待直至机器时间大于等于当前仿真时间后继续执行仿真任务。

② 若当前仿真时间小于机器时间，但仿真时间加上最大允许帧溢出大于机器时间，则表明仿真稍落后于真实时间，报告帧溢出错误后仿真继续运行。

③ 若当前仿真时间加上最大允许帧溢出小于机器时间，则表明时间同步失败，报告严重错误后停止仿真。

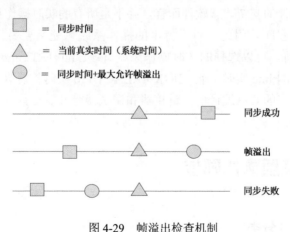

图 4-29　帧溢出检查机制

4. 算法的适用性分析

这里必须指出的是，所谓"实时仿真调度算法"实际上只适用于 LBTS 集中在仿真服务器端进行计算的场景，最初起源于对同一仿真进程中的多个任务线程的实时调度。

实时操作系统与通用操作系统的最大区别在于：通用操作系统必须兼顾公平性原则，以确保每个任务都有运行的机会而不会被"饿死"。这样就必然引入"抢断"机制。抢断导致处理器上下文及系统缓存的频繁切换，特别是不确定的系统开销是导致任务调度不确定性的根本原因。换言之，在通用操作系统（如Windows 或 Linux）下进行仿真时，无论是单处理器系统还是多处理器系统，都无法排除系统线程和其他用户线程对仿真任务线程的影响，即所有仿真线程都有可能被操作系统中的其他线程所抢断。因此，构建硬实时仿真环境的关键之一还在于采用硬实时操作系统，实时仿真调度服务只是必要条件之一。

由以上分析可知：在硬实时平台下，采用上述基于帧的实时仿真调度算法时，仿真节点的执行周期是循环的、确定的，符合前面给出的"实时"的定义。

5. POSIX

POSIX（可移植操作系统接口）是 IEEE 最初为提高 UNIX 环境下应用程序的可移植性而开发的。但是 POSIX 并不局限于 UNIX，其他操作系统，如 DEC OpenVMS 和 Microsoft Windows NT 等都支持 POSIX 标准，尤其是 POSIX.1 提供了源代码级 C 语言应用编程接口（API）并支持实时编程，已被国际标准化组织（ISO）接受并命名为 ISO/IEC 9945-1:1990 标准。多线程调度服务基于 POSIX 1003.1c-1995（POSIX.1c）标准开发，具有较强的可移植性。

要实现硬实时多任务仿真调度，仅有 POSIX 技术是不够的，还需要实时操作系统及 I/O 硬件的支持。就软件而言，并不是所有的实时操作系统都带有可用的 POSIX 线程库。因此，对于特定的操作系统可能需要另行开发和封装 pthread 库。目前，可以选择的实时操作系统有：Linux+RTLinux 实时扩展；Windows＋RTX/INtime 实时扩展；IRIX＋REACT/Pro 实时扩展等。通常实时操作系统都配有相应的 C++编译器、链接器和调试器等开发工具。

4.5 虚实交互事件同步

4.5.1 事件分类

本小节按照 NCS 系统虚实交互的运行模式对交互的事件进行分类，区分事件驱动模式下的分类和时间步进模式下的分类。

1. 事件驱动模式下的分类

NCS 系统中实兵实装节点与虚拟仿真节点之间的交互事件可以细分为以下三种类型。

（1）外部输出事件：是由虚拟仿真节点发起的用于实时控制外部实兵实装节点的事件。例如，向外部输出仿真结果或对外发送数据。

（2）外部输入事件：是由外部实兵实装节点发起的且需要输入到虚拟仿真节点的事件，该类事件能够改变虚拟仿真节点的运行状态或运行模式。

（3）输入检查事件：是由虚拟仿真系统在没有其他外部交互事件到达时，按规定的实时步长调度的一类特殊的事件。

输入检查事件主要满足以下两个需求。

① 它需要使得虚拟仿真节点按照固定的频率与机器时间保持同步，这样使得虚拟仿真节点的仿真时间不会领先于机器时间，即使领先于机器时间，二者之间的差值也不会超过规定的实时步长。

② 它支持检查输入，当一个检查事件被处理时，虚拟仿真节点会检查在上一个步长中是否有来自外部实兵实装的外部输入事件在排队，如果存在这类事件，需要将该类事件插入对应进程或节点的内部仿真事件队列中。

此外，在虚拟仿真节点处理外部交互事件时，也会自动地检查是否有外部输入事件的存在，而输入检查事件就是为了实现在没有其他外部交互事件时也能进行这种检查。

图 4-30 给出的是包含 13 个事件的一个节点事件表的例子，其中包含两条时间线，一条是仿真时间线，在这个时间线上事件被调度执行，另一条是真实时间线，在这个时间线上同样的事件按照真实时间被执行。

在这 13 个事件中包含 6 个外部交互事件，其中，e_1 和 e_6 是外部输出事件，e_9 是外部输入事件，e_4、e_{10}、e_{13} 是输入检查事件，其他事件都是内部仿真事件。

在图 4-30 中，外部交互事件（包含外部输出/输入事件、检查输入事件）的仿真时间和其被真正处理时的机器时间之间的差值就是对应的及时性指标。不同事件对应的及时性指标是不一样的，这些指标共同反映了虚拟仿真节点跟踪真实时间的能力。

在固定的步长中，如果没有其他外部交互事件发生，就需要调用输入检查事件。将这种调度输入检查事件对应的固定步长称为预定响应性指标，它是虚拟仿真节点中轮询实兵实装输入的事件的仿真时间上界。图 4-30 中，外部输入事件 e_9 没有被虚拟仿真节点处理，一直等到输入检查事件 e_{10} 被处理之后才被执行。

实兵实装中的事件产生时的机器时间与该事件被虚拟仿真节点处理的时间

之间的差值描述了虚拟仿真节点的响应性，即仿真节点响应外部输入事件的能力。最大响应性由预定响应性指标和及时性指标共同决定。对于内部仿真事件，它们能够被尽可能快地处理，不需要与真实时间同步。

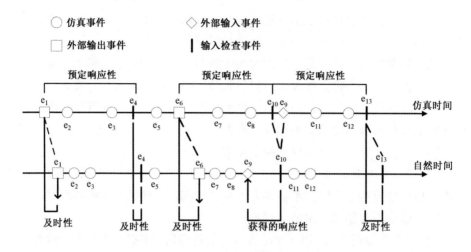

图 4-30　虚实事件调度举例

2. 时间步进模式下的分类

在 NCS 系统中，事件的发生具有随机性，事件可以按照事件的可预测性进行分类。接下来谈论在基于时间步进的 NCS 虚实结合仿真中，对可预测事件和不可预测事件的处理。

1）可预测事件

可预测事件通常是指在事件发生之前，仿真模型就是已经确切知道事件发生的时间和事件类型的事件。对可预测事件的仿真比较容易，由于仿真系统事先就已经知道事件的相关信息，因此，可以提前做好准备进行处理。

在虚实交互的 NCS 系统中，可预测事件最简单的处理方式是在一般状态下，仿真节点按照预定的仿真步长推进仿真进程，在每个步进时间点触发节点进行模型计算，获得相应的输出数据并检查在上一个推进步长内是否有事件发生。若有则处理事件，改变节点状态，然后仿真节点按照固定的仿真步长继续推进仿真进程。

如图 4-31 所示，在该方式下，只能对若干时刻进行仿真计算，由于时间推进的每个步进时间点不能总是恰好落在事件发生的时刻，事件的处理时间和实际的发生时间存在时间差，而且这个时间差是不确定的，最大值为仿真步长。因此，采用该方式的仿真系统会存在误差，不能真正地实现精确仿真。

为了缓解这种时间差对仿真结果的影响，最简单的方法是缩小仿真步长，以使得时间差小到系统可以接受的程度。但缩小仿真步长的结果必然会导致系统的推进效率降低。

可以采用动态调整仿真步长的方法来解决这个问题。在没有事件发生的情况下，仿真系统按照预定的仿真步长向前推进，一旦预测到下一个仿真步长内会有事件发生，则在预定的仿真步长内加入若干个时间点临时调整仿真步长，使仿真系统的仿真时间点正好落在事件发生的时刻，以更小的仿真粒度进行仿真，从而达到即时处理事件的目的，在事件处理完后恢复预定的仿真步长。

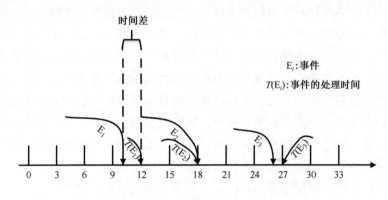

图 4-31　简单的事件处理方式

2）不可预测事件

不可预测事件指的是在其发生之前，仿真模型或节点无法确定是否要发生的事件，这类事件发生与否是在事件发生后通过对仿真模型或节点的状态变化情况的判断确定的。不可预测事件又可细分为两类，一类是临界状态事件；另一类是约束事件，其需要在一定条件下才能被触发。

实兵实装节点和离散事件节点之间交换的事件包括以下两类。

（1）来自虚拟仿真节点的离散事件：由虚拟仿真节点调度并发送的事件，主要由事件发生时间和取值定义。

（2）来自实兵实装的状态事件：当系统状态的取值达到某些条件时触发，由实兵实装发出，它们的时间戳依赖于状态变量的取值。

以上两类事件都是无法预测的。

4.5.2　不可预测事件的确定

不可预测事件处理的难点在于无法确定事件发生与否，以及它的发生时间。这类事件只能在其发生一段时间之后知道它是否发生，同时仿真系统或节点无法将事件的执行情况反映出来。例如,在某些虚实结合的实兵对抗仿真场景中,真实的武器装备作为一个仿真节点接入 NCS,当该装备被真实的导弹打击(通过激光实兵交战系统),在前一个仿真时刻该装备还在正常运动,而在下一个仿真时刻该装备被击毁,则击中的事件一定发生在这个时间区间内,但是仿真系统却没有对该事件进行仿真。

构建仿真系统的目标就是要全面且真实地展现被仿真对象的运行过程和状态信息,如果对一些关键事件无法进行体现,将极大地削弱仿真系统的功能和价值。为了能够实现对不可预测事件的处理过程进行模拟,在每个步进时间点上仿真节点都要对仿真计算结果进行分析,从而判断过去的一个步长中是否有事件发生。其中,对于临界状态事件,主要是分析状态的变化情况;对于约束事件,主要是判断是否已经满足或超过了事件发生的约束条件。

如果通过判断得出在之前的仿真步长内有事件发生,需要 NCS 系统对该事件进行仿真处理。如果仿真步长很小,当精度要求不高时,可以在当前时刻对该事件的执行情况进行模拟,但如果仿真步长较大,采用该方法会存在较大的误差。为了能够对事件进行精确仿真,应该尽可能地确定或逼近事件发生的时间,然后将仿真时间回退到该时间,并对事件的执行进行模拟。

对于不可预测事件的处理,主要的问题是确定事件发生的时间。下面给出确定不可预测事件发生时间的 4 种典型方法。

1. 插值估计法

插值估计法指的是通过插值的方式估计出事件发生的时间,即依据前后两个时刻仿真系统的状态信息来估计事件发生的时间。由于事件发生的时间是基于已知发生时刻的状态信息估计得出的,因此可能会有一定的误差存在。若 NCS 系统或其中的仿真节点对该事件时间发生点的精度要求比较高,则需要采用反复修正的方法,即当仿真结果显示估计时间点不是事件发生的真正时间时,再次利用插值法进行估计,直到误差达到用户的接受范围之内为止。

下面通过图 4-32 的案例对该方法进行说明。假设上一个步进时间点用 T_0 表示,当前仿真时刻为 T_1,$S(T_0)$ 和 $S(T_1)$ 分别为两个时刻仿真系统的状态信息,通过状态分析得知事件 E 一定发生在 (T_0, T_1) 区间内。利用插值计算估计出事件发生时间为 T_{E1},将时间回跳到 T_{E1} 时,进行仿真计算得到 $S(T_{E1})$,通过对 $S(T_{E1})$ 的判断可以知道 E 是否发生在该点上,若还没有发生,则 E 必然会在 (T_{E1}, T_1) 区间内,若已经发生,则 E 必然会在 (T_0, T_{E1}) 区间内。利用这种方法经过多次迭代可以找到事件的发生时间。如图 4-32 所示,通过 4 次迭代最终找到事件 E 的发生时刻 T_{E4}。

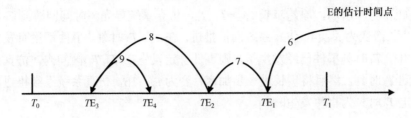

图 4-32　插值估计法示意图

插值估计法的优点是简单便捷，其缺点是与仿真模型相关性强，对于部分复杂度高的模型，单纯利用插值的方法难以确定事件发生的时刻，因此，这种方法具有一定的局限性。

2. 步长加密法

针对插值估计法需要对事件发生时间进行估计时可能会引入误差的问题，步长加密法使得仿真系统在得知有事件发生后直接将仿真系统回跳到上一个仿真时刻，然后根据精度要求将仿真步长加密，逐步推进并且进行仿真计算，根据计算结果最终找到事件的发生时刻。

如图 4-33 所示，在步长加密法中，仿真步长只进行了一次加密，仿真系统的精度由加密步长的大小决定，仿真系统回跳到上一仿真时刻后以加密后的较小的仿真步长向前推进，事件的发生时刻仍有可能没有落在步进时间点上，但加密后的仿真步长较小，此时仿真系统可以采取将事件的处理推迟到邻近的步进时间点的方法。

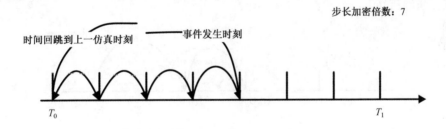

图 4-33　步长加密法示意图

3. 步长逐步加密法

在步长逐步加密法中，在仿真系统回跳到上一个仿真时刻后，仿真系统首先按照较大步长向前推进，在推进过程中根据仿真计算结果再不断地对步长加密缩小仿真步长，经过若干次"推进—回跳—推进"最终可以确定事件的发生时间。步长逐步加密法本质上是对步长加密法的改进。

如图 4-34 所示，原始步长 $i_{Step}=T_1-T_0$，仿真系统首先将时间回跳到 T_0，然后将步长改变为 $i_{Step}/4$，仿真系统向前推进，在 T_2、T_3 时刻，事件都没有发生，判断出在 T_4 时刻事件已经发生了，则事件一定发生在 (T_3, T_4) 区间内，仿真系统回跳到 T_3 时刻，然后将步长进一步加密，变为 $i_{Step}/16$，仿真系统继续推进，最终确定 T_6 时刻为事件发生时刻。

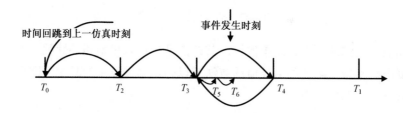

图 4-34　步长逐步加密法示意图

4. 折半查找法

折半查找法是利用数据结构中"折半查找"的思想将时间推进到事件发生时刻。采用折半查找法，每次的查找都将范围缩小一半，因此效率较高。如图 4-35 所示，设原始步长 $i_{Step}=T_1-T_0$，首先将仿真时间退回到 $(T_0+T_1)/2$ 时刻。经过仿真计算发现此时刻事件已经发生，则事件一定发生在前半区间，于是将仿真系统回跳到 $(T_0+T_1)/4$ 时刻，经过仿真计算发现此时刻事件没有发生，则事件一定发生在 $((T_0+T_1)/4, (T_0+T_1)/2)$ 区间内，此时直接以 $i_{Step}/8$ 的步长向前推进。采用这种方法反复进行"回跳/推进—计算"便可得到事件发生的时间点，从而进行精确仿真。

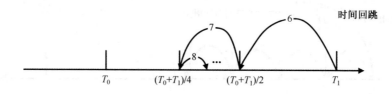

图 4-35　折半查找法示意图

4.5.3　虚实之间数据交互

如图 4-36 所示，通过在运行过程中的数据信息交互共享，将信息空间中的虚拟仿真系统与物理空间中的连续时间模型（实兵实装）进行集成和协同运行。两类模型的同步需要建立模型映射关系，数据共享定义了两类模型之间的共享变量（共享的状态）、状态改变事件（由连续时间模型发起的需要离散事件模型处理的事件）、设计参数（两类模型共享的，在设计阶段确定取值且在仿真运行过程中保持不变）。共享变量可以是受监测的（由连续时间模型写入，离散事件模型读取），也可以是受控制的（由离散事件模型写入，连续时间模型读取）。

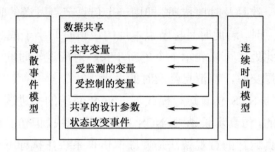

图 4-36　基于数据共享的离散事件模型与连续时间模型协同运行

从模型运行的角度而言，同步模型需要依托数据为中心的异构协同仿真运行过程。两类模型之间的协同运行过程如图 4-37 所示，离散事件模型设置受控制的变量并请求时间推进。通过以数据为中心的方式实现数据共享，连续时间模型收到变量，并推进仿真时间到 t_{n+1}。如果在到达 t_{n+1} 之前发生了其他事件，则停止推进并通过事件通知离散事件模型；当连续时间模型推进到 t_{n+1} 时，向离散事件模型发送受监测的变量。离散事件模型在收到该变量后推进仿真时间到 t_{n+1}，至此实现两类模型的同步推进。

连续时间模型与离散事件模型的协同运行需要依赖二者之间的信息交互。要想让离散事件模型和连续时间模型联合运行的仿真结果是可信的，就需要二者之间保持一致性。其中，一致性包含两个方面：如果二者对共享的变量、事件、参数的标识和数据类型达成共识，那么二者之间是语法一致的；如果二者对共享的变量、事件、参数的语义达成共识，则称二者之间是语义一致的。

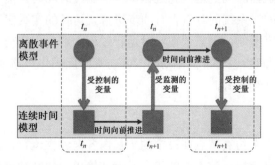

图 4-37　离散事件模型与连续时间模型的集成与协同运行过程

4.5.4　经典的虚实同步方法

为了实现实兵实装节点与虚拟仿真节点混合，仿真中间件等运行支撑工具需要确保数据的一致且及时地传递。即由一个仿真节点发送的时间为 t 的消息，当其到达目标节点时，若此时目标节点本地的逻辑时间小于或等于 t，则称这个消息是一致的。此处 t 可以表示一个更新步长，对应逻辑时间。当消息在最近的下一个步长被提交时，称消息是及时的。

在时间步进的 NCS 仿真运行模式下，NCS 系统的推进速度是和仿真步长的选取密切相关的，仿真步长越大，NCS 系统推进越快，但仿真精度也会越低。

实现实时仿真运行的直观做法是使虚拟仿真系统在执行下一个事件之前，探测来自实兵实装的外部事件是否到达。当有外部事件需要处理时，虚拟仿真系统为其赋予当前的仿真时间戳并将其插入事件队列。

这种做法的缺点是需要对外部事件探测进行充分考虑，因为当探测过于频繁时，可能大幅度增加计算负载；当探测间隔过大时，虚拟仿真系统可能变得响应迟缓。

另一种方法是控制仿真事件的执行速度，仿真系统在等待执行下一事件的过程中接收外部事件并处理。这就要求所有的仿真事件在实时运行中被执行，并且仿真时间不能比机器时间更超前，这样才能保证外部事件在其发生的时间点能够得到处理。

从虚拟仿真系统的角度，将事件划分为内部仿真事件和外部交互事件。这两类事件都遵守保守时间同步协议，都需要被其对应的仿真节点或进程按时间戳顺序进行处理。不同点在于，当内部仿真事件处于事件队列的顶端时能够立即被处理，不存在延迟，不必考虑实时运行。外部交互事件的处理需要依赖机器时间，只有当机器时间到达或超过该事件的调度时间时才能够执行该事件。

如果一个 NCS 系统同时包含时间步进方式运行的实兵实装系统和离散事件驱动的虚拟仿真系统，则需要在实时运行过程中解决虚实交互中的因果关系维护问题。这种时间步进与事件驱动的混合仿真时间同步策略主要分为两大类：步进式和全局事件列表式。

1. 步进式

步进式允许多个仿真节点在设定的步长内各自独立运行，在每个步长结束时等待对方并交互数据。该方式的优点是设计简单，但其缺点是难以及时响应一个步长内的事件，易导致仿真偏差。由于是通过一个固定的时间步长实现，这种误差只能通过缩小时间步长来解决，但是这又会限制仿真运行速度。通常的做法是按照用户定义的仿真步长周期性地推进连续时间模型。如果仿真步长太小，仿真结果精确但是运行速度慢；如果仿真步长太大，仿真结果不精确但是运行速度快。

如图 4-38 所示，在该策略中，通常需要事先定义好若干个同步点。上边的过程表示时间步进系统的运行，下边的过程表示离散事件驱动过程。在 NCS 运行过程中，两个系统各自独立地运行，直到二者到达一个同步点。在同步点二者暂停运行并且交换数据。在同步点之后，二者重新开始运行并且重复这种同步模式。

这种同步策略很容易带来仿真误差，如果在两个同步点之间的某个步长内产生了交互请求，这个请求需要等到下一个同步点到达时才能被处理，如图 4-38 中的误差 1 和误差 2。这些误差可能产生不必要的且在真实系统中不存在的时间延迟，并且可能随着时间的推进而不断积累。

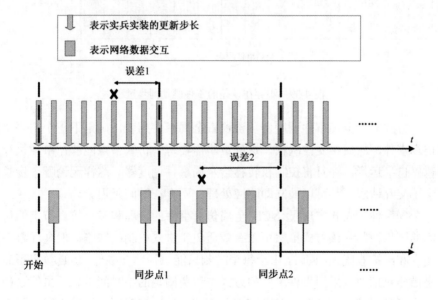

图 4-38　带有误差的步进式虚实同步过程

2. 全局事件列表式

基于全局事件列表的同步策略可以避免步进式中存在的误差。如图 4-39 所示，将每个步长周期视为一个特殊的离散事件，因此，时间步进式推进的实兵实装也可以视为离散事件系统。全局事件列表提供全局时间戳并协调仿真运行。在任意时刻，只有一个事件过程在执行。

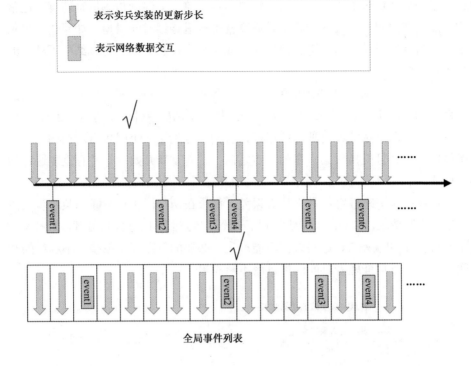

图 4-39　不存在误差的事件驱动同步过程

该方式需要全局事件调度器负责检查全局事件列表，确定下一个需要执行的仿真事件，然后移交控制权。这种策略需要每个仿真节点能够在事件执行之后暂停自身运行，并且将控制权转移给全局事件调度器。这样无论哪个步长内产生了交互请求，都可以被立即响应处理，不存在时间延迟。

全局事件列表式实现了 NCS 全局仿真事件的管理和多个仿真节点的仿真时间的同步控制。该方式虽然可以有效避免步进式机制的缺陷，但全局事件列表建立和维护难度大，同时，由于每个时刻只能执行单一事件，仿真效率不高。改进措施包括通过采用事件触发的方式，避免固定的小时间步长。虽然这种方法在许多应用场景下有效，但是它部分依赖用户去调度同步函数来实现同步。

3. 以事件为主的虚实交互同步

以离散事件仿真为主的虚拟仿真系统与采用连续时间运行的实兵实装的事件的同步模式如下所述，两种模式下都不需要进行回跳。

（1）松耦合的同步：当离散事件都是可以预测的，如周期性事件，可以使用这种模式。在这种模式下，事件的时间戳和采样得到的事件都存储在一个队列中。为了能够按照时间顺序获取事件，通常寻找并读取该队列中的最小时间戳事件。

（2）保守同步：当事件是无法预测的时候使用这种模式，在这种模式下，离散事件仿真系统只发送它的下一个离散事件，因为下一个事件总是明确知道的。

以上两种同步模式都可以在同一个 NCS 仿真应用中使用。

（1）如果大部分事件是可以预测的，且没有不可预测的事件是由连续时间模型触发的，则可以采用松耦合的同步模式。

（2）如果不可预测事件都是由连续时间模型触发的，可以采用保守同步模式。

离散事件仿真系统永远比连续时间仿真系统先一步运行，并且始终检测来自连续时间仿真系统的状态事件。

图 4-40 给出的是没有状态事件和有状态事件两种情况下的实兵实装与虚拟仿真系统的事件响应过程。

在 t_k 时刻，虚拟仿真系统处在状态(xd_k, t_k)，其中 xd_k 表示位置状态，t_k 表示第 k 个离散时间（事件队列中的第 k 个事件）。虚拟仿真系统运行所有与该事件相关的进程，并将相关数据及下一次同步时间 t_{k+1} 发送给实兵实装。虚拟仿真系统将仿真过程的执行权移交给实兵实装，并处于等待状态。

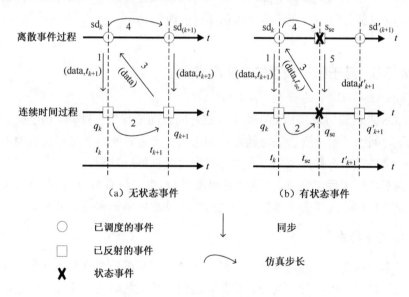

（a）无状态事件　　　　（b）有状态事件

○　　已调度的事件　　　　↓　　同步

□　　已反射的事件

✗　　状态事件　　　　　　　　仿真步长

$\mathrm{sd}_k = (\mathrm{xd}_k, t_k)$在$t_k$时刻离散事件过程状态接口

$q_k = (\mathrm{xc}_k, t_k)$在$t_k$时刻连续时间过程状态接口

图 4-40　连续时间模型与离散事件模型同步模式

实兵实装处于状态(xc_k, t_k)，接收来自虚拟仿真系统的数据和时间，之后开始连续时间模型的运行。当时间等于 t_{k+1} 时，或者产生了一个状态事件时，实兵实装才会停止运行。

实兵实装的连续时间模型的接口可以通过以下状态转换过程来描述（见图4-40中箭头2）：

$$(xc_k, t_k) \rightarrow \begin{cases} (xc_{k+1}), & t_c = t_{k+1} \\ (se, t_{se}), & t_c < t_{k+1} \end{cases} \tag{4-25}$$

式中，t_c 是实兵实装中的时间，当在时间区间$[t_k, t_{k+1}]$中没有状态事件产生时，实兵实装的状态是(xc_{k+1}, t_{k+1})。状态(se, t_{se})表示实兵实装在产生状态事件 se 时的状态，t_{se}表示状态事件发生的时间。

在两种情形下，实兵实装都将停止运行，并发送数据到虚拟仿真系统，随后将运行环境切换回时间 t_k（见图4-40 箭头3）。在时间区间$[t_k, t_{k+1}]$内生成的事件可以是状态事件或者由虚拟仿真系统调度产生的事件。

在式（4-25）中上式描述的情形中虚拟仿真系统将推进到时间 t_{k+1}。在式（4-25）中下式描述的情形中，实兵实装不仅发送数据，还发送状态事件发生的时间 t_{se}。虚拟仿真系统推进到时间 t_{se}，这时虚拟仿真系统计算与该事件相关的进程，并重新计算下一个需要调度的事件的时间 t'_{k+1}。

4.5.5　基于影子模型的虚实同步算法

NCS 系统的仿真节点会在每个步进时间点上进行仿真计算，由于关键事件的发生时间不一定位于步进时间点，如果只在步进时间点上进行仿真输出，那必定会错过很多事件，因此要在事件发生时进行特殊处理。

为了实现实兵实装节点（连续时间模型）与虚拟仿真节点（离散事件模型）之间交互事件的因果关系维护，首选需要能够准确感知和接收外部输入事件。

1. 基本思路

当虚拟仿真节点向前推进的时候，必须考虑从其他仿真节点（包括实兵实装节点）接收到的事件，同理，实兵实装向前推进的时候，需要在特定时间戳上修改状态变量取值，还必须考虑新的仿真状态和边界条件，判断是否需要向虚拟仿真节点发送事件。

实兵实装与虚拟仿真系统之间的交互都是基于事件的。实兵实装只有在其连续状态值发生改变的时候，才能通过产生一个事件来影响虚拟仿真系统。虚拟仿真系统只有当其产生的离散事件改变实兵实装的状态或运行时，才具有意义。因此，同步这些事件比使用固定步长更加高效。

实兵实装当状态达到阈值的时候，向虚拟仿真节点发送事件，虚拟仿真节点响应该事件并通过事件来进行回应，修改实兵实装的状态和运行。

经典的虚实同步方法通常是以虚拟仿真节点的离散事件过程为主，以来自实兵实装的外部事件作为输入，通过维护全局事件列表实现虚实同步。这种方法对实兵实装节点的要求较高，要求其能够正确产生事件并输出给虚拟仿真节点。但是大多数实兵实装节点不具备这种功能，导致这种方法的使用范围有限。因此，在虚实同步过程中，必须统筹考虑实兵实装节点的状态更新和虚拟仿真节点的事件驱动运行。

借鉴 DR 算法的实现模式，在虚拟仿真节点处设置一个与实兵实装节点对应的影子模型。我们提出一种基于状态检查的虚实同步算法，其实现途径是将实兵实装运行过程（用 CT 表示）嵌入虚拟仿真运行过程（用 DE 表示）中，需要将 DE 过程的接口提供给 CT 模型，保证 DE 过程能够及时地响应输入事件、生成输出事件、调度自身事件。在虚实同步过程中，该算法通过三个步骤循环调用：执行同步、预测实兵实装状态和调度同步过程。

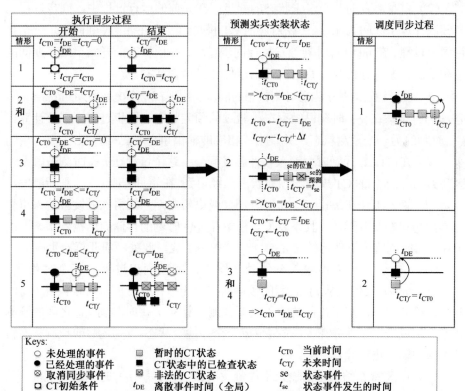

图 4-41　基于影子模型的虚实同步算法原理图

DE 模型的仿真引擎控制并触发整个同步过程，引擎的时间 t_{DE} 代表全局仿真时间。在每次触发下，同步过程都是乐观地执行：CT 模型的计算覆盖区间 I_v，其中，I_v 等于未来时间 t_{CTf} 与当前时间 $t_{CT0}=t_{DE}$ 的差。计算完成后整个过程暂停，直到 t_{CTf} 时才开始新的同步过程。

2. 执行同步过程

执行同步过程负责计算 CT 模型并产生已检查状态，产生从 CT 模型到 DE 过程的输出事件。该过程可以通过仿真初始化、自身事件调度和外部输入事件等方式触发。可以在未来某个仿真时间或者下一个更新周期被调度执行。该外部输入事件可以在同步过程开始、过程中或结束时到达，由于 DE 过程需要立即影响 CT 过程，因此，DE 过程必须在事件到来时就响应处理事件。这个过程需要处理以下 6 种情形。

（1）首次触发执行同步过程：初始化结束之后，虚实同步过程首次开始，还没有预测 CT 模型的状态，但是已经生成了输出事件和基于初始条件的已检查状态。

（2）自身触发的基于未来状态的同步：在先前的运行过程中，同步过程已经预测计算了区间 $I_v=(t_{CT0}, t_{CTf}]$ 对应的 CT 模型，并且在 t_{CTf} 时刻调度了一个执行同步过程。在 $t_{DE}=t_{CTf}$ 时刻触发执行同步过程，并且从 I_v 的开始至结束期间的预测状态都要进行校验，并生成输出事件和已检查状态。

（3）自身触发的基于当前时刻状态的同步：出现在一个更新周期（$t_{CT0}=t_{DE}=t_{CTf}\neq 0$）。虽然在 t_{CT0} 时刻已经存在校验过的预测状态，同步过程还需要计算在 t_{CT0} 时刻的另一个预测状态，并且生成相应的输出事件和已检查状态。

（4）在区间 I_v 开始时由输入事件触发同步：这个过程在 t_{CT0} 时刻被触发，区间 $I_v=(t_{CT0}, t_{CTf}]$ 的 CT 模型的预测状态已经得到，在 t_{CTf} 时刻调度了重新触发。但是一个输入事件在 $t_{CT0}=t_{DE}< t_{CTf}$ 时刻（或更新周期）被再次触发。输入事件使得预测状态变得无效，且恢复 CT 模型在 t_{CT0} 时刻的存储的已检查状态。由于在 t_{CT0} 时刻输出事件已经在先前同步过程中生成，此处不需要再次生成。

（5）在区间 I_v 内由输入事件触发同步：触发同步过程在某个时刻 t_{DE}（$t_{CT0}<t_{DE}<t_{CTf}$）发生，从 t_{DE} 之后的预测状态都无效。执行同步过程恢复 t_{CT0} 时刻的已检查状态，基于先前的输入重新预测计算从 t_{CT0} 时刻到 t_{DE} 之间的预测状态，生成输出事件并在 t_{DE} 时刻生成一个已检查状态。t_{DE} 之后的预测状态将基于新的输入进行计算。

（6）在区间 I_v 结束时由输入事件触发同步：在 $t_{DE}=t_{CTf}$ 时刻触发了执行同步过程，从 I_v 区间开始到结束之间的预测状态都是有效的，由于新的输入事件会影响下一个同步区间开始的时刻，因此与情形（2）是一样的。

具体过程如表 4-4 的算法描述，其中，X 是 CT 的状态，X_{cp} 是 X 中的已检查状态，I 是输入事件的集合，I_{cp} 是先前输入事件的已检查状态。

表 4-4　执行同步过程的算法描述

1：	If $t_{CT0}= t_{DE}<t_{CTf}$ then	//对应情形（4）
2：	存储状态，将 X_{cp} 赋值给 X；	
3：	存储区间的时间值，将 $t_{CT0}= t_{DE}$ 赋值给 t_{CTf}；	
4：	Else	
5：	If $t_{CT0}<t_{DE}<t_{CTf}$ then	//对应情形（5）
6：	存储状态，将 X_{cp} 赋值给 X；	
7：	存储区间的时间值，将 t_{CT0} 赋值给 t_{CTf}；	
8：	推进 t_{CTf}，将 t_{DE} 赋值给 t_{CTf}	
9：	推进并更新 CT 模型的状态；// INTEGRATE	
10：	End if	
11：	生成输出事件(X, I)；	//针对情形（1）、（2）、（3）、（5）、（6）
12：	生成状态已检查状态，将 X 赋值给 X_{cp}；	
13：	生成输入已检查状态，将 I 赋值给 I_{cp}	
14：	End if	

3. 预测实兵实装状态

预测实兵实装状态，过程在区间 I_v 中推进，CT 模型产生实兵实装的预测状态数据。CT 模型的状态预测通过两种方式进行推进：一种是在一个区间内连续，另一种是在有限个更新周期中不连续。需要通知 DE 过程 CT 模型的状态满足了用户定义的条件，产生状态事件。和其他类型的事件一样，状态事件也能触发同步过程的执行，因此需要告知 DE 过程该类事件的确切发生时间。这一阶段包含以下三种情形。

（1）没有状态事件的连续演进：同步过程调用 CT 模型的计算引擎来计算区间 $I_v=(t_{CT0}, t_{CTf}]$ 内的预测，并在区间结束时调度执行同步过程。

（2）有状态事件的连续演进：同步过程预测在计算区间$(t_{CT0}, t_{CTf}]$ 内的状态对应的状态事件。这个区间 CT 模型的计算引擎被划分为若干个阶段，并且在每个阶段内检测状态事件的发生，一旦检测成功，需要定位时间发生的时刻(t_{se})。同步过程将 t_{se} 赋值给 t_{CTf}，并且调度执行一个同步过程。

（3）不连续推进：假设有以下前提，在 t_{CTf} 时刻完成了状态的计算，全局时间 t_{DE} 已经推进到 t_{CTf}，在 t_{CTf} 时刻有一个输入事件。

CT 模型在 t_{CTf} 时刻的状态表示为 X。不连续推进指的是 X 向由输入事件产生的其他状态 X' 的不连续转变。现在的问题在于，X 和 X' 都是同一时刻对应的合理状态。X 是 CT 模型推进到 t_{CTf} 时刻的状态，X' 是输入事件执行产生的状态。

这个过程在计算新的状态之前执行所有不连续的状态更新（用 EXECUTE-UPDATES 表示）。如果至少存在一个更新，就设置 t_{CTf} 为 $t_{CT0}=t_{DE}$，以便能够在下一个更新周期内生成输出事件。在某个时刻可能会有多个不连续的更新。

（4）由输入事件触发的状态事件：假设情况与情形（3）相同。一个输入事件可能导致 X 立刻满足状态事件的条件。在执行完状态更新（EXECUTE-UPDATES）之后，预测实兵实装状态立即检测事件是否发生。如果存在至少一个事件，它就跳过积分过程，设置 t_{CTf} 为 $t_{CT0}=t_{DE}$，以便输出事件。

表 4-5 给出了预测实兵实装状态的算法描述，其中，状态更新（EXECUTE-UPDATES）和判断事件（IS-EVENT）都是专门针对 CT 模型的。EXECUTE-UPDATES 收到输入事件的触发产生不连续的更新，如果至少存在一次更新，其返回值为 true，否则为 false。IS-EVENT 如果给定的状态和输入满足至少一次状态事件条件，其返回值为 true，否则为 false。在 EXECUTE-UPDATE 中 X 是变化的。

预测计算（用 INTEGRATE 表示）寻找从 t_{CT0} 到 t_{CTf} 的预测状态，并将它们赋值给 X。它在每个预测阶段之后都要检测 IS-EVENT，并且返回这个事件是否被检测，以及对应的时间。它需要实现 CT 模型的计算引擎来满足模型和应用的误差需求。LOCATE 实现了一种查询算法，根据给定的时间区间、状态和输入，能够返回状态事件出现的时间和对应的状态。LOCATE()函数可以调用 IS-EVENT。X 在两个函数中都是可变的。

表 4-5　预测实兵实装状态的算法描述

1:	$t_{CT0} \leftarrow t_{CTf} = t_{DE}$	//预测区间的起点
2:	$t_{CTf} \leftarrow t_{CTf} + \Delta t$	//暂时的预测区间的终点
	//情形（3）：不连续推进	
3:	is_update←EXECUTE-UPDATES(X, I)	
	//情形（4）：由输入事件触发的状态事件	
4:	is_s_event_by_input←IS-EVENT(X, I)	
	//情形（3）和（4）	
5:	If is_update or is_s_event_by_input then	
6:	$t_{CTf} \leftarrow t_{CT0}$	//预测区间为 0 或同一个 Delta cycle
7:	Else	//情形（1）和（2），状态预测
8:	(event_detected, t_{min}, t_{max})←INTEGRATE(t_{CT0}, t_{CTf}, X, I)	
	// 情形（2）：有状态事件的连续演进	
9:	If event_detected then	
10:	$t_{se} \leftarrow$ LOCATE(t_{min}, t_{max}, X, I)	
11:	$t_{CTf} \leftarrow t_{se}$	//事件时间戳处结束预测区间
12:	End if	
13:	End if	

4. 调度同步过程

调度同步过程调度下一次执行同步过程，并等待下一次同步过程开始。需要指出的是，状态事件不仅取决于状态，还与来自 DE 过程的输入事件有关。一个输入事件可以导致状态事件发生，而此时 CT 模型的状态还没有发生改变，这时我们也认为该输入事件触发了状态事件。

DE 仿真过程等待，直到达到了给定的时间或者一个或多个事件发生。其中，给定的时间是指 t_{CTf} 与全局仿真时间 t_{DE} 之间的差值，如果 $t_{CTf} - t_{DE} > 0$，调度未来的一个执行同步[情形(1)]。$t_{CTf} - t_{DE} = 0$ 则产生一个更新周期[情形(2)]。

执行同步过程、预测实兵实装状态和调度同步过程三个阶段是循环执行的。在调度同步过程结束时，该过程或者激活未来的预测状态或激活当前的一个状态。未来的状态导致了执行同步过程中的情形(2)、(4)、(5)和(6)。当前的一个状态导致了情形(3)。无论哪种情形，执行同步过程都能保证在结束时 t_{CTf} 和 t_{DE} 是相等的。在预测实兵实装状态阶段，结束时推进 t_{CTf} 到未来的某个时刻或者不推进，这决定了调度同步过程的两种情形。

第 5 章

NCS 时间同步的软件实现

5.1 仿真中间件

5.1.1 基本概念

中间件（middleware）一般是指处于操作系统、数据库等系统软件和应用软件之间的一种起连接作用的分布式软件，通过 API 形式提供一组软件服务，确保网络环境下的同一机器或跨机器的若干应用或应用模块可以方便有效地进行交互和协同。中间件介于操作系统和应用软件之间，提供了跨越整个分布式系统的通用编程抽象（接口）。分布式战场环境仿真系统利用中间件实现在不同节点之间共享资源和协同运行，管理计算机资源和网络通信。中间件不仅能够实现资源节点互连，还能够实现仿真应用之间的协同互操作。

计算机网络架构从单机到多机再到分布式系统的进化过程，受多机远程调用需求的牵引，诞生了以屏蔽底层通信异构性，支持稳定、可靠和高并发的服务器应用的中间件。从软件应用进入多机协同的 C/S 架构时期开始，特别是进入 B/S 时期后，部署在不同机器上的应用产生了网络通信、数据处理等内在交互需求，屏蔽信息技术底层的软硬件异构性变得十分关键。此外，从 C/S 网络架构开始，屏蔽操作系统、开发语言和数据库的异构性也变得十分迫切。

基于上述中间件的定义，所有处于操作系统之上，应用软件之下的软件，都可以归为中间件，中间件所包括的范围是十分广泛的。通俗地说，中间件就是为上层的战场环境仿真等应用提供底层服务的软件。它对用户而言是透明的，用户只需要关心完成仿真处理和获取所需信息。由此可见，中间件是一种独立的服务程序，分布式战场环境仿真系统借助中间件在不同节点、不同异构资源之间共享数据和实现协同互操作。

NCS 中间件是位于操作系统层之上、仿真应用系统层之下的公共运行支撑软件，解决各类异构资源的互联、互通、互操作和分布式协同运行问题，支持不同地域部署 LVC 仿真资源"有序有制有体系"地联合运行，支撑构建"物理分布、逻辑统一、时空一致"的虚实一体 NCS 仿真应用系统。

5.1.2 基本特征

NCS 中间件的主要作用包括：①屏蔽不同的硬件部件、操作系统或通信协议导致的异构性，提供分布式应用需要的透明性；②提供统一、标准的高级接口，使得应用的组合、复用、移植和操作更加方便。

中间件是在解决复杂网络应用的共性问题中不断发展和壮大起来的，是构建应用软件的基础，也是应用软件运行的底层支撑平台，与操作系统、数据库并称为三大核心基础软件。中间件必须具备以下特征。

（1）平台化特征。平台化特征是指中间件能够独立运行并自主存在，为其所支撑的上层仿真应用提供运行所依赖的支撑环境。仿真中间件是一个平台且能够独立存在，是仿真运行时的支撑软件，为上层的仿真业务应用提供一个运行环境，并通过标准接口来屏蔽底层系统的异构性。

（2）支撑上层应用。中间件的最终目标是解决上层仿真应用系统的问题，而且也是支撑分布式仿真的最切实可行的解决途径。面向服务的中间件为上层应用软件便捷、通用和标准化的研发提供了强有力的支撑。

（3）能够实现软件复用。中间件的重要发展趋势就是以服务为中心，即 SOA 架构中间件，通过服务或服务组件来实现更高层次的复用、解耦和互操作，通过标准封装及服务组件之间的组装、编排和重组，来实现仿真服务和仿真模型的复用。而且这种复用可以在不同应用单位之间使用，是动态可配置的。

（4）实现网络连接、数据转化和业务逻辑的解耦。传统的分布式仿真系统将网络连接、数据转换、业务逻辑全部耦合在一个整体之中，形成相互之间紧密耦合的仿真应用软件，不同模块之间相互影响，软件就很难改造升级。分布式对象技术将"连接逻辑"进行分离，消息中间件将"连接逻辑"进行异步处理，增加了灵活性。消息代理和一些分布式对象中间件将数据转换也进行了分离。而 SOA 架构中间件，通过服务的封装，实现了业务逻辑与网络连接、数据转换等完全的解耦。

中间件技术决定了应用的一些关键能力，如稳定性、高并发响应能力和可扩展能力等。中间件向下屏蔽了操作系统的复杂性和异构性，使开发人员仅面对一个简单统一的开发环境；向上使得仿真应用程序开发变得简便，大大缩短了开发周期，同时也减少了系统运维的工作量，以及开发和维护成本。

5.1.3 特性要求

NCS 对仿真中间件的要求主要体现在敏捷性、适应性和高性能三个方面。

（1）敏捷性：即具有快速构建能力。提供高级接口和共性服务、支持多种复用方式、提供自动化的代码生成工具和边界系统管理等工具、支持增量式和螺旋式开发过程。

（2）适应性：即面对外部环境变化时所表现出的应对能力。具有良好架构（模块化、服务化）和可扩展内核、功能可组合可配置、支持多种底层协议和软硬件平台、根据不同用户习惯和偏好进行定制。

（3）高性能：即规模不断扩大、精度不断提高、功能不断增加。尽量挖掘系统的资源潜能、尽量减少系统不必要的消耗。

如果深入研究仿真中间件服务器端底层,会发现它是榨取计算资源的艺术。由于 C/C++更底层，能较大限度地利用操作系统提供的功能，因此是高性能服务器端开发的首选语言。

5.2 体系结构

5.2.1 系统结构

通常而言，仿真中间件的逻辑结构主要包括以下三种。

（1）集中式结构模型。这种结构的特点是具有一个全功能的中心节点，在该中心节点上实现所有的服务。仿真节点之间无直接的通信关系，所有节点之间都通过中心服务器提供的服务来实现消息的转发与交换。其优点是结构简单、容易实现，但中心服务器负担大，将成为系统的瓶颈，不利于系统规模的扩展。

（2）分布式结构模型。这种结构的特点类似 ALSP 系统的体系结构，不存在中心节点，但在每个仿真节点机上都有自己的局部服务器，仿真节点只需向本地平台服务进程提出请求，由本地平台做出响应。如果本地服务进程不能完成响应，则请求外部的平台服务进程协同完成。

（3）层次式结构模型。层次式结构模型结合分布式和集中式实现方法，以解决各自存在的问题。这种结构模型中有一个中心服务器，用于执行一些全局操作；在中心服务器下设置一组子服务器，每个子服务器负责一组仿真节点的服务请求；涉及全局操作的请求，由中心服务器协调各个子服务器共同完成。对于一些局部操作，由子服务器分散执行，可降低计算的耦合度，从而提高执行效率。层次式结构模型可以减小全局操作的延迟，提高仿真系统运行的效率。

如图 5-1 所示，本书给出一种集中式与分布式混合的中间件结构。其集中式体现在需要一个全局的仿真中间件服务器，承担仿真全局服务器和网络服务器的功能。每个仿真节点对应一个中间件客户端，负责服务请求调用、服务回调响应，以及全局的逻辑事件排序和 LBTS 计算等功能。

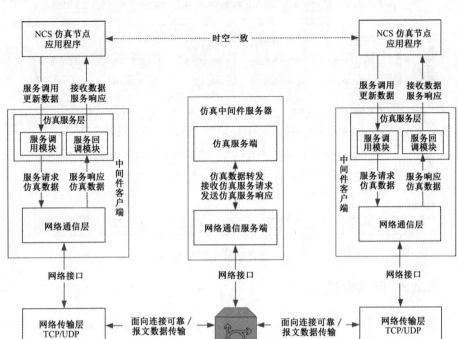

图 5-1　仿真中间件的组成结构

5.2.2　功能结构

如图 5-2 所示，NCS 仿真中间件的功能可以划分为三个层次，分别是网络通信层、仿真服务层和应用功能层。下面分别对这三个功能层次进行介绍。

（1）网络通信层。网络通信层能够屏蔽底层软硬件环境的异构性，为仿真服务层提供高性能的仿真服务功能和接口，是实现仿真服务的关键。

（2）仿真服务层。仿真服务层针对 NCS 的仿真业务和功能需求，提供数据分发、时间同步等分布式仿真运行支撑功能，是仿真中间件的核心能力。

（3）应用功能层。应用功能层直接面向用户的建模、测试、开发、调试、运行和分析等应用需求，提供简单易用的支撑工具和服务功能。

图 5-2 仿真中间件的功能组成

5.2.3 部署模式

如图 5-3 所示，给出了基于中间件的大规模 NCS 系统的系统架构图，在该系统中，每个仿真节点作为客户端接入中间件。仿真服务器既可以作为客户端接入，又可以与通信服务端进行融合。当仿真服务器与通信服务端深度融合之后，可以大大提高仿真业务对通信服务端的使用效率，具有更好的仿真服务能力。

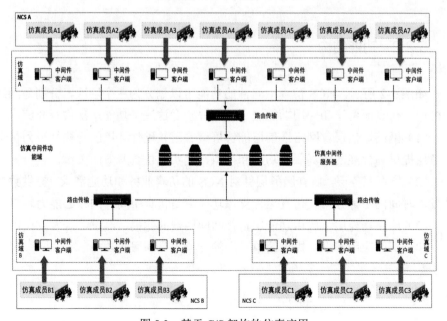

图 5-3 基于 C/S 架构的仿真应用

在这种 C/S 通信架构模式下，单个仿真中间件服务器可以同时支持多场不同的 NCS 仿真应用的运行。仿真中间件服务器同时进行高可用容灾备份、高性能动态扩展，以及分布式级联。

5.3　运行机制

5.3.1　服务调用时序流程

从仿真节点对 NCS 仿真中间件的服务调用过程出发，一个典型的中间件与仿真节点的交互过程如图 5-4 所示，主要包括以下步骤。

（1）仿真节点建立与中间件的连接关系，以便使用仿真服务和与中间件进行交互。

（2）如果没有生成联合运行，仿真节点首先试图生成一个联合运行，然后加入这个联合运行。加入联合运行之后，会在中间件中生成一个仿真节点实例，作为仿真节点在联合运行过程中的唯一标识。

（3）仿真节点应该向中间件发布/订阅仿真数据类和仿真事件类，以此来告知它的能力（capabilities）和兴趣（interests），建立它的初始条件下的数据需求。

（4）仿真节点注册（生成）提供给其他节点的仿真数据模型对象实例。

（5）仿真节点可以注册新的数据对象实例或者更新已经注册的数据对象实例的属性值，可以发现新的其他仿真节点生成的数据对象实例、接收到订阅的属性值的更新、发送和接收交互事件。

（6）仿真节点在离开联合运行之前要删除它生成的仿真数据模型对象实例。

（7）仿真节点通过应用中间件的时间管理服务来管理它的时间（包括时间推进请求）。

（8）在必要的时候，仿真节点要管理一些属性值的所有权（ownership）。

（9）仿真节点放弃联合运行，并且试图销毁联合运行，如果它是最后一个仿真节点的话，可以成功销毁联合运行。

（10）仿真节点结束与中间件的连接关系。

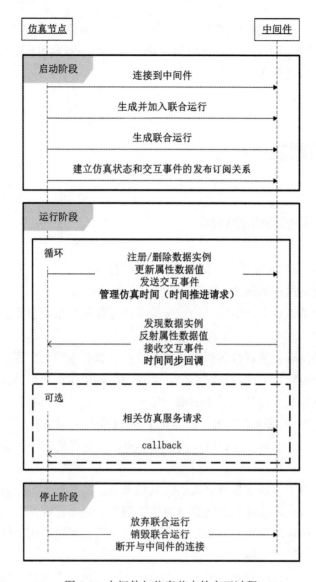

图 5-4　中间件与仿真节点的交互过程

5.3.2　中间件仿真服务的调用和运行流程

从中间件仿真服务运行机理的角度出发，给出中间件仿真服务的调用和运行流程，如图 5-5 所示。

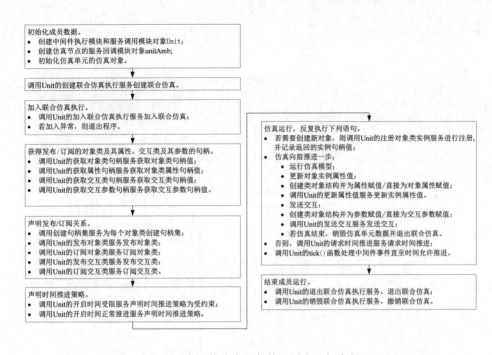

图 5-5　中间件仿真服务的调用和运行流程

5.3.3　中间件仿真服务运行机理

如图 5-6 所示，每个仿真节点在中间件客户端和服务端的支撑下实现互操作，其中，中间件客户端为仿真节点提供仿真服务的调用接口和回调接口，中间件服务端能够响应仿真节点的仿真服务请求，并为仿真服务的实现提供支撑。

中间件客户端与仿真节点部署在同一台计算机上，二者通过动态库链接在一起。中间件服务端通常部署在单独的计算机上，与客户端基于网络进行通信。

对通用的仿真中间件而言，仿真节点运行流程的大多数环节都是由中间件自动完成的，仿真用户只需要实现启动仿真线程、创建/注册对象类实例、处理属性值和交互数据、进行自身业务逻辑计算等环节的编码，其中创建/注册对象类实例、更新属性值、发送交互信息等环节调用中间件提供的对象管理服务接口即可。时间同步服务的接口可以由仿真节点应用程序调用，也可以由中间件仿真节点代码框架自动调用。

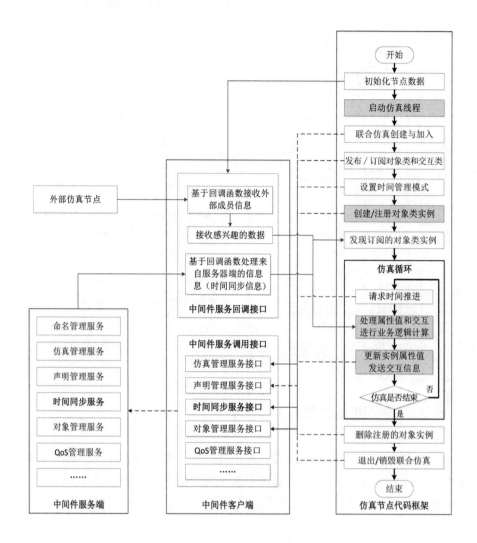

图 5-6　中间件仿真服务的运行机理

5.4　时间同步功能实现

5.4.1　Tick 机制

从算法角度讲，tick()函数不是时间同步功能的一部分，但是在 NCS 仿真节点程序设计与开发中，它是一个非常重要的函数，在许多地方都要用到它，该函数与 NCS 仿真节点程序的进程模式有关。由于 NCS 所依赖的运行支撑工具通常需要支撑对象状态数据的接收和仿真服务请求的响应，因此需要一种机制来触发相应的回调函数。这里给出一种称为 Tick 的机制，该机制是 NCS 中仿真节点触发或调用仿真服务回调函数的必要机制。可以在 tick()函数中执行时间推进判断、读取业务管理类 RO 队列数据、读取 TSO 队列等操作。Tick 机制主要功能是清空 RO/TSO（接收顺序）队列和对仿真节点提供回调函数。LBTS 的计算在 RO/TSO 队列处理中进行，服务请求、时间推进请求都放在 RO/TSO 队列中。

1. tick()函数的功能

tick()函数临时将控制权交给中间件客户端组件，中间件客户端组件将周期性地进行 NCS 联合仿真维护，如发送节点心跳信息、更新和维护管理状态与交互等，同时还要处理传来的网络数据。仿真节点必须经常激活 tick()函数，以使中间件能够及时处理其内部通信和响应回调函数。

如果仿真节点的时间管理策略为"时间受限"，那么时间戳顺序事件（TSO 事件）只能在仿真节点的时间推进过程中通过 tick()函数传递给仿真节点。通常情况下，只有在激活 tick()函数时，中间件服务回调函数才可以传递给仿真节点。中间件客户端组件被分解成许多原子组件，在一次 tick()函数调用中，原子操作必须完全执行，不能中途停止。

2. 线程运行模式

对于一个仿真节点可执行程序而言，其通常对应一个进程，其中可以包含多个线程。基于中间件的 NCS 系统中，中间件客户端在仿真节点处存在一个仿真线程，负责调用仿真服务（包括时间推进请求和发送数据等）和响应仿真服务（包括时间同步和数据接收等）。仿真节点的仿真线程运行模式通常包括轮询方式和异步 I/O 方式。

1）轮询方式

轮询方式是一种单线程模型，即网络数据的接收和处理以及中间件服务的回调接口，都是当节点调用 tick()函数时在节点仿真线程中进行的。这种模式的优势是实时性好，不需要占用线程调度的时间，并且仿真节点能比较准确地掌握 CPU 的计算资源。其缺点是仿真节点必须频繁地调用 tick()函数以保证中间件客户端组件有充足的时间接收网络数据，不致出现"饥饿"现象；否则若网络数据不能及时接收，将引起网络通信的流量控制问题，可能使整个 NCS 停止运行或数据延迟加大，甚至使网络通信接收缓冲区溢出而丢弃某些传输类型的消息。

2）异步 I/O 方式

异步 I/O 方式是一种多线程模型，即在节点加入 NCS 联合仿真时由中间件客户端组件启动一个后台线程用于接收和处理网络通信，并将消息放入中间件客户端组件的消息队列中，在节点调用 tick() 函数时再回调中间件服务的回调接口函数，将消息通知给节点；在没有网络数据到达时，网络线程处于阻塞状态而不占用 CPU 处理时间。网络线程和节点仿真线程所共享的数据需要进行同步。

异步 I/O 方式能够及时处理网络通信，尽快交换各仿真节点及中间件服务端之间的管理和数据信息，有效提高整个 NCS 仿真运行的性能。其缺点是操作系统在线程调度和同步时需要占用 CPU 处理时间，网络线程和节点仿真线程对 CPU 的竞争会使某些成员产生不可预期的结果。

异步 I/O 方式对仿真节点开发者的要求较少，能够及时处理网络数据，有效提高 NCS 运行性能。此外，随着 CPU 性能的不断提高，线程冲突问题得到有效缓解，因此，可以在中间件客户端组件采用异步 I/O 的多线程方式来处理节点与中间件之间的通信请求。

3）两种方式的比较

无论在哪种方式下，中间件客户端组件都要做大量的工作，如与其他仿真节点的中间件客户端组件交换信息，完成这些工作都需要一定的时间，tick() 函数就是为了给中间件提供这个时间。

在轮询方式下，仿真节点和中间件客户端组件共享单个线程，因此，只有当仿真节点调用 tick() 函数时中间件才能工作。在这种方式下，如果没有调用足够多的 tick() 函数，中间件可能没有足够的时间处理内部工作。在异步 I/O 方式下，中间件使用一个单独的内部线程（仿真线程），该线程将周期性地唤醒中间件，以判断是否可以执行中间件内部操作。因此，在异步 I/O 方式下，只有当仿真节点准备处理回调函数时才需要调用 tick() 函数。

3. tick() 函数与数据收发

如图 5-7 所示，从 NCS 系统仿真节点之间数据交互层面来看，tick() 函数主要触发接收端仿真节点调用反射属性函数、数据接收处理函数、服务响应函数等，实现数据的接收和服务的响应。图 5-7 以数据收发为例，说明 tick() 函数在仿真节点之间数据交互中发挥的作用，在数据发送节点和数据接收节点都需要使用 Tick 机制。

1）tick() 函数与 RO 消息

对于按照接收序（RO 序）处理的消息，通常有同步模式和异步模式两种处理方式。

（1）同步模式。在同步模式下，仿真节点的仿真线程和 tick() 函数共享一个线程，只有当仿真节点调用 tick() 函数时中间件客户端才开始工作，从 RO 队列中取出消息并触发回调。

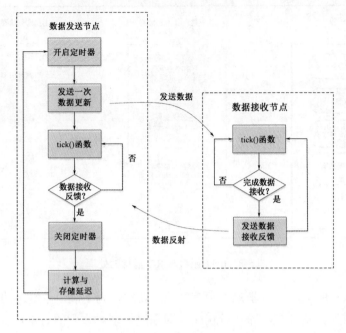

图 5-7　tick()函数与数据收发的关系

（2）异步模式。在异步模式下，当 IO 线程从网络中获取对象类实例消息和交互类消息时，激活线程池中的线程对接收到的消息进行处理，并触发回调，尽可能快地并行处理队列中的消息。此时仿真节点调用 tick()函数只处理时间是否推进、发现对象实例、移除对象实例等消息，尽可能出让仿真线程 CPU 时间。

异步模式的 RO 消息处理流程如图 5-8 所示，同一线程内队列隔离，每个线程有自己的内存队列，每个仿真节点需要做的主要工作是 IO 操作和上层业务处理。其中，IO 操作包括从服务器拉取消息、解包和分包，然后将消息放到 spsc 队列中；上层业务主要是将对象类数据和交互类数据回给上层应用，从 spsc 队列取到数据进行回调。使用的队列是 spsc/mpmc 队列，属于 Lock-Free（或Wait-Free）队列，具有内存对齐、内存连续、线程局部性好、缓存时间短、内存一致性好等优点。

2）tick()函数与 TSO 消息

可以将采用 TSO 消息的处理划分为同步模式和并行处理模式。

在同步模式下，仿真节点和 tick()函数共享一个线程，只有当仿真节点调用 tick()函数时中间件客户端才开始工作，从 TSO 队列中取出时间戳小于指定时间的消息并触发回调来实现对接收数据的处理。

在并行处理模式下，当仿真节点调用 tick()函数时，同时激活线程池中的线程对 TSO 队列进行消息处理。当 TSO 队列中的消息处理完成后，并且时间达到推进条件才允许仿真节点推进。

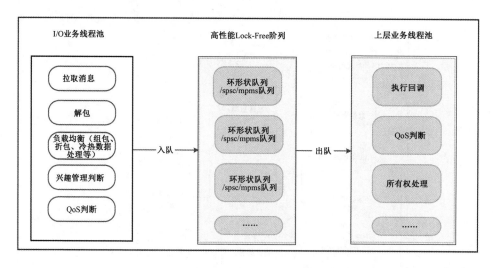

图 5-8 tick()函数与 RO 消息的处理

如图 5-9 所示，TSO 消息由于有序性的要求，为了满足单链路的要求，可以通过多链路发送和接收来进行优化。即在接收端对收到的 TSO 消息进行排序，通过时间推进消息和消息 ID 来确定消息是否接收完成。此方案可以有效提高 TSO 消息的吞吐量和处理速度。

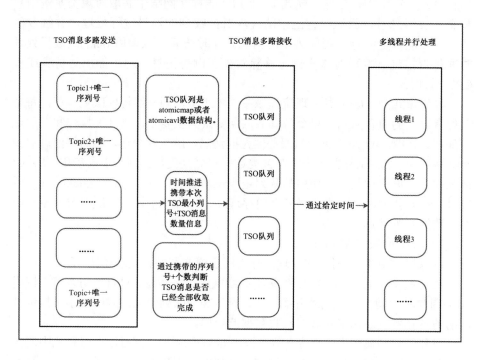

图 5-9 tick()函数与 TSO 消息处理

4. Tick 机制的运行机理

基于逻辑帧的内同步算法中，每个仿真节点对于消息数据的处理都是通过 tick()函数实现的，其流程如图 5-10 所示，主要区分 RO 消息和 TSO 消息，以及对时间控制和时间受限等不同策略进行区分处理。需要说明的是，在 NCS 系统中，tick()函数由单独的仿真线程来调用。

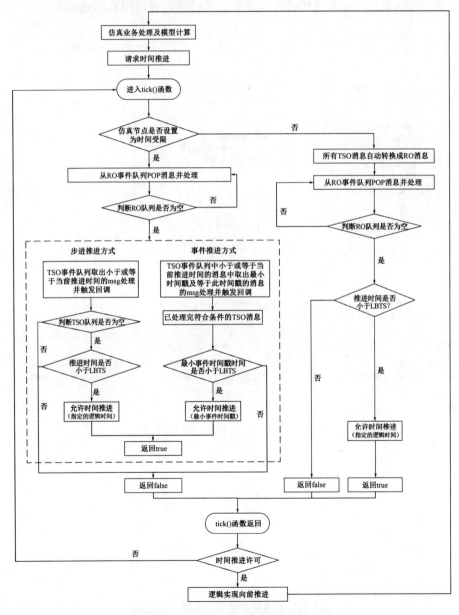

图 5-10 Tick 机制的运行流程

5.4.2　主要接口实现

1. 步进时间推进请求

如图 5-11 所示，采用时间受限策略的仿真节点调用步进时间推进请求，向中间件服务端请求时间推进。其时间推进请求发出后，仿真节点需要等待并查询是否有来自服务端的反馈或许可信息，这时就需要调用 tick() 函数。

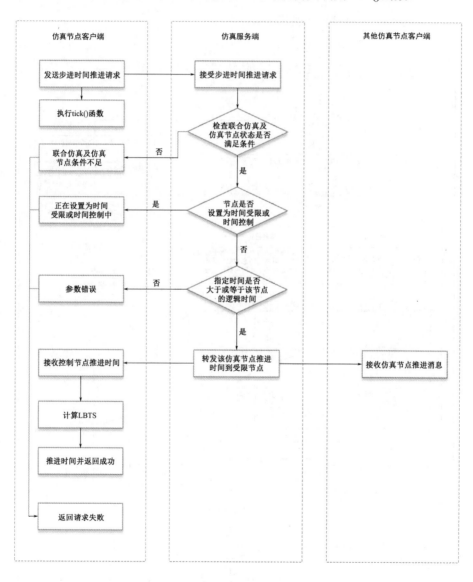

图 5-11　步进时间推进请求的实现流程

2. 下一事件时间推进请求

如图 5-12 所示，采用时间受限策略的仿真节点调用下一事件推进请求，向中间件服务端请求时间推进。其时间推进请求发出后，仿真节点也需要等待并查询是否有来自服务端的反馈或许可信息，这时也需要调用 tick() 函数。

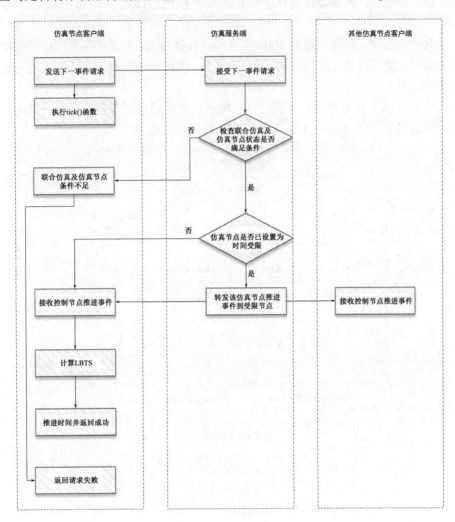

图 5-12　下一事件时间推进请求的实现流程

5.4.3　服务器集群

对于基于客户端/服务器端架构的 NCS 应用而言，有必要计算系统服务器端的承载量。服务器端承载量的计算需要从 CPU 负载、内存占用、网络流量等多个角度进行考虑，很难做到准确估算，因为服务器端运行在不同配置的物理机上，不同类型 NCS 的逻辑复杂度也不相同。

假设在一个 NCS 应用中，节点平均每 3s 操作一次，服务器端平均处理一条消息花费 2ms。

从 CPU 的角度来看，同一时刻服务器端只能处理一个仿真节点客户端请求，按上述假设，服务器端每秒可以处理 500 条消息，即最高可以承载 1500 个节点。

按经验推算，最高可以有 1000 多个节点在线仿真，但是实际情况中会低很多，而且这里只计算了 CPU 的负载，事实上，内存和网络流量等因素也会对其有影响。

中间件服务器集群架构如图 5-13 所示，服务器集群旨在提高服务器的性能、可靠性和可扩展性，主要包含以下三个方面的功能。

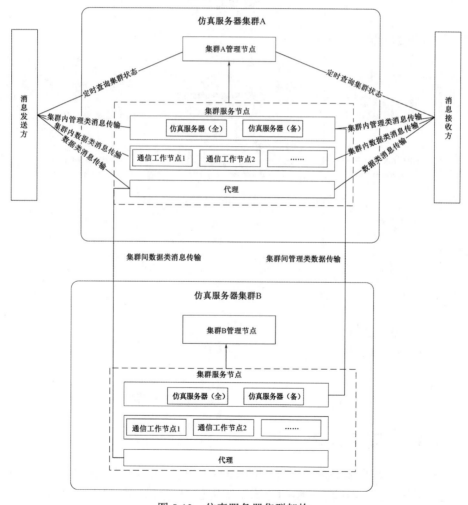

图 5-13　仿真服务器集群架构

（1）高可用性：将备份服务器连接在主服务器上，当主服务器发生故障时，备份服务器才投入运行，把主服务器上所有任务接管过来，即从故障中自动恢复的能力。

（2）高性能扩展：随着需求和负荷的增加，可以向集群系统添加更多的服务器，实现多台服务器共同执行计算任务。在 NCS 仿真领域中，由于仿真服务器需要保证全局逻辑关系一致性，所以全局维护一个仿真服务器节点。高性能扩展主要在通信服务器端进行，通过扩展通信工作节点，提高仿真服务器的通信能力。

（3）分布式级联：通常指两个服务器或者多个服务器之间互相通信，创建单个仿真服务器系统。一台服务器的输出成为下一台服务器的输入，通常应用在包含多个地域的 NCS 仿真中，每个地域对应一个仿真服务器，每个地域的仿真服务器与管理全局的中心服务器进行交互。中心服务器负责维护整个 NCS 仿真的全局逻辑关系正确性和异地节点之间的数据交互。每个地域的仿真服务器负责管理本地域的数据交互和时间推进。

需要说明的是，服务器级联与服务器集群不同，在服务器级联中，服务器串联连接，而在服务器集群中，服务器作为一个整体一起工作。

5.4.4　数据打包方式

HLA 标准中规定对象类数据是按照属性键值对来进行发送与接收的，即对象类数据的各个属性可以单独序列化和发送接收。这一点大大方便了兴趣管理和数据分发功能的实现，但是也增加了数据解包和处理的计算压力，同时导致大量小包数据在网络中传输。

本书推荐按照对象类的方式将同一个对象类的所有对象实例及其属性进行序列化和发送接收（批量发送功能）。这样可以大大降低数据解包和处理的计算压力，同时节省了带宽，使得数据传输效率最高。

参考文献

[1]   贺鹏. 计算机网络时间同步原理与应用[M]. 武汉：华中科技大学出版社，2021.

[2]   张道农，于跃海，等. 电力系统时间同步技术[M]. 北京：中国电力出版社，2017.

[3]   于淼. IGPS 基站网络时钟同步及复杂网络同步[M]. 北京：知识产权出版社，2018.

[4]   郭齐胜，罗小明，潘高田. 武器装备试验理论与检验方法[M]. 北京：国防工业出版社，2013.

[5]   张传友，贺荣国，冯剑尘，等. 武器装备联合试验体系构建方法与实践[M]. 北京：国防工业出版社，2017.

[6]   曹裕华. 装备试验设计与评估[M]. 北京：国防工业出版社，2016.

[7]   陈西宏，刘强，刘继业. 基于对流层散射信道的时间同步技术[M]. 北京：科学出版社，2019.

[8]   武小悦，刘琦. 装备试验与评价[M]. 北京：国防工业出版社，2008.

[9]   杨榜林，岳全发，等. 军事装备试验学[M]. 北京：国防工业出版社，2002.

[10] 杨英科，俞静一. 信息化作战与电子信息装备试验鉴定术语[M]. 北京：国防工业出版社，2011.

[11] 曹裕华，张连仲，等. 装备体系试验与仿真[M]. 北京：国防工业出版社，2016：9-10.

[12] 张云勇，张智江，刘锦德，等. 中间件技术原理与应用[M]. 北京：清华大学出版社，2004.

[13] 王鹏，祝建成，彭勇. 数字孪生驱动的战场复杂电磁环境建模与仿真[M]. 北京：电子工业出版社，2023.

[14] 张源原，周晓光，等. LVC 分布式仿真体系结构及构建过程[M]. 北京：国防工业出版社，2022.

[15] 黄晓冬，何友，谢孔树，等. 体系仿真技术[M]. 北京：电子工业出版社，2022.

[16] 杨雪生，伊山，员向前，等. 联合作战实验仿真战例研究[M]. 北京：军事科学出版社，2022.

[17] 江峰. 分布式高可用算法[M]. 北京：电子工业出版社，2022.

[18] 王鹏. 虚实结合的武器装备试验方法的若干技术研究[D]. 长沙：国防科技大学，2018.

[19] 王鹏. 对地装备仿真系统及其关键技术研究[D]. 长沙：国防科技大学，2014.

[20] 杨林瑶，陈思远，王晓，等. 数字孪生与平行系统：发展现状、对比及展望[J]. 自动化学报，2019，45（11）：2001-2031.

[21] 王鹏，杨妹，祝建成，等. 数字孪生驱动的动态数据驱动建模与仿真方法[J]. 系统工程与电子技术，2020，42（12）：2779-2786.

[22] 王鹏，祝建成，杨妹，等. CPS 中数字孪生驱动的数据同化算法研究[J]. 第 21 届中国系统仿真技术及其应用学术年会，2020.